語意軟體設計
現代架構師的新理論與實務指南

Semantic Software Design
A New Theory and Practical Guide for Modern Architects

Eben Hewitt 著
張耀鴻 譯

O'REILLY

目錄

第二部分　語意設計實務

前言

非常感謝您選擇了《語意軟體設計》，我們竭誠地歡迎您。

本書介紹了一種新的軟體設計方法，為如何建構軟體提出一種新的思路。它主要著重於大型專案，尤其是對於新開發的軟體專案或大型老舊系統的現代化專案特別有用。

如果一個軟體專案不符合預算或時間表，或者無法以可用的方式交付所承諾的功能，那麼該專案就被算是失敗的。軟體專案失敗的比率相當驚人，無庸置疑也有據可查。在過去的 20 年裡，這種情況不但沒有改善，而且變得更糟。我們必須做點不同的事情來讓我們的軟體設計更為成功，但是該做些什麼？

我在這裡的假設是，你正在製作要出售給客戶的商務應用軟體和服務，或者是在公司內部的 IT 部門工作。本書與導彈制導系統、電話、或硬體無關，儘管它可以應用於物件導向和函數程式設計，但是對這兩個領域的爭論也不感興趣，當然也不想討論某些流行的框架或其他任何框架。為了清晰起見，我在這裡所用的「語意」一詞可以追溯到我的哲學訓練，因此也涉及到**符號**的問題。這裡的「語意」主要指的是**符號學**（*semiology*），與伯納斯·李（Tim BernersLee）所受人尊崇的語意網概念無關。

本書主要受眾是技術總監（CTO）、資訊長（CIO）、工程副總裁、各行各業的架構師（無論是企業、應用程式、解決方案還是其他機構）、軟體開發經理、和希望成為架構師的資深開發人員。任何技術人員，包括測試人員、分析師和高階主管，都可以從本書中受益。

但書中幾乎沒有什麼寶貴的程式碼，如果有的話也只是為了被管理者、領導者、對知識感興趣的主管、和任何正在進行軟體專案的人所理解和接受而編寫的，而這並不是件很**容易**的事。

本書中的觀點有時可能令人震驚，也可能惹惱一些人，甚至會激怒其他人。這些想法將以新穎的形式出現，在某些情況下甚至會顯得陌生和奇怪；在其他情況下（例如在介紹「設計思維」時），這些想法將作為借鑒並加以重新定義。總之，這是我多年來將各種不同來源拼湊起來所訂做出來的方法，這些想法大多來自於我在研究所的哲學研究。本書代表了經過考驗的概念、流程、做法、範本、和落實方式，我把它們統稱為「語意設計」。

這種軟體設計方法已經被證明是可行的。過去 20 年來，我有幸在大型跨國公司擔任 CTO、CIO、首席架構師等工作，並且設計和領導了許多大型、關鍵任務軟體專案的創建，多次贏得創新獎項，更重要的是，創造了成功的軟體。這裡所介紹的概念在某種意義上構成了我如何處理和執行軟體設計的一覽表。我採用這個方法已經超過十年了，帶領了花費 $100 萬美元、$1,000 萬美元、$3,500 萬美元、和 $5,000 萬美元的軟體設計專案。儘管這可能看起來與傳統的軟體設計思維方式大相徑庭，但它不是猜測或理論：即使並不是那麼顯而易見，但是它一再被證明是行之有效的。

我們被迫使用我們所承襲的語言，我們知道自己的名字，只是因為有人告訴我們自己的名字是什麼。出於一些顯而易見的原因，在本書中，我有時會將「架構設計師」簡稱為「架構師」，這表示我不得不為了清晰起見或是歷史的目的而使用某些詞彙來進行溝通，但當下的前後文中，並非我想要表達的本意。

本書的第一部分介紹了這種方法的哲學框架，重點在於說明我們要解決什麼問題以及為什麼。這一部分是概念性的，並提供了理論依據。

本書的第二部分是無情的實用主義，它提供了一系列文件範本和可重複的做法，你可以立即在日常工作中採用此方法的元素。

第三部分概述了管理和治理軟體產品組合的方法，以幫忙控制整體系統中失序的現象。本書的結尾是一份宣言，簡要總結了囊括這種方法的一系列原則和做法。

總的來說，這本書代表了一個綜合的理論框架及其實踐手段。然而，它並不是封閉的，而是打算作為一個能夠加以闡述和改進的起點。

這本書是我出自愛好而寫的，真心希望您喜歡它，並發現將其應用於自己的工作中很管用。

此外，我想邀請您對這些想法作出貢獻並加以改進，能收到您的來信是我的榮幸，來信請寄到 *eben@aletheastudio.com* 或 *AletheaStudio.com*。

本書編排慣例

本書編排慣例如下：

斜體字（*Italic*）
: 表示新的術語、URL、電子郵件位址、檔案名稱和副檔名。中文以楷體表示。

定寬字（`Constant width`）
: 用於表示程式碼，以及段落中所引用的程式元素，例如變數或函式名稱、資料庫、資料型別、環境變數、指令敘述，和關鍵字。

定寬粗體字（**`Constant width bold`**）
: 顯示應由使用者按照字面輸入的命令或其他文字。

定寬斜體字（*`Constant width italic`*）
: 顯示應由使用者所提供的值替換的文字或由上下文決定的值。

此圖表示提示或建議。

此圖表示一般性的說明。

此圖指出警告或者要提高警覺。

使用範例

補充教材可從 *https://aletheastudio.com* 下載。

本書是要幫助讀者解決問題。一般來說，讀者可以隨意在自己的程式或檔案中使用本書的程式碼，但若是要重製程式碼的重要部分，則需要聯絡我們以取得授權許可。

舉例來說，設計一個程式，其中使用數段來自本書的程式碼，並不需要許可；但是販賣或散佈 O'Reilly 書中的範例，則需要許可。例如引用本書並引述範例碼來回答問題，並不需要許可；但是把本書中的大量程式碼納入自己的產品檔，則需要許可。

還有，我們很感激各位註明出處，但並非必要舉措。註明出處時，通常包括書名、作者、出版商、ISBN。例如：「*Semantic Software Design* by Eben Hewitt (O'Reilly). Copyright© 2020 Eben Hewitt, 978-1-492-04595-3.」。

如果覺得自己使用程式範例的程度超出上述的許可範圍，歡迎與我們聯絡：*permissions@oreilly.com*。

歐萊禮線上學習

O'REILLY

近 40 年來，**歐萊禮媒體**（*O'Reilly Media*）為企業提供技術和商業培訓、知識和洞察力，以幫助企業獲得成功。

我們獨特的專家和創新者網路透過書籍、文章、研討會、和線上學習平臺分享他們的知識和專長。O'Reilly 的線上學習平臺提供了按照您的需要存取的即時培訓課程、深入的學習路徑、互動式撰寫程式碼的環境、以及來自 O'Reilly 和 200 多個其他出版商的大量書面和影片資料，請前往 *http://oreilly.com* 以獲得更多的資訊。

致謝

感謝睿智的盧吉德斯（Mike Loukides），他的指導和鼓勵為這些想法的形成提供了助力，並使這項工作有了成果。很高興認識你並與你共事，感謝您為促進我們這個領域的論述所做的一切。

感謝勤奮到不行、注重細節、並且刻苦耐勞的 O'Reilly 開發編輯艾莉莎·楊（Alicia Young）。在本書創作過程中，您的合作非常出色；您做了很多工作來改進和調校本書，和您一起工作感到非常愉快。

感謝特雷斯勒（Mary Treseler）、福特（Neal Ford）、古茲科夫斯基（Chris Guzikowski）和歐萊禮的整個軟體架構會議團隊，你們所創造的這些場所提供了可以進一步探索和挑戰這些想法的空間和氛圍。感謝提姆·歐萊禮（Tim O'Reilly），歐萊禮媒體真是太神奇了。

感謝 Sabre 傑出的企業架構團隊。貝勒（Andrea Baylor）、澤查（Andy Zecha）、霍普金斯（Holt Hopkins）、羅西（Jerry Rossi）、默里（Tom Murray）、和溫羅（Tom Winrow），我很感激能與你們每一位共事，以及我們共同建立的所有美麗、嚴謹的系統所帶來的快樂。感謝海恩斯（Jonathan Haynes）對早期草稿的審閱，以及有助於改進這項工作的大膽評論。感謝安德森（Clinton Anderson）和裡基茨（Justin Ricketts）的所有支持。

感謝我的父母，是你們啟發了我對寫作的樂趣和訓練。

謝謝我的老師們，特別是克里斯汀·奈（Christine Ney）和布萊恩·肖特（Bryan Short）。我很珍惜你們對概念的世界足夠關心，讓你們的學生如此努力。

感謝愛麗森·布朗（Alison Brown），感謝妳在這裡提出的許多重要想法，也感謝妳對這項工作的大力支持。這是給妳的，而這句話也只有對妳說最為合適。

第一部分

初探：設計的哲學

萬物擁有一切的一部分。

—阿那克薩哥拉斯（Anaxagoras）

在這一部分，我們將探討設計本身的意義，我們將以全新的視角審視軟體設計這項工作是如何形成的，並對業界的一些觀點提出質疑。我們將架構重新想像為創造概念的工作，並瞭解如何與團隊一起表達這些概念以創作出能產生預期結果的軟體設計。

第一章

軟體架構的起源

我們大多數人都被知識論所支配，而這些知識論往往是錯誤的。

—葛列格里·貝特森（Gregory Bateson）

這本書的目的是要幫助你設計出好的系統，並且幫助你在實務中將設計實現出來。這本書非常實用，而為了讓你把工作做得更好，我們必須從理論和歷史的角度出發。本章的目的是向你介紹一種以軟體架構師的角色來思考的新方法，這將影響到本書其餘的部分以及你著手推動專案的方式。

軟體概念的起源

我們塑造了建築物，而後建築物則塑造了我們

—溫斯頓·邱吉爾（Winston Churchill）

畫面淡入：

內景：1968 年 10 月某日，位於德國加爾米施的一個會議廳

場景：北約軟體工程研討會。

50 位來自各國的電腦教授和工匠聚在一起，以決定軟體行業的現狀。在研討會名稱中故意選用「軟體工程」一詞以表達其「挑釁」的意圖，因為當時的軟體製造商並不被認為是在從事一項科學研究的工作，稱自己為「工程師」必將破壞現有既定的認知。

麥克羅伊（MCILROY）

毫無疑問，我們在與硬體行業的對抗中明顯處於劣勢，因為
他們是實業家，而我們只是小農場中的佃農。
（停頓）
作為一個產業，軟體的創造是落後的。

科倫斯（KOLENCE）

完全同意。在對程式設計過程有更全面的瞭解之前，程式設
計管理在成本和進度效率方面的壞口碑將持續下去。

雖然這些對話是發生在 1968 年，並且記錄在當時的會議記錄中（*http://homepages.cs.ncl.ac.uk/brian.randell/NATO/nato1968.PDF*），但如果換成是今天的話，也很少人會認為它們不合時宜。

在該次會議上所獲得的共識是軟體的製造必須遵循**工業化**的流程。

這似乎很自然，因為他們主要擔心的問題之一是，當把軟體從硬體中分離出來之後，很難獨自定義為一個領域。當時，研討會上最具**煽動性**、最**危言聳聽**的話題是：「軟體是否應該與硬體分開定價」這一極富爭議性的問題，而這個主題則延燒了為期四天的會議。

這只是在說明，僅僅在 50 年前，軟體甚至不知道自己可以獨立存在於硬體之外的領域。這個領域中非常聰明、有成就的專業人士甚至不確定軟體是否為具有任何獨立價值的「東西」，讓我們先花點時間來理解一下其中的含義。

軟體誕生於硬體之母，幾十年來，這兩者（確實）融合在一起，很難將其視為獨立的事物。其中一個原因是，當時的軟體「被視為沒有經濟價值」，因為它只是硬體必備的附屬品，純粹為了滿足令人神往的慾望而存在。

然而，今天你花 100 美元就能買到一台桌上型電腦，它的功能比 1968 年世界上任何一台電腦都要強大。（在當時北約會議期間，一台 16 位元的電腦，以今天的物價計算大約要花費 6 萬美元。）

而且，硬體是在**工廠生產線**上以清楚、可重複的過程生產，絕對可生產出幾十個、幾千個、幾百萬個相同的實體物件。

硬體是一種商品。

商品是可以與同類型商品互相交換的東西，相同的商務電子郵件或者製作文字處理檔案可以在 50 家不同製造商的筆記型電腦上輸入。

而商業界人士除了他們各自有不同的「秘密配方」之外，所追求的不外乎就是商品的效率。可口可樂（*HTTP://bit.ly/2mlnZOY*）在全球有將近 1,000 家的工廠都在進行重複製造，每天以同樣的方式將可樂放入瓶子、罐頭、和袋子中裝貨和載運數千次。這是一項經過嚴格審查、嚴格評估的業務：一種內部商品。可樂以相同的方式在工廠中以相同的方式裝在相同的瓶子裡，每天數百萬次。然而，只有少數人知道這種飲料本身的秘密**配方**。可樂每天被複製數百萬次，然後用相同的工藝裝瓶，然而，一但將這個配方當作商品來販售，將會使可口可樂倒店。

在軟體發展的嬰兒期，軟體人員沒有意識到代表可重複的、製造業流程式的商品和更神秘的、創新的、**一次性**配方的製作工藝之間的區別。

可樂就是配方，其生產線就是這個工廠。而軟體就是配方，其生產線則發生在執行時的流覽器中，而不是在程式設計師的小隔間中。

我們的概念起源於硬體和工廠生產線，並借鑒了建築學結構。這些概念的起源混淆了我們，並以非最佳的、非必要的方式支配和限制了我們的思維，而這也是專案業績如此慘澹的主要原因。

軟體中所使用的「架構師」（architect）一詞直到 1990 年代初期才開始流行，1968 年在德國召開的北約軟體工程研討會上，彼得·諾爾（Peter Naur）提出了軟體從業者可以向建築師學習的第一個建議：

> **軟體設計師與建築師和土木工程師的處境類似**，尤其是那些與大型異構建築（如城鎮和工廠）設計有關的人，**因此我們很自然應該向這些課題尋求如何解決設計問題的想法**。我要以克裡斯多夫·亞歷山大的《形式綜合註釋》（哈佛大學出版社，1964 年）作為這種思想淵源的一個例子。

這一點，以及我們這個領域的資深規則制定者在 1968 年的會議上所發表的其他聲明，是我們認為應該如何思考軟體設計定位的先驅。諾爾的說法有一個明顯的問題：這完全是錯誤的，而且也沒有事實根據。

說我們處於「與建築師相似的處境」，無論在邏輯上或事實上，與說我們處於類似於哲學教授、作家、飛行員、官員、橄欖球運動員、兔子或小馬等的處境一樣，都沒有任何關係。類推論證總是錯誤的，更何況這裡甚至沒有提出任何論證。然而，這個想法於此站穩了腳跟，參與者回到他們在世界各地的故土，幾十年來從事寫作、教學和輔導，塑造了我們整個領域。現在，它縈繞在我們心頭，悄無聲息地影響著我們如何開展工作、如何思考工作、如何「知道」自己在做什麼，甚至可能人為地塑造和限制了我們的思維。

起源

很明顯，1968 年北約研討會的與會者都是非常聰明、有成就的人，他們在尋找一種方式來談論一個幾乎還不存在、正在形成並準備將自己公諸於世的領域。這是一項艱巨的任務，我對他們表示崇高的敬意，他們創造了像 ALGOL60 這樣的程式語言，贏得了圖靈獎，並創造了符號。他們使我們的未來成為可能，對此我心懷感激和敬畏。在這裡之所以提到該研討會只是為了要瞭解我們的起源，希望藉此能改善我們的未來，而我們都站在巨人的肩膀上。

幾年後，「四人幫」（*http://bit.ly/2mp16ua*）在 1994 年所寫的《設計樣式》（*Design Patterns*）一書中明確地引用加州大學伯克萊分校建築學教授克里斯多夫·亞歷山大（Christopher Alexander）的作品作為靈感來源，克里斯多夫·亞歷山大所著的《樣式語言》（*A Pattern Language*）被公認是關於城鎮、公共空間、建築和住宅設計的權威著作。**設計樣式**一書是一本關鍵性的作品，它推動了軟體設計領域的發展，並支持了**軟體設計師即架構師**或「類似」架構師這一新興概念，我們應該汲取這一領域的概念並藉此萌生自己的觀點、方法和新的點子。

出席這次北約研討會的還有當今著名的荷蘭系統科學家艾茲赫爾·迪克斯特拉（Edsger Dijkstra）（*http://bit.ly/2lW5UXM*），他是現代計算技術領域最重要的思想家之一。Dijkstra 參與了這些對話，幾年後，他在德州大學奧斯汀分校資訊科學系擔任系主任期間，表示強烈反對軟體機械化，駁斥了在資訊科學中使用「軟體工程」一詞的正當性，並認為這就好比將手術稱作「刀子科學」一樣。相反地，他總結道：「資訊科學的核心挑戰是一個概念性的問題；也就是說，**我們可以構想出哪些（抽象的）機制**，而不會迷失在自己所製造的複雜性中。」

在同一次研討會上，第一次有人提出軟體需要「電腦工程師」的建議，但這對許多參與者來說是一個令人尷尬的概念，因為工程師做的是「正經八百」工作，具有一定的紀律和已知的功能，而軟體從業人員相較之下則是一群烏合之眾。

「軟體屬於思想的世界，就像音樂和數學一樣，應該得到相應的對待。」這個很有意思，但我們先就此打住。

* * *

跳切：

內景：某日於波蘭華沙的總統辦公室

場景：波蘭共和國總統更新了稅法。

在波蘭，軟體開發人員被歸類為創意藝術家，並因此可以享受高達 50% 的政府稅收減免（參見德勤報告（*http://bit.ly/2ko2zAa*）），以下是在波蘭被歸類為創意藝術家的職業：

- 建築設計
- 室內和景觀
- 城市規劃
- 電腦軟體
- 小說和詩歌
- 繪畫和雕塑
- 音樂、指揮、唱歌、演奏樂器和編舞
- 小提琴製作
- 民間藝術和新聞
- 表演、導演、服裝設計、舞臺設計
- 舞蹈和馬戲團雜技

以上每一項都明確地列在成文的法律中。在波蘭政府看來，軟體開發與詩歌、指揮、舞蹈和民間藝術屬於同一專業範疇。

而波蘭是世界上主要的軟體生產國之一。

跳切：現今，這裡。

也許在結構概念的歷史上發生了一些事情，或可稱之為一個事件，導致了一連串的決裂。

這種決裂不會在一個單獨的爆炸性時刻、一個令人感到舒適的位置、和一個適當而具有戲劇性的時刻出現。

隨著時間的推移，它會在思想和表達的海洋潮汐中出現，穿越宇宙，時而退潮，時而湧動，帶著憤怒，也帶著慵懶，直到痕跡的緩慢流淌和不同思維模式產生了結合，之後，一些東西才發生了變化。最終，這些痕跡硬化成了溝壑，也固定了思想，從而固定了表達和實現。

這種分類所闡明的是，語言的浪潮是一種塑造我們的思想、對話、理解、方法、手段、倫理、模式和設計實踐的方言。我們給事物命名，然後它們反過來塑造了我們。它們限制了我們的思維模式，從而影響了我們的工作。

因此，一個領域內結構的概念，如同我們在科技領域中所稱的「架構」，必先以語言的物件呈現。

我們的語言是由符號和隱喻的相互作用所構成，隱喻是一種詩意的手段，藉由隱喻來稱呼某些事物，並不是為了透過強調、突顯、或抵消某些屬性來揭露關於該物件更深層或隱藏的真相，莎士比亞的《皆大歡喜》（*As You Like It*）中的名言「世界是一座舞臺，所有男男女女都只是演員而已」即是一句著名的隱喻。

我們如此頻繁地隨意使用隱喻，以至於有時甚至忘了它們是隱喻。當這種情況發生時，則隱喻本身從此「消亡」，並成為名稱本身，抽離其最初並置的意義，從而使得該詞組具有了深度，我們稱這些為「消亡隱喻」。常見的消亡隱喻包括椅子的「腳」，或者當我們「墜入」愛河，或者當我們說時間「快沒了」。我們在日常談話中說這些話時，就像沙漏裡的沙子一樣，並不會以為自己是在作隱喻的詩人，我們並沒有注意到這是個隱喻，也不打算這麼做，而當下所指的只是該物件而已。

在技術領域裡，「架構」一詞是個不必要的隱喻，受到這個詞的拖累，我們的注意力被引向我們工作的某些方面。

建構是個消亡隱喻：我們把這個隱喻錯當成了事實。

幾十年來，關於把「架構師」一詞應用在科技術領域一直存在相當激烈的爭論，其中包含了硬體架構、應用程式架構、資訊架構等等。如果我們連自己所指的架構是什麼都搞不清楚，那麼我們還能說架構是一個消亡隱喻嗎？我們在使用這個術語時，並沒有完全理解它的含義；架構師的流程是什麼？以及他們所製作出來的文件具有什麼樣的價值？「架構師」一詞其實是源自希臘語中「建築大師」的意思。

這又有什麼區別嗎？

複製與創造力

> 不是偉大的雕塑家或畫家不能成為建築師。如果他不是雕塑家或畫家，那麼他只能是個建築工人。
>
> —約翰·羅斯金（John Ruskin）《真與美》（*True and Beautiful*）

在流程中將角色劃分為不同的職責是一種在企業中建立產能非常有用且非常流行的方法。這樣的劃分讓流程中每一刻的價值，對整體的每一份貢獻，更加直接和清晰。這種「勞動分工」的工作方式，使得每個步驟都具有可觀察和可測量的附加價值。

反過來說，這又為我們提供了根據 SMART 原則（*https://en.wikipedia.org/wiki/SMART_criteria*）來陳述這些目標，從而獎勵、懲罰、升遷、和解雇那些無法達到客觀衡量標準的人。這至少在某種程度上要歸功於亨利·福特（Henry Ford），他在 100 多年前設計了自己的汽車製造廠。他的具體目標是讓他生產的汽車便宜到可以賣給製造這些汽車的低工資工人，以確保他在消耗了原料之後所無法保有的純利，至少他所支付的有償勞動力能夠以收入的形式歸還給他。

不過這種建立產能的方式，只有當所製造出來的產品定義明確，而且可以讓你製造許多（幾十、幾千或幾百萬）個相同產品的副本時，才能發揮最大的效用。

在**精實六標準差**（*Lean Six Sigma*）的管理方法中，流程經過不斷的精粹化，直到失敗率降低到平均值的六個標準差以內為止，這樣的生產流程每一百萬個產品只允許出現 3.4 個品質瑕疵的機會。我們試圖定義我們的領域，找到合適的名稱，以便編纂和制定可重複的流程，來提高我們作為工人的幸福感（令人覬覦的「角色明確性」），並提高產品的品質。

但有人一定會問，我們的名字對我們有什麼用？

流程的存在是為了**建立拷貝**，但我們是否曾經建立過軟體本身的拷貝？事實上，**我們從未這樣做過**。當然，建立軟體拷貝的目的是為了分發：我們過去常常把網路流覽器的拷貝燒錄到光碟上，然後透過郵件發送出去，而現在我們則是透過互聯網分發軟體的拷貝。然而，這只是一個便於發佈的過程，與最初建立該軟體應用程式的行為幾乎沒有關係。

流程就算不是為了重複做同樣的事情而存在，至少也是為了重複同**類型**的事。在軟體開發方法論中通常會把要完成的工作進行分類，而軟體開發部門將我們在建立軟體產品或系統時所經歷的過程進進行劃分並建立（通常是模糊的）概念。因此，為了生產某種類型的軟體，我們定義了參與某一部分流程的角色，

這些角色有可能會被正式地描述、傳達，並隨之被執行。

大型組織為了讓預期的季度計畫結果能夠被衡量，因此制定出我們特有的流程，但是這卻阻礙了科技領域中的競爭和**創新**這兩個前提，導致難以採用最好的方法來完成任務。為了在市場上競爭和取勝，我們必須創新，製造出新穎而引人注目的產品。因此，我們刻板的明確目標是不再生產以前已經生產過的東西。然而，嵌入式的語言卻促使我們去選擇那些可能不是最有效的流程並扮演伴隨而來的角色。

這樣的發明意味著相當大的不確定性，這與福特主義支持者對於可重複和可測量流程的熱愛產生了矛盾。而軟體本身的創造在地球上只存在了幾十年，為了提高成功的機會，我們來看看其他已經完全上軌道的領域是如何運作的。我們已經接受了「工程師」和「架構師」這些從建築領域借用來的術語，為我們自己的流程提供了明確的規格導向視角。我們創造了工作崗位來封裝他們的職責，但是透過軟體的鏡頭，在過去的幾十年裡，我們雇傭了大批有這樣頭銜的人，並對他們寄予厚望。

近來科技領域把目光轉向了一種更為古老的研究模式，這種模式因其精確性和可重複性而備受推崇：即科學本身。我們現在有了資料「科學家」這個稱謂，儘管「電腦科學家」可能是歷史最悠久的名詞，但是除了從事研究的教授以外，沒有人從事過一個叫做「電腦科學家」的工作，因為他們的領域往往完全停留在理論領域。

軟體設計並不是科學。

我們的流程也不應該假裝是我們所沒有，也不想要的工廠模式。

這樣錯誤的分類無形中削弱了我們的工作效率。

軟體架構失敗的原因

正如我在本章前面所提到的，軟體專案的高失敗率令人錯愕：

- IBM 在 2008 年的報告中（*https://ibm.co/2kQHGxP*）指出 60% 的 IT 專案會失敗，ZDNet 在 2009 年則報導了（*https://zd.net/2m28U4B*）軟體專案的失敗率超過 68%。

- 到了 2018 年，根據《資訊時代》（*http://bit.ly/2mncfeX*）的報導，這個數字已經惡化，71% 的軟體專案被認為是失敗的。
- 勤業眾信（Deloitte）形容我們的失敗率是「駭人聽聞」的，它警告（*http://bit.ly/2lVXrDQ*），75% 的企業資源規劃項目是失敗的，而行銷顧問公司 Smart Insights 更指出（*http://bit.ly/2mgqn9E*），84% 的數位轉型專案是失敗的。2017 年的《科技共和》（Tech Republic）報導稱（*https://tek.io/2XbQgZ0*），大數據專案的失敗率高達 85%。
- 根據麥肯錫（McKinsey）（*https://mck.co/2kQnVq0*）的資料顯示，有 17% 的 IT 專案執行情況非常糟糕，以至於威脅到公司的生存。

像這樣的數字把我們的成功率排在比氣象學家和算命先生還差的位置。

整體而言，所有的專案都做得不夠好，一想到到世界上有那麼多的軟體在運行，對於我們的客戶、我們從業人員、以及那些依賴於我們的人來說，這個狀況不禁令人擔憂。

在過去的 20 年裡，這種情況不但沒有好轉，反而變得更糟。

麥肯錫對 5,600 家公司進行的一項研究發現（*https://mck.co/2knAHvZ*）：

> 平均而言，大型 IT 專案的經費超出預算的 45%，超過時間的預算為 7%，而交付的價值卻比預期的少了 56%。軟體專案運行成本超支和進度落後的風險最高。

當然，有些專案是按時並且是在預算之內完成的，但這些專案很可能是麥肯錫研究報告中所提到的「IT」專案，包括資料中心遷移、平移（lift-and-shift）專案、災難復原站點的部署等，這些都是複雜的（不過大多只是很「大」的）專案。當然，我也參與過幾個這樣的專案，它們不同於試圖構思出一個新的軟體系統，而這個系統才是設計的目標。

最明顯的區別是，「IT」專案所要處理的是具體的有形器材和物品，例如要移動的伺服器以及要安裝的電纜。無論是當你完成的時候或是還剩下多少比率的電纜等著安裝，都是清晰可見的。也就是說，許多後台辦公室類型的 CIO 專案並不比搬家或在倉庫裝卸包裹更有創造性：只需列出正確的清單，並在適當的時機勾選即可。

執行起來風險最大、損失最慘重的是 CTO 的軟體專案，這是因為它們需要最具有創意的概念性工作，以抽象化的方式表達出真實的世界，這牽涉到符號、語言、事物的意義、以及事物之間的關係。當你在設計這些專案時，其實是根據你所知的認識論（epistemology）在陳述一個哲學觀點。

你是在創造一個環境，在這個環境中，你可以把符號放在一起讓它們變得有意義，形成對現實世界的一種表像。

這比 IT 專案要困難得**太多**了。

當我們甚至沒有意識到，我們正在做的事情是在陳述一個哲學觀點時，情況就變得更糟了，因為我們所處的是一個語意空間，而不是實體的建築空間，因此無法認出軟體專案是什麼類型的專案。

麥肯錫的研究將 IT 專案劃分為好像它們都是一樣的，因為它們都是「跟電腦有關的東西」(我推測)。如果麥肯錫考慮得更週到，並將這些 IT 專案與設施管理歸為一類，結果將會大不相同。軟體產品的創建是一個**完全不同的問題**，而不是「IT」的一部分，就像你不會把在租來的會議室中進行的設計會議，當成是辦公空間設施公司的一部分是一樣的道理。

但創造性的工作不一定總是失敗的，大量的電影、表演、戲劇作品、音樂演奏和唱片都是按時而且按照預算製作完成的。不同的是，我們已經事先認識到這些都是創造性的工作，並**以此來管理它們**。我們以為自己正在從事「刀子科學」、「資訊科學」或「建築學」，其實不然。我們所從事的是**語意學**（*semantics*）：創造一個由複雜的符號概念所組成的結構，其含意、價值、和存在都是純粹的邏輯和語言。

前提是假定從執行發起人到專案團隊的每個人都公平合理地瞭解到專案的需求、時間、範圍、預算、和截止期限，並提供他們的意見。事實上我們都知道他們並沒有這麼做，即使他們做到了，充其量也只是在猜測，因為他們所做的事情以前從來沒有人做過，它可能是無止境的，因為世界在變化，而世界是命題的無限種組合，你想在哪裡畫出這條底線？所謂的「失敗」到底要怎麼界定？

因為軟體本質上是語意的，所以不是軟體開發人員好像就不太相信軟體的**存在**，這些人包括對沖基金經理、高階主管、和那些有 MBA 學位才能從事的工作，他們習慣於在試算表上把資料搬來搬去，偶爾也會發表一些勵志的演講，不過他們的工作卻不需要**製造出任何東西**。

軟體專案經常因為缺乏良好的管理而失敗。

團隊從一開始就知道專案不可能按時交付，他們想要取悅別人，他們擔心管理階層會輕易相信其他人的謊言，宣稱專案可以在交付日期兌現。

身為技術部門負責人份內的工作，就是想辦法停止這種思維模式，並與管理階層進行健康、艱難的對話，以便預先設定想要達成目標。即使目前具體是什麼還不清楚，也可確保他們在六個月內能看到**一部分**軟體。當聰明的、有戰略眼光的、支持你的主管們瞭解到這是一筆交易，並且對你所推展的業務有信心，那麼軟體專案就會成功。當貪婪、無知的高層主管所擔心的是失去一筆交易或自己被解雇，而規定了一個不可能完成的最後期限和極大的應交付範圍時，你必須勇敢的拒絕，因為這正是造成波音 737 Max（*https://nyti.ms/2koeYun*）軟體失效的部分原因。

麥肯錫的研究繼續闡述了發現這些問題的原因：

- 目標不明確
- 缺乏業務重點
- 需求改變
- 技術複雜程度
- 團隊無法協調
- 技能不足
- 不切實際的時間表
- 等到出問題才被動改變規劃

這些就是軟體專案失敗的原因。

如果我們能解決其中一半的問題，就能大大提高軟體專案的成功率。事實上，當我們專注於語意關係，專注於我們所設計的概念，並且把重點轉移到將軟體所代表的世界觀理論化時，我們的系統就會變得更好。

在這些原因中，前**五個**可以透過聚焦於**概念**來解決：軟體的概念、軟體的用途、以及清晰和真實的表示所代表的世界；其餘的三個都只是老式的管理不善。

失敗的影響

因此，也許現在我們可以說，我們想要達成的目標、身為技術專家的處境、以及如何概念化和處理我們的工作之間存在著分歧。這種不一致和對立的情況並非個案，而且已經顯現在沿著瓷器表面出現的裂縫中。

但是認定一個軟體專案失敗的標準到底是什麼？儘管度量標準各不相同，但一般來說，這些指標反映了預算和擬議的時程規劃是否過度超支，以及最終所產生的軟體是否能達到預期的功能。當然，並沒有純粹「失敗」和純粹「成功」的專案，但無法符合這三個標準意味著沒有達到令人滿意的期望和承諾。

而且，即使專案已經完成（不管是否失敗），如果一些軟體已經因為它而被發佈，最終所得到的軟體也不會總是達標。《科技共和》援引的一項研究顯示，僅 2017 年一年，軟體失效就「影響了 36 億人，造成 1.7 萬億美元的經濟損失，累計停機時間長達 268 年」。

更糟糕的是，其中一些後果更為嚴重。蓋洛普（Gallup）的一項研究（*http://bit.ly/2moAk56*）顯示，FBI 的虛擬案例檔案軟體應用程式「花費了美國納稅人 1 億美元，卻給 FBI 留下了一個過時的系統，並危害到 FBI 在反恐方面所做的努力。」；2011 年《哈佛商業評論》（*Harvard Business Review*, HBR）（*http://bit.ly/2kooQ0R*）的一篇文章指出，IT 專案的失敗讓美國每年在經濟上付出了高達 1,500 億美元的代價。

《哈佛商業評論》的這篇文章還講述了 2008 年 Levi's 公司一個 IT 專案的故事。當時的計畫是使用 SAP（一家在科技領域處於領先地位的知名的供應商）和 Deloitte（在其領域內享有盛譽的領先者）來執行，這是一個典型的專案，有知名廠商名聲的加持，卻沒有任何創新，估計花費 500 萬美元。它很快變成了一個 2 億美元的龐大噩夢，致使該公司不得不承受 1.93 億美元的收益損失，也逼得 CIO 被迫辭職下台。

當然，與前美國總統歐巴馬在 2013 年所說「徹頭徹尾災難」的政府健康照護（HealthCare.gov）專案相比（*https:// en.wikipedia.org/wiki/HealthCare.gov*），這筆錢可說是微不足道。該專案的原始成本預算為 9,300 萬美元，很快就爆炸式的成長了 18 倍，成為 17 億美元，而該網站的設計非常糟糕，預期應能同時處理 250,000 個使用者登入的流量，結果實際的負載卻只能夠容許 1,100 個使用者同時登入。

如果硬要從所有這些歷史中找出一個根本的原因都將過於武斷：因為造成軟體失敗的原因包括了領導、管理、流程設計、專案管理、變更管理、需求收集、需求表達、規格說明、理解、估計、設計、測試、傾聽、勇氣，以及原始程式碼的撰寫等。

在所有這些日益嚴重的失敗中，架構和敏捷設計的英雄們在哪裡？

軟體這個行業在方法、工具和實踐方面的集體努力並沒有改善我們的情況：事實上，它只會變得更糟。我們基本上只是進行了交流，而不是改善。我們軟體行業的人喜歡吹捧失敗的重要性，這也是毫無價值的，失敗本身當然是可怕的，但是我們想要的可不只是這個東西。

當人們這樣說的時候，他們的意思應該是把重點擺在**學習**和嘗試一些新的事情來解決那些導致失敗的觀點，有時（通常）失敗會伴隨著真正新的事物，重複一個已知的公式很容易，但從長遠的眼光來考量，我們必須鼓勵嘗試不同的方法。

在這種情況下，失敗的重要性不在於慶祝失敗，而需要強調的是，我們做得還不夠好，雖然沒有簡單的解決辦法，但我們可以做得更好。正如弗萊德·布魯克斯（Fred Brooks）在他 1975 年出版的優秀著作《*人月神話：軟體專案管理之道*》的後續文章中所說的，靈丹妙藥並不存在。

但是有一個辦法。

這得從一個問題開始：如果不借用殘缺的隱喻和語言來削弱我們的工作，而是剝離這些痕跡，重新思考工作的本質，我們的工作將會是什麼樣子？

現在只剩下**概念**還沒有討論到，這是語意軟體設計的核心，下一章將闡述概念的意義，因為這些概念適用於我們提出的方法，也就是你在設計有效的軟體時所應扮演的角色。

第二章

概念的產生

工人勞動的外在特徵是，勞動不是他自己的，而是別人的，勞動不屬於他，而在勞動中的工人也不屬於他自己，而是屬於別人。

—卡爾·馬克思（Karl Marx）

語意和軟體工廠

製造的過程需要一個系統，為任何事情建立一個系統的過程本身也需要一個系統，這就是一個中繼模型：一種建立模型的方式。

1844 年，德國經濟學家卡爾·馬克思在他的《經濟與哲學手稿》中對勞動分工的問題進行了論述。透過將一個工作劃分為多個工作，每個工作只有一個明確的職責，則每個領域的工作將變得重複、死板，並流失了創新的機會。這就是產業界勞工的命運，我們的前輩在電腦硬體工廠工作，而軟體與硬體的差別只不過是在於生產線的實體空間不同，而完全不是像我們所想的那樣可區分為開發人員和設計師，當然企業領導人也不會這麼想。

在一個有許多建築物的城市中，建築學這個領域指的是在一個給定的場地內，將原材料轉化為具體的空間，以符合既定的目的。這個空間可以是度假勝地、音樂廳、大教堂、劇院、辦公大樓、橋樑、隧道或公園。建築設計師從地面開始，在該**場地**上打造建物。根據房地產所有權和分區法，該場地的產權被明確定義和預先設定。幾千年來，人類有了自己的家、辦公室、旅館、正式的禮服和行李，以及許多建築和設計的物件。與他人一起在辦公室工作，或參加一場音樂表演，或安全又不弄濕地穿越一片水域，這些都是大家所熟知的人類生活方式，它們已經存在了數千年，跨越了整個文明世界。

軟體和系統領域中，我們選擇沿用「架構」和「設計」的概念，作為描述我們工作的詞彙。我們把它們印在名片上，然後放在無窮無盡的人力資源資料庫中，以描述我們的工作職能，而這些名詞所繼承的語言和概念模型也界定了我們的領域。雖然這點我們可以理解，但可能並不適當。

這點可以理解，因為建築設計師主要關心的是必須製作一些堅固、可用（符合目的）和令人愉悅的東西。我認為概念上的缺失是來自於這些領域最關心的並不是新奇的事物（一種創新，也就是對全新的**概念**的闡述）。說白了，建築設計師是在一個規定嚴格的人類互動範圍內，創造一個以前不存在的物件。

然而，當出現一個**嶄新的想法**，而不僅僅是一個非常古老的想法的最新實現時，我們就稱之為發明、或是藝術。**架構**這個名詞成為了不必要的**隱喻**，並以這種形式隨著時間的推移無形中進入我們的心理模型，支配了我們對於工作的看法、我們如何談論工作、以及我們工作上應負的職責。這已經變成一個消亡隱喻，對我們工作上的限制或阻礙可能已經超越了它所能提供的支援。

如果在幾十年前，譬如說像 1968 年北約的那次會議上，當我們還在摸索著如何賦予一個隱喻來讓我們領悟自己工作的本質，以提升這個領域時，假使那一刻我們採用的是「作曲家」、「指揮家」、「導演」、或「作家」會如何演變？**這些曾經被提出來討論過**，並非**無法想像**。但當時的時空背景，把我們融入到硬體製造的流程中，引導著我們走上了創造許多精彩程式和先進軟體的道路。

但也許軟體的進步與這些工業隱喻並沒有什麼關係吧？或者更確切地說，它們在當時很重要，但現在不再有用了嗎？

自從 1968 年北約會議以來的幾十年裡，世界發生了變化，一切變得更像是人為的，迫使工作內容必須向價值鏈的上游發展。亞利桑那州立大學建築學院的一位教授最近告訴我，鳳凰城地區建築師的失業率超過 50%。事實上，如果想讓自己畢業後就面對這個可能是史上最高的失業率，最好的辦法就是去上建築學校（*http://bit.ly/2ly7PSa*）。因為電腦和土木工程規範對於從事較低層次的建模工作者較為有利，所以這項工作在實際建築領域中並不能創造足夠的價值。對於無法確定如何為客戶向價值鏈上游移動創造出一條生機的軟體架構師來說，這樣的命運正降臨在他們身上。

我們一直都太過於內向，以為工作是為了建立一個企業本體，或者只是填寫札赫曼（Zachman）框架的圖表，並因此而認為我們做了一些有用的事。其實並沒有，我們只是遵從了一種試圖理解自己在世界上的位置，以證明存在理由的可行方法，而這個領域的框架則是在爭奪自我的身份認同。這是一個必經的階段，但我們不能停滯不前。

這裡需要說明一下，我並不是主張讓所有人換個頭銜並繼續做同樣的事情，而是由於這個名稱原本就不符合我們實際工作的內容，因此我們有理由相信換個新的名稱可能會對這個領域有更正確的認知。

需求的神話

在系統設計中，當我們談到「需求」這個詞時，就創造了一個虛假的中心，一個假定的常數，這給我們的領域帶來了問題。這些問題以產品管理團隊和開發團隊之間二元對立的形式出現。它以一種極端的形式假設產品管理團隊知道要建造出什麼，而開發團隊則是被動接受的容器，開發團隊只是把管理團隊需要建造的內容清單安插到系統中。在敏捷方法中，可能允許開發團隊在需求列表的範圍內進行設計時有一些自由度。

然而，需求其實並不存在，但是這些需求，就像其他一切有價值的東西一樣，都是由某人編造出來的。需求並非事先就知道然後被告知的，而是被**發明出來的**。

新的架構師創意工作的一部分是幫忙創造出功能性和非功能性的需求，看看我們需要做什麼，怎麼做才會起作用、什麼結構才能闡述我們希望系統為我們做什麼，或者想像一個我們從來沒見過的人三年後可能會想要這個系統做些什麼，屆時如果系統規格很難變更時，又該如何因應。

我們怎麼會知道印第安那·瓊斯（Indiana Jones）就是那個找到《**失落法櫃**》的考古學教授呢？因為喬治·盧卡斯（Indiana Smith）發明了一個名叫印第安那·史密斯（Indiana Smith）的角色，但是史蒂芬·史匹柏（Steven Spielberg）不喜歡這個名字，所以他把這個名字改成了「印第安那·瓊斯」。突然間，時空跳轉到 1930 年代，一個男人站在那裡，他需要去做某件事，而需要有人去阻止他，要怎麼做出這種效果？這就是電影和軟體中提出需求的方式，這些都是人所編造出來的。

當你以軟體設計師的身份編造一些東西的時候，那個世界就是你的環境，就像你在電影的世界中設定一個有衝突的角色一樣，你把符號放置到那個世界裡，讓這些符號彼此之間具有某種意義，這就是語意的領域。

語意和軟體架構

本書的主要目的只有一個：幫助你設計出更好的軟體。為此，我們提出了一種新的模型、新的方法、以及一套新的概念和工具，稱為**語意軟體設計**。

為什麼是「語意學」?

語意學這個領域所關心的是意義的產生，以及邏輯和語言的使用方式，它是「研究語言文字、程式語言、形式邏輯和符號中含義的語言學和哲學，涉及了表示意義的符號（如單字、片語、標誌、和圖示）之間的關係，以及它們在現實中所代表的意義。」[1] 它跟集合以及語言本身的創造、執行和阻隔的關係和可能性有關。

這**正是**架構設計師所應扮演的角色，也是他們應該做的工作。編譯器所要求的邏輯和業務需求仍然是邏輯和集合論的問題，而開發人員所做的一切都是用語言來表達。

語意＝邏輯＋語言。

這其實**就是**我們被允許以軟體開發人員身份盡最大努力時所要做的事，但我們已經接受了錯誤隱喻的訓練，因此甚至沒有一套做法來找出我們在失敗的專案中犯了哪些小錯誤，我們現有的做法反而阻礙了進行成功設計所必須具備的思維方式。

軟體的問題在於語言無法發揮應有的功能，而這也是專案失敗的主要原因。我們**不是建築師**，甚至差了十萬八千里。我們所要打造的建築沒有一個明顯的、預先已知的目標，那是人們幾千年來使用工廠生產線上製造的有形材料來複製類似建築的做法，軟體則恰恰相反。

我們唯一的材料是語言和思想、名稱和意義、意符（signifier）和意指（signified），換句話說，我們唯一的材料只有**語意學**。

當我們設計軟體時，我們是在設計一個區分意符（例如：黃色大 *M*）和意指（例如：麥當勞）的語意。

這是我們的主要活動：將一堆類別或函式中的所要表達的材料以某種語言的語法呈現。但是這些語言是可以互換的，而語法也不是所要傳達的訊息。

語意場（*semantic field*）是由一組相互影響的語言術語所組成，這些術語構成了代表全面系統觀點的軟體概念。完整的概念集包含了定義域中的名詞和動詞、它們之間的關係、以及軟體系統設計如何充當一個代表「真實」世界的覆蓋層。

我們被繼承下來的語言所困擾，它就像是我們呼吸的空氣：無所不在且無處可見。它既塑造了我們的思維，也扭曲了我們的想法，更讓我們的軟體深受其害。

---

1 *https://en.wikipedia.org/wiki/Semantics*

語意是軟體設計中所缺少的環節，因為我們不知道它是必需的，所以我們跳過了這部分。由於我們對這個領域的概念來繼承自工廠的生產線，因此遠離了語言和認識論（研究什麼是可知的，和如何徹夜瞭解我們所知道的）以及哲學的範疇。

要完成語意軟體設計，必需執行以下步驟：

1. 定義它的語意場。
2. 在其中產生你的概念。
3. 解構概念以改進它。
4. 根據解構概念及其語意場設計系統。
5. 編寫軟體並實現相應的系統和流程。

我們無法做到的是嚴格按照上述方法建立軟體的概念，當我們這樣做時，我們的軟體就成功了。如果我們不這樣做，我們就必須忍受上千個小錯誤，其中有很多我們甚至都無法察覺，而隨著時間的推移，這些錯誤累積起來會導致專案和系統出現更大的失敗。

本書的其餘部分將剖析這些概念，並說明如何將它們應用於更成功的軟體系統和專案中。

語意的領域

命題是關於一個現象的語意聲明，代表了它在一系列可能的世界或事件的狀態中，能推導出真值的情況。

宇宙是無限種命題的組合，因此宇宙也是一個（很長的）列表，包含了所有能產生真值的敘述，而時間一直在流逝，所以這個列表就變成了無限長。

我們把邏輯連結符號「而且」當作連接詞，我們可以說「這是真的，而且這是真的，而且這是真的……」如果我們只敘述真實的東西，並且敘述所有真實的東西，就會擁有跨越時間和空間的整個宇宙的完整概念。如果我們能遍歷時空中的每一個命題，就能獲得宇宙的詳盡描述。

軟體設計師的工作是用真值命題來表示現實世界的某個層面。

如果我們的軟體範圍是代表整個宇宙，我們要把無數個命題的列表轉換成可執行的敘述。這很簡單，因為電腦可以理解二進位的真 / 偽。

但總要有人為這個專案買單，而他們並沒有無限的時間，也不需要那麼大的範圍，只需要其中一部分。我們用邏輯和語言來形成一個概念，這個概念是由我們的命題所成的集合，我們從代表世界的無數個命題的組合中劃出一個空間，創造了一個邊界，將我們軟體的領域範圍，和宇宙的其餘部分區分開來。有些東西我們可以表示出來，而有些東西則不會去表示它，這就是我們如何定義語意場的方式。

因為我們沒有足夠的時間、範圍和預算，也沒有必需要去表示描繪出整個宇宙，所以我們劃分了我們的領域範圍。所有的軟體必然會有這樣的邊界，這是語意場的邊緣，也就是你的軟體不再去描繪世界的地方。在這個邊界，你將遭遇在你所描述的和被你拋棄到地平線外的事物之間的邊界衝突，我們被迫以一種不完全一致的方式來圓滿結束我們的思想體系。

如果我們不在領域周圍畫出這樣一條界線，我們的工作將要表示出所有的事物，這個範圍將是無窮無盡的，我們所要表示的將是整個永恆的宇宙，軟體將會是我們實際生活的世界，而我們則扮演著上帝的角色。事實並非如此，因此我們必須停止表達，這就是我們的語意邊界，而這也使得我們的邏輯和語言，與我們的語意不一致。但是如果我們有意識地考慮到這個邊界，因為我們意識到它，也因為我們理解到我們的工作實際上是語意的，而不是工程或建築，那麼我們將會讓邏輯和語言變得更好，而且由於它們是軟體的基石，我們的軟體也會因此而變得更好。

這本書的主要論點是，軟體之所以會失敗是因為我們對世界的理解不當、因為我們對角色的理解不當（以為我們是工程師和建築師，而不是哲學家和科學家），這導致了目標不明確、不必要的複雜性、不正確的和不斷改變的需求、缺乏一致性、缺乏重點、浪費精力、客戶流失、以及雜亂無章，而這正是麥肯錫的報告所指出的軟體專案會失敗的主要原因。

軟體是語言和邏輯的事業，如果我們是以我們系統的語意學家或哲學家自居，那麼我們就會創造出更好的語言、使用更好的邏輯，並且由於這些是軟體設計的唯一工具，因此我們的軟體將會更好。

語意場容許了概念的可能性。

設計師是概念的生產者

> 從事建築也幾乎涉及了其他幾乎所有的行業：文化、社會、政治、商業、歷史、家庭、宗教。
>
> —保羅·戈德伯格（Paul Goldberger）

維特魯威（Vitruvius）的作品完成於西元前一世紀，是第一位歷史上有記載的羅馬建築師。

他所寫的《關於建築（*de Architectura*）》，即現在所知的《建築十書（*Ten Books on Architecture*）》，至今仍被當作大學的教科書。大約 1500 年後，另一本關於建築的書才問世。維特魯威宣稱建築師應該精通繪畫、幾何、光學、歷史、哲學、天文學、音樂、戲劇、醫學、法律、和其他領域。

建築建築師總是被告知這樣的事情：他們必須接觸所有的文化、所有的思想流派和學術學科，並瞭解許多不同的領域，以便開展他們所從事的工作。這個說法就是沿襲自《關於建築》。

然而，我們在軟體行業卻發現自己是例外。隨著世界變得越來越專業化，我們經常發現自己滿足於重新詮釋各式各樣的 Big-O 表示法，並爭論著 MergeSort 是否優於 QuickSort，或者（天理不容的）比較哪個 JavaScript 的框架最好。

情況不應該是這樣。

身為計算從業人員，若只從我們自己的角度思考，會讓我們的設計變得乏味、缺乏獨創性、效率低下、不完整、不可靠、不穩定、並且擴展和維護成本高昂。

我們必須從概念開始。

這一概念必須支援完整性與和諧性，正如維特魯威所言，它必須具備三個關鍵要素：穩定、實用、和美觀。

《技術策略樣式》（*Technology Strategy Patterns*）

請參閱本書的配套書籍《技術策略樣式》，以更深入地討論架構師的屬性，以及在技術單位中最佳的架構和策略的協同工作模式。

概念的設計

好的設計不僅僅是執行所規定的需求。

有創造力的架構師首先要建立的是概念的一致性和完整性。

首先，我們設計概念，這些概念傳達、激發、並支援了圍繞著它們的本地設計。對於有效率的企業架構師而言，這些可能包括軟體系統、整合、基礎結構、組織、資料的使用、和業務流程的設計。

從概念出發，所有這些要素可以在一個具有連貫性的符號系統中協同工作。

我們不只是要繪製部署圖，而是應該捫心自問：你的主題是什麼？你的觀點是什麼？什麼樣的設計原則可以讓使用者在不被告知的情況下憑直覺就能操作你的作品？

系統思維意味著你要退到很遠的地方去觀察整個系統，遠到足以看到系統中全部的東西。你需要看到所有的部分，才能理解所有部分之間的關係，無論是在系統的範圍內，還是在它所觸及和參與的範圍。然後，透過聯動利用這些知識來理解每個部分。如果不考慮這些關係，把每個部分都看作是它自己的整體系統，又會有什麼不同於以往的發現？你能否從觀察中找到什麼新的理解？

現在再把它進一步分解：把系統的物件視為事物的本體，而不是基於我們對它是什麼和為何是什麼的假設。

現在重新建構這個系統，暫時忘掉你之前的知識，去接觸每一個物件本身，然後看看這些關係如何從頭展現它們自己，重新審視如何在這次暴力調查的基礎上改善、擴大、摧毀、和重新安排這些關係。

只有到現在，你才能滿懷信心地繼續下去，因為你已經為你的客戶考慮了會起作用的各種因素，包括這些因素在系統中存在的理由、它們如何組織、這個系統將在什麼環境下運作、以及其他運作時可能發生的情況等。

你的系統所展現的行為，揭露了所有這些相互關聯和相互依賴的子系統之間錯綜複雜的關係。無論是你、你的團隊、還是有參與的團隊（應用程式開發人員或流程中的工作人員）都需要做出許多決策。

架構師是他們系統的首席哲學家。

架構師的工作和喜悅是創造一個概念，然後闡明它，然後再將其傳達給實現者。

何謂概念？

> 所以建築可以算是藝術，也可以說不是藝術；它或多或少是有點藝術的成分。這就是悖論及其榮耀，一直都是這樣。
>
> —保羅·戈德伯格（Paul Goldberger）

概念是由各種相關的想法混合抽象而成的複雜想法，也是詮釋世界上某些層面的表示法。

概念**並非事實**，而是想要解釋某些事情。你的軟體可能看起來不像是企圖要解釋世界上的什麼事情，但實際上這是一個概念的結果。這個概念可能非常糟糕：它可能在邏輯上不健全，在倫理上有問題，或者在美學上遭受質疑。本書的論點之一就是要強調這個概念，因為你沒有材料來雕刻，也沒有土地來建造鋼筋和混凝土，你只能定義概念，而這就是軟體設計師的工作。

一個概念總是指對於**某件事物**的觀念，它是一種表示法，因此，你必須要解釋世界上什麼是重要的、什麼需要獨立、什麼值得改進、什麼在競爭的表現中佔有一席之地、誰有發言權、誰是有名的、誰是具有全面發展的角色，以及誰沒有以上所述的特性。無論你是否有意識到，你正在進行價值判斷、倫理判斷、審美判斷、講述和參與一個關於世界的故事。

概念**並非顯而易見**，這是一個抽象的想法再加上判斷的綜合體，這是思考的產物。簡單直接的指稱對象並不是概念，譬如說「我的軟體系統是一個電子商務網站」這個說法並不是一個概念，因為這一點顯而易見，容易理解，與其它數百萬電子商務網站並沒有什麼區別。而「我的軟體系統是一個電子商務網站，它讓人們以物易物（交易商品和服務），而不是用金錢支付」這個說法比較接近概念，因為它更加獨特、精煉和完善。

一個概念可以**被反對**，一個理智的人可能會爭辯說，你的概念是不正確的，你的陳述是不完整的、偽劣的、或者受到誤導的。這是一個簡單的測試，可以看看你的概念是否正在形成。如果沒有人反駁你的觀點，那麼表示你除了為一個行銷口號喝彩之外，什麼事也沒做。

如果我讓你畫一幅「寵物」的畫像，你會畫什麼？也許是一隻依偎蜷伏著的大肥貓，或者是一隻調皮活潑的小貓，或者是一隻鳥、一隻蠶蜥、一條狗、一隻雪貂。概念由許多不同的想法所構成，凸顯的後設認知，或者檢討你的思考方式，可以幫助你認識到這些差異，包括你自己的偏見，這是更自覺地做這些的重要一步。反之，這也是創造引人注目的概念的重要一步，這些概念是真正創新軟體的標誌。

完成、規避、修正

為了在一個典型的軟體專案中發揮作用，你的概念通常與以下三件事情之一有關：完成某事，避免某事，或修正某事：

完成

　　這可能意味著你的使用者也可以做出貢獻，或者利用新興市場中新的機會。專案的完成涉及到做出一些新的、不同的、令人興奮的東西，這就好比是在做出更多的蛋糕。

規避

　　你的專案可能是為了幫助你避免一些負面的事情，比如欺詐或不合法規，或避開風險。這將會幫你把蛋糕切得更公平一些。

修正

　　軟體專案的形成常常是為了解決過去的一些問題，並「簡化」或「現代化」某些特別混亂的流程。這部分就跟蛋糕無關了。

你的新軟體專案可能不會涉及全部三個，甚至兩個，如果是這樣的話，那麼你的概念可能太過散亂、難以駕馭、限制太少，應該加以改進。

在概念畫布上勾勒出概念

要以一種更實際的方式處理你的概念，一開始你可以對其進行概述。

想一想你確實知道有關於這個專案的事情，從客戶的角度思考他可能想要完成、避免或修正的是什麼，並且用一句話來回答以下問題：

　　誰（Who），想要在什麼時候（when），以什麼理由（why），得到什麼（what）?

這些基本上都是「記者」提問的方向，與使用者故事的結構非常類似。你的組織可能有一個「單頁重點報告」或「業務需求文件」，可用來回答這類問題。你的設計概念所受到直接的影響來自於業務上的構想：產品管理人員或其他主管想要某些應用程式或重大更新。其他譬如總體業務策略、你的技術策略、以及執行時所做的創造性工作也會影響到設計概念。

這些都是相互關聯的，並以一組相關的想法表現出來，如圖 2-1 所示。它們應該以連續的循環互相告知，而不是單向或僅僅是由上而下的。本機應用程式的設計概念可以是健全、豐富和創新的，並足以重新形成（有時甚至足以重新發明）技術策略和業務策略。

本機應用程式的設計概念可以是健全、豐富和創新的，並足以重新形成（有時甚至足以重新發明）技術策略和業務策略。

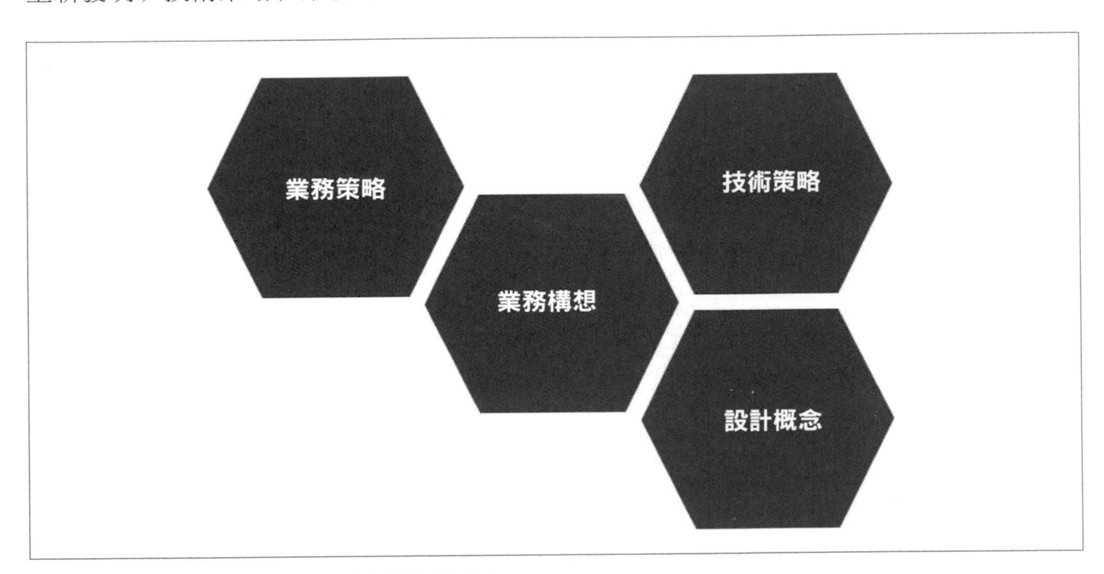

圖 2-1　這些要素之間並不是階層結構的關係

為了證實你的概念和這個更豐富的循環，請考慮需求背後真正需要的是什麼，仔細想想他們希望如何做到這一點。通常「業務」會提出需要完成什麼，並期望架構師描述應該如何完成。這樣是沒錯，但一個更有價值的設計師可以塑造技術的概念，使其能夠傳達、改變、甚至重新構思業務概念。

跨越人員、流程和技術的主要重點是什麼？思考一下你的組織要建立優勢靠的是什麼，以及需要克服什麼樣的挑戰。

在其他軟體設計模型中，限制常常令人感到壓抑和沮喪，但是在我們的世界裡卻是受到歡迎的，因為限制給了我們一個錨點，這是真正有助於我們確定方向的東西。

發散性和收斂性思維

當你逐步檢視你的概念時，你應該會經歷兩個階段：首先是**發散性思維**，接下來是**收斂性思維**。

有了發散性的思維，你會產生一系列的備選方案，這些方案彼此之間應該有很大的不同，與現存的方案也有很大的不同。然後，在第二個不同的階段，用收斂性的思維把這些想法融合在一起，扔掉那些行不通的想法，再根據這些改進提出你的概念：

發散性思維

產生各種可能的解決方案，它們應該具有多樣性，並且在一系列候選方案中應與眾不同。哪些解決方案不完全符合你當前的應用或業務環境？怎樣才能保持你的好奇心？你要如何想像在目前軟體問題領域之外的解決方案，比方說藉由一點音樂、藝術、歌劇、玩具、遊戲等完全不屬於這個領域的東西？你是在冒險嗎？你應該清楚風險之所在，如果你不確定有什麼風險，那麼很可能你所做事情不夠有趣，試著列表中找出所有候選解決方案，並且納入你的時尚造型畫冊或剪貼簿。

收斂性思維

藉著發散性思維產生了一系列備選解決方案之後，就該把這個領域縮小到一個前後連貫的單一概念。在這裡，你正在建立一組篩檢器或濾鏡，透過這些篩檢器或濾鏡來檢視你的相關想法，以便澄清和純化這些分散的列表，使其成為可行的概念。為此，針對每個候選解決方案，向你自己和你的團隊提出以下類型的問題：

1. 已知的絕對限制條件是什麼？
2. 如果已經知道預算是多少，這些候選方案能否控制在預算範圍內？
3. 這些候選方案能否在規定時程內完成？
4. 這些候選方案支援哪些已知的業務或技術策略元素？
5. 這會帶來什麼新的機遇？
6. 當前的人員、流程和技術格局中哪些正面和負面因素會被提升或惡化？
7. 需要哪些人員或角色被批准或參與這些候選方案？

你的團隊將會遇到許多問題和對話，這些問題和對話可能與你所處的情況有關，而這些只是剛開始而已。

運用收斂性思維會產生三到七個關鍵的組成部分，這些是構成概念的主要靈魂。稍後在行政簡報、行銷幻燈片、面對客戶的產品平臺、訪談、和其他形式的交流中，你將使用這些敘述，然後把這些主要重點當作「電梯行銷」來快速而簡潔地表達這個系統的概念、存在的理由、以及誰是受益者。

你在此階段的創意工作可在圖 2-2 所描述的範本中捕捉到，我將其稱為「概念畫布」：

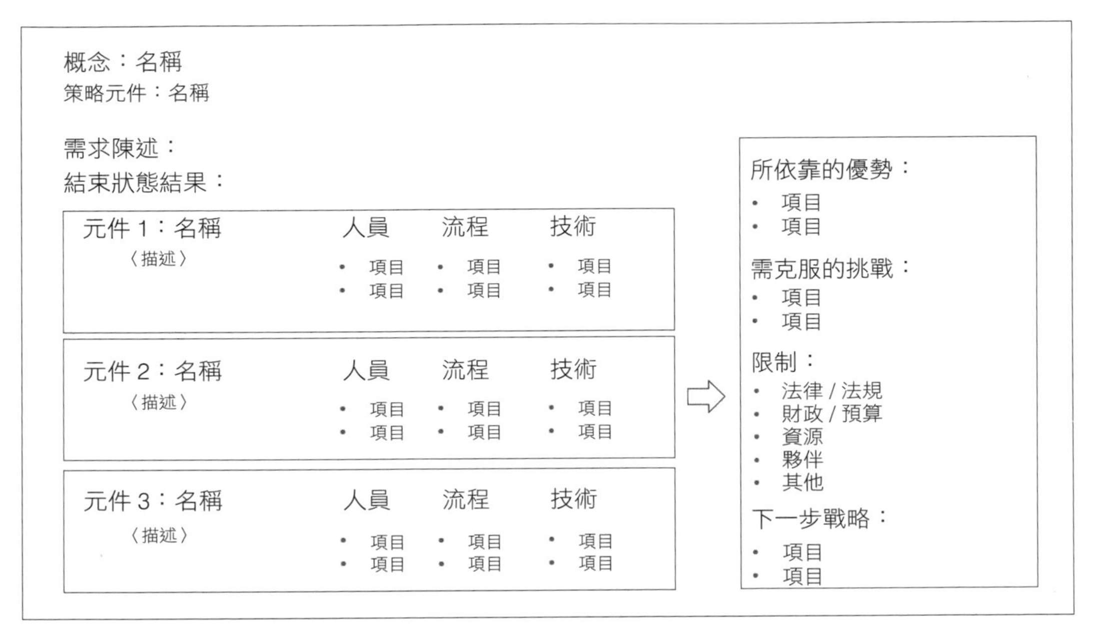

圖 2-2　在概念畫布中捕捉你的概念

當然，公司本身並沒有概念；但是為公司工作的人有。讓你的團隊一起工作一個上午，並逐一檢視概念畫布中的工作項目，這樣就可以為你提供如何組合專案計畫並建立詳細設計的方法。

在我們的實踐中，基於我們討論過的原因，我們並沒有要建立「架構」。相反地，在語意軟體設計中，我們是概念的生產者和設計者，我們用一種讓他人受到啟發、參與其中、並理解其邊界的方式來表達它們。

總之，在這個早期階段，如何運用你的概念的指導原則大致如下：

1. **概念陳述：** 一個句子或短語。這就好比是一首你能哼出曲調的旋律，而不是整首歌；這是一個令人難忘的圖像，有助於你傳達基本的主題。
2. **需求陳述：** 捕捉到誰想要什麼、什麼時候、什麼原因。這可以確保你在保持創造性和好奇心與不偏離沒有商業價值的方向之間取得平衡。找出誰是將會受益或成為阻礙的客戶、最終使用者、業務合作夥伴、和內部主管？
3. **與策略保持一致：**如果你的概念與至少一個業務和技術策略元素相關，並且很明顯可以促進其發展，那麼你將有更大的機會影響相關的部門，並獲得其支持。因此，你應該明確地指出這一點。
4. **創意組件：** 這些是具有高度凝聚力的想法元件，可以共同形成一致的概念，透過人員、流程、和技術的角度來思考它們。
5. **前進之路：** 瞭解了基本概念之後，接下來要考慮的是如何把它變成一個真正的系統。當然，還有相當多的工作要做。而這個時候你只有可以共同構成概念的一套複雜想法。本書的其餘部分致力於展示如何把這個概念轉化為可實作出驚奇軟體的設計系統，但你還需要一座橋來幫你跨越概念與設計系統之間的鴻溝。**前進之路**捕獲了現實世界中的情境和你希望採取的下一步戰術，以便將你的概念推進到系統設計和可行的軟體中。

你可以在一張概念畫布中採集到這些內容，然後添加到架構設計的核心概念中，這點我們稍後將會討論。

以造型畫冊收錄概念

在時尚界和設計界，有一種東西叫做**造型畫冊**（*lookbook*）。這是設計師將用來展示他們在特定的系列、季節、或活動作品的照片集。它為觀賞者提供了如何將新一季系列中的一些元素組合在一起的建議，比如以這些牛仔褲、那件毛衣和這雙靴子來打扮成一種造型或個人風格。

約翰·馬克維奇（*John Malkovich*）造型畫冊

資深演員約翰·馬克維奇將他的才華轉向了設計自己的時裝品牌，你可以在以下網址找到他的造型畫冊範例（*https:///www.johnmalkovich.com/lookbooks*）。

在時尚界，這是一組用圖解來說明概念的照片集。一開始，你也可以用這種方式來呈現你的概念。最後，你的**造型畫冊**將整理成設計的來源、靈感、和其他看似隨機文件的彙編。這是你的想法日記，它可以幫助你回憶起你在形成概念的過程中涉及的所有觀點。它也可以作為一個簡潔的綱要向其他人展示，以幫助你在設計上進行協作。

你的造型畫冊可能包含了以下許多項目：

- 非正式的草圖
- 像是 UML 的圖，但看起來沒有那麼正式
- 圖像
- 心智圖
- 片斷的想法
- 關鍵客戶
- 相關報價
- 故事
- 連結
- 影片
- 顏色
- 材料

你的造型畫冊就像一本不斷更新的拼貼式日記，在這個過程中會有很多靈感來源，可能會為你的概念提供了資訊，而你只需在這個地方抓住它們，這樣你就可以參考它們。這個地方可能只是一個正在持續增長的 Word 文件、維基百科上的一個特殊頁面、OneNote 檔、網頁，或者你喜歡的任何東西。

你可能正在處理一組主題；就像作曲家會為不同的人物或事件設定一套主題一樣。其中一個可能是「手工藝」。你會如何向你的團隊表達這一點，或者你自己會怎麼思考？你也許可以考慮以下幾點：

- 賓士 AMG「一人一引擎」的理念，正如網頁 *http://bit.ly/36lyi6V* 上的影片所看到的，每個 AMG 引擎都有其製造者的簽名。

- 在這段影片中，一名女裁縫師正在製作 1950 年代迪奧小姐連身裙的小型複製品（*http://bit.ly/2NXbPXC*）。
- 在這段影片中，一位鞋匠師傅正在製作一雙 Prada 鞋（*http://bit.ly/2kQkboz*）。

如果你的主題之一是要從根本上徹底反思歷史的方式，那麼你可以考慮納入 Google X 射月思維（Moonshot Thinking）影片（*http://bit.ly/2kIGWuK*），依此類推。

一開始，造型畫冊的讀者將是團隊中的其他人，但除此之外可能沒什麼用，感覺上它應該屬於比較私人的，如果要分享它，你可能會洩露一些個人的秘密，比如你的態度、品味、靈感、理解、以及理解到什麼程度。分享這些資訊可能會讓你覺得有點緊張，不過這是件好事，因為這表示你所做的事情對你來說很重要，而你真的置身其中。

隨著這個畫冊變得更加完善，你可以把它當作一個目錄來使用，從中提取特定的看法，以幫助你將設計理念傳達給各種不同的協作者，這些協作者可能包括 UI/UX 人員、開發人員、主管、經理、和客戶。

符合目標

> 身為一個藝術家，是的，我有一些限制，而重力就是其中之一。
>
> —法蘭克·蓋瑞（Frank Gehry）

迪士尼音樂廳於 2003 年在洛杉磯開業，並成為洛杉磯愛樂樂團的新家。由建築師法蘭克·蓋瑞所設計，歷時四年建成。

在開幕典禮上，《洛杉磯時報》的音樂評論家馬克·斯韋德（Mark Swed）講述了以下故事：

> 當管弦樂團終於獲得下一次在迪士尼的（練習）機會時，是為了要排練拉威爾（Ravel）精心策劃的芭蕾舞劇《達夫尼與克羅伊》（Daphnis and Chloe）。。這一次，音樂廳奇跡般地恢復了生機。早些時候，管弦樂團的聲音雖然美妙，卻讓人覺得局限在舞臺上。而現在又增加了一種新的音效，狄士尼音樂廳裡的每一寸空氣好像都產生了愉快的共鳴。豐田先生表示，他在家鄉日本所設計的任何一個音樂廳裡，從未體驗過第一次和第二次排練之間的音質會有這麼大的差異。塞隆先生簡直不敢相信自己的耳朵，令他吃驚的是，他發現在演奏者的拉威爾樂譜中有印刷錯誤的音符，而樂團擁有這些樂譜已經有數十年的歷史了，但在錢德勒樂團中，卻沒有一個指揮能好好的聽過裡面的細節，並仔細到足以發現這些錯誤。

圖 2-3 顯示了這座奇妙又極具視覺張力的建築。

這是建築的最佳代表：創新、協調、概念清晰、富有表現力，與環境對話、多元、即興、生動。建築本身就像動人的音樂，它所提供的音質，以及它給客人所帶來的舒適感和清晰度，是令人讚嘆的。蓋瑞的建築不僅壯麗輝煌，並且正如關於印錯樂譜的故事所揭示的那樣，這座建築非常符合其目標，而我們的概念也必須如此。

圖 2-3　位於洛杉磯的華特迪士尼音樂廳，由建築師法蘭克·蓋瑞所設計（圖：維基百科）

蓋瑞在一次採訪中說，在建築領域，你必須問，「然後呢？」你可以愛你的客戶、愛這個城市、精打細算、有禮貌、善於合作。而這些東西只不過是餐桌上的賭注。所以你必須問自己，「然後呢？」才能從你的工作中獲得真正的價值。

我們必須努力提供真正與眾不同的東西，具有如此美妙的功能，來讓我們的用戶聽到他們從未聽到過的音符，也讓他們感到驚奇和愉悅。

用核心構想表達概念

過彎時慢進快出總比快進快死要好。

—費里·保時捷博士

建築設計師有空間、有社區、還有一棟建築要建造，他們可以像雕刻家那樣，從實際的一塊大理石開始著手。

從事技術領域工作的我們無法做到這一點，我們沒有空間、沒有材料，有的只是我們的邏輯、我們的語言、以及我們如何利用語意符號來產生概念。

這個概念是我們工作的第一步，也是最常被省略和忽視的一步，因為我們甚至不知道它應該是我們工作的一部分。因為我們從「架構師」這個隱喻入手，這會造成我們犯了許多其他局部範疇的錯誤，而這些錯誤累積起來則會導致我們專案的失敗。

我們的工作是**產生一個概念**，而這個概念會產生了一個**系統設計**，該系統設計是全方位的，可以為編寫有效和合理的需求（包括功能性和非功能性需求）創造最佳的環境，並且允許將它們被放在一起檢視。這個概念還為**設計的專案模式**提供了依據。由於我們的觀點是全方位的，我們設計的專案計畫和軟體系統一樣多，因為它們是互相依賴的。總之，我們的專案在過去 25 年左右的時間裡獲得成功的機會遠遠高於軟體專案。這樣的規劃模式不但產生了可正確執行的**軟體**，而且是創新的、讓客戶滿意的、並且為非功能性需求提供了傑出的支援，也為這些團隊的成員提供了最有價值的機會，讓他們能開開心心的做出有意義的貢獻，並為此感到興奮和愉悅。用我們的方法，我們有更有可能點燃人們**內在**的熱情之火，而不是在人們的腳底下生火。

微處理器的問世意味著我們必須設想如何在一個非物質的領域中創造堅固、符合目標和美的事物。這是哲學家的領域，而不是建築師的領域。

正如我們已經談過的，很少有軟體能正常運行或使用起來令人感到愉悅的原因之一是：我們可能選擇了錯誤的隱喻。在那之後，我們還跳過了一個重要的環節：核心構想（parti）。

核心構想是「parti pris」的縮寫，意思是「已做出的決定」，是一種表達設計整體組織的圖形。核心構想將概念畫布、造型畫冊和專案隨著時間的推移所揭示的變更當成輸入，並在專案過程中加以改進成為關鍵元件的決策日誌。核心構想是高階可執行系統元件的第一個表示法，而這些元件可用來建構後續的軟體模組。

核心構想永遠不會被重複使用，因為它們是屬於某個設計挑戰、限制和背景所特有的。

NASA 提供了一個簡單明瞭的範例（不過他們不叫做核心構想），如圖 2-4 所示。

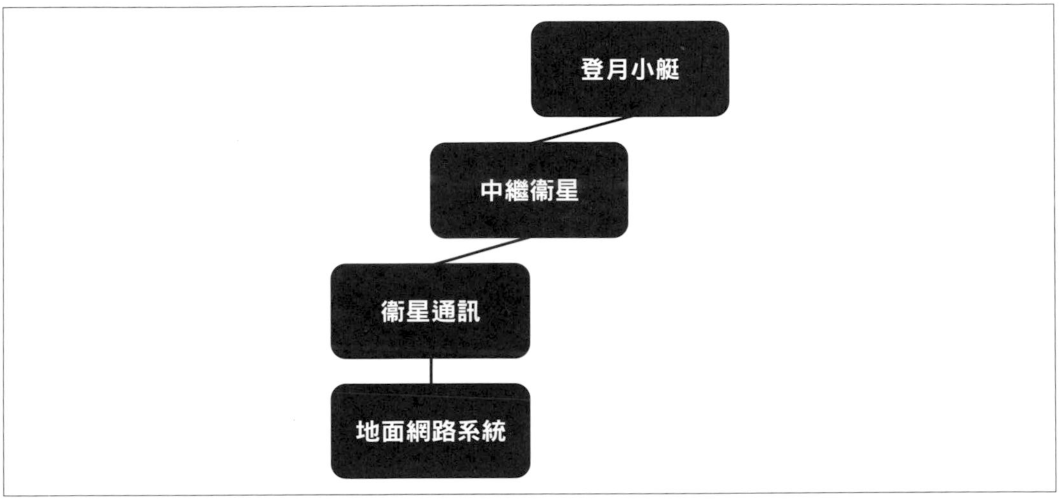

登月小艇

中繼衛星

衛星通訊

地面網路系統

圖 2-4　登陸月球系統的概念草圖

當你把注意力放在你的概念時，這樣討論起來難度就已經夠高了。它處於一個較高的水準，側重於全面性的系統關係，而不是一個子系統。

一個範例

想像一下，我們將開始為旅遊業開發一個基於機器學習的新軟體專案。我們可以根據雅典娜（Athena）為這個軟體建立一個核心構想，她是集智慧、策略、工藝、收穫和戰爭於一身的希臘女神，也是旅行者的顧問。

我們要問的是，這暗示著哪些可能性？它將我們的注意力引導向什麼地方？如何為我們的設計創造一個緊密結合的主題？我想到了很多：

- 機器學習不應局限於單一面向，而是必須與整個專案的範圍息息相關。
- 策略樣式可以用來注入更多指定演算法的實作。系統必須為業務建立一個新的環境，以作為基準點並支援交替增長。
- 重點必須放在技巧工藝和對彈性的謹慎堅持上。
- 該系統將帶來產量、零售和優惠方面的新功能。
- 該系統應該透過其介面提供出色的使用者支援，為旅客提供有創意和及時的建議。

一旦你有了能夠思考如何在架構中實現這些想法的基礎，再把這些高階的輪廓融合在一個像「雅典娜」這樣的重要人物之下就會變得很有意義了。用統一的符號、圖形、名稱、或易於表達的想法來捕捉你的概念將有助於你與其他人交流，進而幫助你讓這個概念更加完善。

定義一個支撐杆，讓你的創意可以圍繞這個支撐杆找到另一個創意來進入對話。這些觀點有爭議的地方在哪裡？立足點是根據什麼？它們試圖說服對方的是什麼？它們在哪些方面能達成一致？利用這種張力來為創意的交流創造空間。

先挑選一根杆子，然後設計整個支撐杆。現在你有了可以把其他創意掛在上面的東西，這些在第一輪審訊中倖存下來的東西，將有助於為系統的其他層面作好準備。

為核心構想添加不同考量層面

至此，你已經探索了系統的一個層面如何運作，以及如何變得有用和強大。現在，改變整個領域的規模和設計，但不要一下子擴張太快，這樣才能看出邊界可能在哪裡。你還不需要給它們全部下一個明確的定義，但是你已經跨出了第一步，至少有一個層面是經過深思熟慮的，而其他許多層面則需要在當場確定。

你不需要直接表示出核心構想，或是將所有這些元素映射到具體的內容。它只是充當一個組織原則，在你繼續思考以及進一步探索和想像系統時應該會有用。你的核心構想最終會找到一種方式，將設計決策應用到各種具體的文件中，而訣竅是當你在建立以下這些文件時，將其牢記在心：

- 使用案例圖
- 概述設計的板子
- 關鍵區域的類別圖和元件圖
- 一個完整的架構定義文件

我們將在第五章深入討論這些問題，核心構想不應視為負擔，而是一個點燃專案的火種。

基於一系列揭示的核心構想

> 我始終覺得如果你事先知道你要做什麼，那麼你就不會去做了，因為你的創造力始於你是否好奇。
>
> —法蘭克·蓋瑞（Frank Gehry）

核心構想必須記下故事每時每刻的關鍵部分，但是若沒有具體的實行，這就只不過是個愚蠢的幻想。事實上，核心構想可視為通往打造出可用系統的可拋棄式橋樑。它可為你的設計提供一個組織原則，讓人們能夠更直覺更深入地瞭解它，並幫助你提供更多的方式來為客戶和使用者提供他們所想要的，以及他們可能尚未想到的服務。

揭示必須仔細提供執行團隊所能理解的內容，在設計的各種面向提供核心構想的具體連結是你的工作，而不是他們的。隨著從抽象概念到設計圖再到可運行系統的發展，核心構想最終將會完全消失。

為極端使用者打造系統：有經驗的超級使用者可以做任何事情，例如創建自己的巨集，而新手使用者只關心大約 10% 的功能，兩者應該都要能夠輕鬆地完成淺顯的工作。在一開始就要考慮到這兩個極端，讓它們互相競爭，以提供對雙方都適用的東西。考慮極端使用者的其他頻譜：例如老人和年輕人、講母語的人和不是講母語的人、男人和女人，高個子和矮個子、以及需要深入細節的人和需要快速總結的人。

知道你的揭示是什麼和在哪裡，考慮與你的專案相關的人，以及你將如何把核心構想融入到日常生活中。

尋找機會在各種層面表達你的概念，包括你製作的範本、招聘實務、專案團隊文化、開發生命週期、里程碑、管理、排序和優先順序。

不要對核心構想期望過高，它在捕捉概念時有其真正的價值，然後將逐漸消失。新的需求、法律和限制將會出現。必要時可以改變它或放棄它，並根據你學到的新東西重新調整。你必須要這樣做，以保持概念的整體完整性，而不是你的原始概念或核心構想。

讓系統開始和你對話，與你的概念進行交談，每小時透過更多的途徑（包括系統架構圖、使用案例、目標、以及實現它們的方法）讓你的概念獲得更大的體現。

讓它改變你的路線，因為它會變大而且越來越難以控制，就好像你培養孩子，給他起名字，教育他。然後，隨著孩子的成長，他們會告訴你，他們不是縮小版的你，而是有自己的價值觀、願望和方法；最後，孩子成為了你的老師。

正如艾森豪所說的：「計畫是無用的，但擬定計畫卻是不可或缺的。」

瞭解概念

> 每塊石頭裡都有一個雕像，而雕塑家的任務就是去發現它。我看見大理石中的天使，於是我不停地雕刻，直至使祂自由。
>
> —米開朗基羅（Michelangelo）

我們不了解我們的系統所要表達的概念，不但因為它是無法了解的，而且這也不是我們的目標。

米開朗基羅認為他的作品只是讓大理石中的天使顯露出來，而大理石本來就存在，唯一的工作就是鑿。但是富有創造力的架構師是始於虛無，在我們面前本來就一無所有，也不會有大理石，而是一個由無數的連結所組成的世界，一個可以重新確立某個物件的領域。

當我們試著去理解系統設計時，便推翻了自己最大的努力，因為我們無法去理解一個我們還沒有發明的東西。

因此，我們取而代之的是去理解概念中的創意，不是我們的系統或解決方案的概念，而是創意本身，但是我們真的確定自己知道創意是什麼嗎？

感官確認性

> 看到了嗎？就是這個。這不是別的，就是這個。
>
> —勞勃·狄尼洛（Robert DeNiro），《越戰獵鹿人》

我們不斷地接收各式各樣的感官資料，一部電影通常以每秒 24 幀的速度拍攝，這些圖像都是靜止的。但就像翻書一樣，我們的大腦被那些並不是真正存在的過渡資訊所填滿，給了我們一種會動的和連續性的錯覺。

這不是思考，而是感知。我們並沒有一個想法，也沒有將這些感官資料與自己所理解的和結論結合，有的只是五官上的感覺。19 世紀的德國哲學家黑格爾稱之為「感官確定性」，有時也叫作「圖像思維」。

在這種模式下，我們可以相信人們能具體地理解「這裡」、「現在」、和「這個」之類的詞彙，就好像它們是直接指稱的物件一樣；就如同我們以為「這裡」、「現在」、或「這個」有一個固定的、可理解的定義。

坦白說，當我們說這些話的時候，我們相信我們是在說一些有意義的話，而且我們知道自己在說什麼，但實際上我們並不知道，要解析這些極為常用的單字幾乎是不可能的。

這種區別非常重要，因為我們的軟體專案充滿了需求、設計和程式碼的詞彙。我們必須（盡可能地）非常清楚我們所說的就是我們的意思。當我們開始嘗試用語言表達我們所觀察到的世界，並與我們對其連貫性的想法混合在一起時，我們便開始形成了概念，而這些正是強而有力的設計基礎。

後設認知

作為設計師，最重要的技能之一就是培養你的後設認知（metacognitive）能力。當你注意到自己一邊在做一邊還想著**如何**思考時，你不僅能看到你的概念，還能形成更複雜的概念，並注意到你建構它們的方式。

當你想著自己如何思考時，你會對很多事情產生疑問：

- 你所接收、回應、回憶和保留的感官資料，以及你如何回應它，挑選它、連接它、分離它、和區分其優先順序。
- 你如何綜合這些資料，並將詮釋後的想法再重新呈現給自己。
- 你對自己是一個穩定身份的領悟，其能夠持續、清晰地履行這種領悟。

突顯你的後設認知會讓你跟自己對話，就好像你們是兩個人那樣與自己對話，甚至是爭論，這將幫助你快速地將虛無塑造成為某種東西。而這些「東西」將會更好、更有趣、表現更佳，因為你會以更少的假設和偏見來更仔細、更全面地考慮它。

你可以透過在看似迴然不同的特徵之間反覆推敲你的概念來練習這一點，例如考慮以下幾點：

- 堅固性和靈活性
- 分佈和性率
- 安全性和易用性
- 簡易性和複雜性

- 高和矮
- 寬和窄
- 明亮和黑暗
- 固體和虛空
- 停滯和迴圈
- 在場和缺席
- 軟體和硬體
- 商業和哲學
- 建築和藝術

你在二選一的術語中如何決定要優先選擇哪一個？什麼樣的資料、歷史、想法、潛意識建議、限制、法律、文化規範、偏見、刻板印象、和觀點讓你做了這種選擇？你要如何在每一對術語中找出能統合兩者的概念，從而使你所做的權衡根本就看不出有任何明顯的取捨？

接下來，當你把相互衝突的問題整合起來，並且讓在你的頭腦中爭論不休的國會議員不再彼此對立時，你就有了一個完整、和諧、和堅定的概念，一個更接近於將設計付諸實踐的概念。

批判你自己的心理流程，退後一步，觀察你是如何、從哪裡、以及為什麼要獲取這些資料。你總是不停的在吸收資料；這些資料不斷地塑造著你採集點子的精神空間，對於你所吸收的東西，你是否有觀察到什麼能讓你採取習慣性的綜合行為？

那麼，你怎樣才能用一種全新的視角來對待看似不相干的事物，進而顛覆或翻轉這種綜合行為呢？你能找出烏鴉跟寫字桌有什麼共同點嗎？（譯註：出自《愛麗絲夢遊仙境》）

去購物、去公園、去看電影、聽音樂，或者去聽一場與你的設計挑戰完全無關的演講。這些並不是一次有明確目標的實地考察，而是讓你從中去發覺到一些司空見慣的日常通勤活動如何影響你的設計，一張皺巴巴的紙是如何催生出迪士尼音樂廳的。所有這些都將啟發你的思維，幫你看出實體之間的關係有哪些可能性，並且提供你原始材料和隱喻，幫你磨礪你的設計概念，並照亮你的設計為世界提供的概念之路。

這是一種型態識別、合成，以及顛覆的行為。

軟體經常從一開始就在對於世界的概念理解上出現問題。正如我們已經談論過的，軟體設計代表了我們對部分現實世界的概念，然而我們卻無法設計和製造出代表世界上無限種連結的軟體；這樣的軟體永遠也無法完成，也永遠也無法上市。所以我們必須在這個世界的某個子集周圍畫一條線，創造一個邊界，以限制我們所要建構的範圍，我們稱之為定義域。這是軟體這個舞台的布景和範圍，在這個可見的區域內，我們的概念和我們強加在現象學世界之上而創造的領域之間的差距，電腦必須根據其輸入採取理性和果斷的行動。電腦的輸入僅限於我們所劃定的範圍內，而電腦的輸出也只能在我們所允許的範圍。儘管我們盡了最大的努力，但在這個可見的區域內，某種程度上我們遲早必須停止並交付軟體，而這些邊界是現象學世界和我們人工疊加領域的交匯處，仍然存在著模糊的空間。

例如，我們可能被要求建立一個系統來預測房價。因此，別的就先不講，很自然地我們會定義「房子」這個類別。接著我們花了 100 萬美元在複雜的機器學習專案上，以便做出更準確的預測。而讓我們無法理解的是為什麼我們的預測常常落空。我們考慮了包括了屋齡、平方英呎、面積等因素。不過致命的是，卻沒有包括「靠近海灘」這個因素：因為我們在那裡縮減了我們的語意場。

我們無法想像所有的事情，我們無法囊括我們所能想到的一切。在某種程度上，我們必須停下來並做出妥協。意識到這些妥協的關鍵時刻，將減輕我們對系統講述其起源和背景的謊言時所遭受的打擊。這是如何建立更出色概念的關鍵，而較出色的概念則是支撐更優秀軟體的子結構。

前後文

> 在設計一件東西的時候，一定要考慮到它的下一個最大的情境範圍：房間裡的椅子，房子裡的房間，環境裡的房子，城市規劃裡的環境。
>
> —芬蘭建築師埃羅·沙里寧（Eliel Saarinen）

世界上只有兩種問題：瑣碎的和非瑣碎的。

一個瑣碎的問題很容易處理，其原因是直接的、簡單的、顯而易見的。它的影響範圍很小。例如你的拇指被扎了一下，或者衛生紙用完了。其解決方法也同樣清晰、直接、和簡單。這些是簡單的系統，而簡單的系統組成元素的行為是可預測的。

我們感興趣的不是這些。

一個非瑣碎的重要問題幾乎總是比它最初看起來的要複雜。趕時髦的從業人員會告訴你「保持簡單，愚蠢」（KISS）的原則，這是一句無用的空話。問題不在於簡單還是複雜，也不在於開發人員「把事情複雜化了」，而是有時候事情實際上是真的很複雜。

假設你正在設計一個電子商務系統。你有一個商品資料庫，並在其中指派了 ID、名稱和描述。我們知道當買家把商品加入購物車時，會被要求輸入購買數量。於是我們在商品資料表中再添加一個欄位來表示「數量」。這是最簡單的作法，但這是荒謬的。

我們從以上的描述中可以看出，這裡有兩個概念在起作用：「商品」和「在特定客戶購物時當作物件的商品」，這是兩個相關但不同的問題。

這個商品本質上具有某些屬性，然後還有一些只有在購物過程中才會獲得的新屬性；這些屬性跟想法是分不開的，也沒有抽象的數量，因此你必須創造一些新的東西。你可以發明**庫存項目**或**購物車商品**來表達這個新關係：你有了使用者，但是鉛筆卻沒有「數量 =3」這個屬性；因此這個裝飾的概念必須存在，才能捕獲不是關於產品的中繼資料，而是與所購商品直接相關的屬性。

這就是項目變數的目的。假設有一件「襯衫」，但襯衫是一種抽象概念，你還要知道它的尺寸、顏色和適用的性別之後，才能賣得出去。我們要做成小、中、大號三種尺寸的襯衫嗎？要不要分不同顏色呢？如果我們有白色、黑色和藍色，那麼總共就有九種組合。那麼要不要依不同性別把這些生產線再加倍呢？這是一個沒有效率的資料庫設計，但是這個錯誤應該提醒我們，我們缺少了一個想法；缺少了我們概念的一部分。

因此，看到這種脫節的情況，我們必須建立一個新的物件：變數的概念。我們現在已經建立了語意空間，允許這些顏色、尺寸、性別和諸如此類的概念充分而豐富的表達，並且它們本身還要有可擴展性（如果稍後我們為男性、女性各添加一種選項），但是每個概念都具有完整性，並保持高效率的設計。

經過這麼多年的錯誤調整，「保持簡單」似乎有悖常理，但聰明的設計師擴大了問題空間。你建立了在語意上與整體設計是一致的想法，這不是為了增加複雜性，而是為了在你的設計中有效地表示出世界的固有複雜性。你可以看到很多事情的來龍去脈，一旦發現你的設計跳脫了生活，就會試圖破壞它，因為你知道它會被用在很多不同的地方，而你只打算用到其中的一部分。

擴大問題空間是為了確認多層次的因果關係。假設你有一個問題：使用者需要做 X 這件事。首先，這可能是個問題，也可能不是問題。問他們為什麼要這樣做？在許多情況下，使用者根本不是想要做他們正在做的事情。他們買時髦襯衫並不是為了要把它放到購物車裡，而是想穿上它，購物對穿著來說只是件必要之惡，這是亞馬遜最擅長的領域。

你不可能透過無止盡的拖延來解決所有這些問題，但是你可能會得出一個不同的，更通用的解決方案，這通常表示你可以看到很多好處，比最初期望的要多。

通常，做好這件事很容易，就像要滿足一個較小的設計一樣，因為這會帶來變通和補償。

稍後你可以根據需要減少預定要做的事，以符合時間表、預算和其他問題。

集合

正如你在前面的例子中所看到的，設計是以集合來思考的。從這個觀點看來，我們將世界看作是由很多小集合所組成的大集合，每個集合通常包含三種元素計數 :0、1、或多個。

有什麼是必然要屬於這個物件，什麼不是？有什麼是可能屬於也可能不屬於的？可再加上什麼選項？集合論是一門豐富而困難的學問，為了達到我們的目的，有兩個基本的想法可以幫助我們：

擴展

> 這個集合裡面有些什麼？把這些東西放在一起又叫做什麼名字？對於零售商而言，這個集合可能是「品牌 X 的所有商店」，這很容易懂。現在你已經像美國西部拓荒者那樣在地上打了一個木樁，宣告了自己的領域。如果我們再繼續下去，假設是「卡拉馬祖（Kalamazoo）的所有商店」。但是，邊界到底在哪裡？或者它是一個為了某團體利益所劃分出的不公平邊界、一個郵遞區號、還是一組郵遞區號？如果他們展開一項活動，允許店主為自己的商店設定折扣，但奧斯卡擁有其中的幾家店，那又該怎麼辦？

本質

> 本質指的是如果沒有它，這樣東西就不存在。也就是說，如果你沒有某樣東西的某一部分，你就不能再說你還擁有那件東西。

確定本質是困難的，但將保持最低限度的歧義是不可或缺的，因為過多的歧義將會破壞你的設計，並使其昂貴和難以維護。

如果把你的手剁掉，你還是你嗎？我想大多數人會同意他們是：他們不會因為失去手而失去自己的身份。如果他們逃漏稅的話仍有可能被稅務人員識別出來並判定有罪。那麼問題是，你還要失去多少才不再是你自己？如果你患有早發性癡呆症，而你的身體健康完好，此時你還是你嗎？這些問題很難確定。幸運的是，軟體不像人那麼複雜。

樸素集合論

為了好好地介紹集合理論，我鼓勵你去閱讀保羅·哈莫斯（Paul Halmos）於 1960 年所寫的數學教科書《樸素集合論》（*Naive Set Theory*），它雖然簡短但包含了大量又密集的資訊。如果你真的沒有耐心，請確保你熟悉維基百科網頁上的概念（*https://en.wikipedia.org/wiki/Naive_set_ theory*）。

關係

我們已經瞭解了事物之間的關係，我的目標是將這種理解形式化和問題化，這樣你就能在設計時能緊緊抓住重點，讓我們花點時間來細想一下這些關鍵的術語：

配對公理

對於任意兩個集合，存在一個它們都屬於的集合。當你斷言一個數字屬於某個欄位時，請詢問它也是哪個其他集合的成員，然後再確定有效性和優先順序。

定義域

我們經常在軟體中使用這個名詞，它來自集合理論，更正式地說是指某個函數的輸入值或引數值所成的集合。

範圍

集合中最低值和最高值之間的差。

交集

集合 A 和 B 的交集是所有同時屬於 A 和 B 的物件所成的集合。

聯集

由 A 或 B 或兩者的元素組成的所有物件的集合。對於一系列的集合而言，都存在一個集合，包含給定集合中至少一個集合的所有元素。

差集

屬於 A 但不屬於 B 的所有物件所成的集合。

談論等價性有三種方式：

反身性

若一個集合的所有成員與該集合具有相同的關係，則該關係具有**反身性**，所以「等於」是反身關係，「小於」則不具有反身性。

對稱性

若對於集合 X 中的所有元素 A 和 B，A 與 B 相關，若且唯若 B 與 A 相關，則此關係稱為對稱關係。範例包括：

- A 跟 B 結婚
- A 跟 B 是兄弟

遞移性

若一個關係具有以下性質，則它具有**遞移性**：若 A 與 B 有關，B 與 C 有關，則 A 也與 C 有關。例如：

- 是……的子集
- 意味著
- 劃分

儘管我們可能熟悉這些來自程式語言和資料庫的術語，但是在系統分析和設計中這些術語一定會派上用場。這裡的唯一要點是鼓勵你使用這個物件關聯性的框架來探索你的概念。

語意設計的優點

> 有兩次我被問道：「巴貝奇先生，請問如果您把錯誤的數字輸入機器，會得出正確的答案嗎？」我無法確切地理解是怎樣的思想混亂才會提出這樣的問題。
>
> —查爾斯·巴貝奇（Charles Babbage）

因此，我們尷尬地以為自己是工程師和建築師，但我們卻沒有享用到任何材料、方法、或工具，這表示我們誤解了我們的領域，就好比把許多方形的木椿釘到了圓形的洞裡。在我們這個領域裡，唯一接近工程理論的是：光速代表了我們可以理解資料傳輸的極限和可測量的速度。

隨著 Scrum 和相關敏捷方法中使用者故事的出現，我們失去了很多對一致性和具體性溝通的注意力，這就導致了這樣一種文化：永遠沒有足夠的時間去做正確的事情，但卻總有足夠的時間去重新做一遍。這就造成了專案的失敗。語意方法提供了系列的文件，這些文件合一起使得它在你的組織中是可行的而且是可重複的，透過各種形式的溝通，捕獲了一組極其豐富和建全的軟體透視圖。它同樣側重於功能性和非功能性的需求，而這是經常被忽略的。

但是如果你仔細思考你的概念，你會想要去揭示更多你所想表達世界的語意場。當你研究這個概念時，語意會不斷發展，並受到挑戰和改進。你所產生的想法、語言、和邏輯將更加健全、更加堅固、更加全面、更加以客戶為中心，而你的需求，無論是功能性的還是非功能性的，都將比你過去所習慣的要好得多。你的設計將符合目的、堅固、和諧、美觀。你會表達出來的是，你將創造出神奇的軟體誕生環境，該軟體將是可靠的、可維護的、可擴展的、可升級的、可用的、安全的、並且讓用戶滿意的。

這就是重點。

這種方法還有很多其他的優點：

- 它使團隊集中精力，並鼓勵他們親自參與和推動。
- 它釋放了更多的創造力。
- 它提供了非正式的方法來測試你的邏輯和你的偏見，在專案中它永遠不會有更便宜、更快、更容易改變的方式。
- 它有一個全盤考量的視角。它是合成的、有很多來源、更加開放、不那麼狹窄和僵硬。這些想法更多的是軟體與生俱來的，而不是源自於工程或建築。
- 它以失敗為導向，也同樣以成功為導向。透過突出對立和矛盾並加以解決，我們可以更早地預測出更多的問題，並努力預防它們。
- 它鼓勵你不僅專注於劃分現有的蛋糕，還要專注於製作更多的蛋糕，因為在創新領域中唯一重要的成本是機會成本。
- 它不使用不適用的隱喻，這會誤導我們的思維。在軟體領域，考慮到邏輯和語言是我們僅有的工具，這一點非常重要。
- 與我們在敏捷方法中看到的相反，你將概念設計作為一個前期階段，這讓它不會變成瀑布式開發。瀑布式開發本身也不壞，而是壞在花費數十年的人力和數百萬美元別人的錢來開發你未經深思熟慮的軟體。像我們在這裡概述的那樣仔細考量，將會產生更好的需求，並使你更有可能在第一次就把它做好。

- 專注於打造有助於開發人員在擁有自己的軟體並對其負責的同時提高工作效率的環境。
- 對於某些文件有規定性，在方法的其他方面則非常寬鬆。這讓你得以輕鬆地與其他許多你必須或喜歡使用的流程結合在一起，同時又保留了敏捷流程的靈活性。
- 它強調了軟體「客戶」的多樣性，這讓你的軟體對於所有實際不同使用者而言更為健全和適合使用。
- 它擺脫了幾個讓我們誤入歧途的錯誤概念，比如說「完成」的定義。軟體幾乎從來不會像建築那樣「完成」。我負責的其中一個系統已經使用了將近 20 年，但每天仍有 200 人在維護它，他們不只是在更新作業系統而已；進化的方法可以與成功的應用程式在現實世界中更自然的協同運作。語意方法為團隊與利害關係人進一步的發展建立了一個框架。

  進化的方法可以與成功的應用程式在現實世界中更自然的協同運作。語意方法為團隊與利害關係人進一步的發展建立了一個框架。
- 因為我們突顯了概念，並將語境和可擴展性予以最大化，所以當出現不可避免的變化、問題、或新想法時，我們更容易進行調整，並將客戶的流失減到最少。在整個設計中將保持最佳程度的抽象化。非最佳的抽象化通常會造成許多隨意的修補和違建式的附加功能開始像雜草一樣的出現，或者是添加了不利於整個系統執行的程式碼，這使得長期維護變得更加困難。
- 由於缺乏及時、正確的決策會導致失敗，而決策是高效流程的重要組成部分，因此我們制定了溝通計畫和清晰的語意路徑，以便在複雜環境中跨團隊工作。
- 我們突顯了假設，並將它們與需求一起列出，這麼一來如果它們發生變化，我們就可以快速地為它們制定計劃。
- 我們深思熟慮地與策略保持一致，為開發團隊和領導階層之間鋪設溝通和決策管道。我們不像其他方法那樣假設軟體開發團隊存在於真空中，或者只存在於某個裝飾著《*星際迷航記*》裝備的暗室中，高階主管們除了把披薩從門底下塞進去外，從不去那裡。開發團隊不需要維持的這樣的隔離，當我們將軟體設計作為一個軟體問題而不是一個語意問題來看待時，我們實際上是在幫忙建造一堵不應該存在的牆。這堵牆造成了策略、局部專案、和團隊之間的分歧，進行威脅到整個專案。當你的定位清晰時，你就可以「進入狀況」了。

軟體專案之所以會失敗，是因為人們不知道他們想要什麼、他們在做什麼、他們為什麼要做、誰做了什麼決定，以及怎樣的抽象和路線才能使這些事情更清晰。

到目前為止，我們的方法還沒有正確地處理這方面的問題，而它們正是語意設計方法處理的軟體專案的精髓所在，接下來讓我們更深入地瞭解它是什麼以及它如何工作。

第三章

解構與設計

結構化概念的歷史上也許發生了什麼事情，可以稱之為「事件」，如果這個既定觀點的用語沒有附帶任何含義的話，其作用正是要減少或懷疑結構化以及結構主義思想…

—雅克·德里達（Jacques Derrida），《人文科學話語中的結構、符號、和作用》

解構簡介

作為一本軟體設計書籍中的一部分，本節可能看似「超出範圍」、不重要、甚至無關緊要，並且會讓人分心、覺得怪怪的，可能讓我們感到與本書的目的無關、過於陌生、令人不舒服。

但是本節提供了你在第二部分和第三部分中將會學到的實用工具和策略的關鍵脈絡，所以你說，本節到底重不重要？

***

鏡頭切換：

1966 年某夜，美國馬里蘭州巴爾的摩市，約翰·霍普金斯大學的一個會議廳

場景：名為「批判的語言與人類科學」的哲學教授會議。

開拍！

法國哲學家雅克·德里達登場了。他現年 36 歲，是法裔阿爾及利亞人，說話輕聲細語，穿著一套最近從巴黎來的時候弄皺的西裝。他走上講臺，喝了一口水，然後發表他的論文。他說道：

德里達

（現場安靜的聆聽著）

結構化概念的歷史上也許發生了什麼事情，可以稱之為「事件」，如果這個既定觀點的用語沒有附帶任何含義的話，其作用正是要減少或懷疑結構化以及結構主義思想…

隨後他繼續述說著，會議廳裡頓時陷入了沉寂，然後變得緊張、然後生氣、然後嘖嘖稱奇。他所演講的題目是《人文科學話語中的結構、符號、和作用》，演講結束後，與會者退到一個房間裡抽著煙，爭論著該演講所造成的衝擊，直到第二天凌晨。

這篇論文將成為未來幾十年哲學和人文學科的變革和進步的起點。這是一篇令人震驚的文章，也是對這些聚集在一起的哲學教授聽眾們，以及 1968 年北約會議的那些人，一次難以置信的、博學的、猛烈的抨擊。

德里達被邀請來演講，原本以為他的研究成果將闡述並有助於推廣結構主義的思想，結果反倒是把他的論點用來說明哲學家如何只能用他們所承襲的語言說話，因而導致了他們的概念受到了侷限：即使他們知道形上學經常被人詬病，仍然以先前所建立的形上學模式為基礎來進行論證。德里達揭出了結構主義哲學所戮力的核心論點和命題是如何相互矛盾的，以及這個結果如何使得他們的領域處於停滯不前的狀態。

德里達在一次旨在促進結構主義的會議上發表了這篇論文，在某種意義上，就在這個晚上，它結束了這個領域。它被廣泛認為是點燃美國後結構主義的導火線，在哲學、社會學、政治學、藝術、和人文學科中引入了關於寫作、女性主義、語言、認識論、本體論、美學、社會建設、意識形態、和政治理論的新思維方式。

這篇論文

我強列建議你可以去閱讀《結構、符號、和作用》（*http://bit.ly/2kFSD5n*）的英文翻譯，這是一篇（非常）艱難的著作，部分原因在於這篇文章是實證型（*performative*）的風格，也就是說，這篇文章展現了德里達的循環論證實踐的結果，這是一次堅定的、結構上的勝利。

德里達在《結構、符號、和作用》中，首先提出一個觀點，即在論證或分析中，術語（符號）的定義純粹是相對的關係。簡單的說，我們只能在「好」與「壞」的關係中，或者在「成功」與「失敗」的關係中，透過一系列的細微差別和不同的語境來理解「好」與「壞」的含義。這種結構主義體系因此允許了「作用」一詞，因為含義是有落差的；從某種意義上說，一個符號從某個語境轉換到另一個語境的作用始終存在著落差，因此僅針對一個符號建立一個固定而嚴明的意義是有問題的。

德里達的立場癥結在於：在結構主義思想的整個歷史中，我們始終依賴於一些「**錨定中心**」，這個中心是術語、符號或觀念，以固定的、不變的、假設的、給定的、形上學的形式出現。因此，超越了所有其他的符號的遊戲規則；它是不容置疑的、假設的，因此未經檢驗，也沒有遵循相同的標準或提供相同的解釋。它不受既定制度中相同條款的限制，因此不在制度範圍之內。因此他總結道：「中心並不是真的中心。」

在這次演講中，德里達介紹了他的哲學思想，並隨後在其艱辛的職涯中的數十本書中概述，尤其是他的主要著作《**語法學**》（*Of Grammatology*），後人稱為《**解構主義**》（*deconstruction*）。

流行文化中的解構

這可能是你在流行文化中聽到的一個術語，它通常被誤解、淡化、誤用。有一部電影「解構哈利」，這是德里達所用的術語，意思是立刻從內部摧毀和創造。在他去世之前，他在幾十本書中逐漸形成了這種解構主義思想。他非常聰明和博學，他的想法非常複雜，絕不是外行人所能理解的。我們在這裡的目標是以一種**實用工具**（*bricoleur*）的角度來研究這些想法的點點滴滴，並將其作為工具來闡明我們在軟體設計方面的努力。

德里達認為，當我們透過解構來檢視語意結構時，我們會發現意義的結構是建立在一系列二元對立之上的，也就是由一對一對意義上相互對立的概念所成集合，並從中分別衍生出各自的意義。甚至在日常生活的閒聊中也能看到這樣成對的詞，例如好 / 壞、善 / 惡、出席 / 缺席、演講 / 寫作、人 / 獸、神 / 人、男 / 女、存在 / 虛無、正常 / 異常、理智 / 瘋狂、治療 / 傷害、主要 / 次要、文明 / 野蠻、理論 / 實踐等等。

二元對立

二元對立的概念對於理解語意軟體設計是很重要的，你可以在以下連結中閱讀更多相關資訊（*https://en.wikipedia.org/wiki/Binary_opposition*）。

賦予固定的意義需要我們在對立的二元對中賦予其中一個術語優先權，而這些對立的二元對在不知不覺中被認為是毫無疑問、無可非議的。德里達認為，結構主義的歷史只不過是將一個光榮而無可爭議的中心被另一個中心取代的歷史，而這個中心思想可以是

「上帝」、「生物」、「人」、或是「鬼怪」。他的觀點是，結構主義中存在一種內在的矛盾，使它變得不合邏輯。

那麼這一切在實務中意味著什麼呢？一個解構主義者可能會採取以下行動：

1. 仔細閱讀論點，審慎考慮我們對定義域、語意場的理解。
2. 找出構成概念結構的二元對所成的集合。
3. 判定在二元對中的哪一個項目具有較高的優先權。
4. 這可以引導我們走向假想的錨定中心，避開挑戰，並使其餘論述中的術語具有充分的意義。
5. 揭穿這個矛盾並推翻二元對立，進而使論證得以闡明，並創造出新的概念。這個概念可以恰當地將術語納入體系，而不會有先前的矛盾和錯誤的優先權問題，它這樣做的目的並不會簡單地歸納為「一切就是原本的樣子」，而是標示著這些術語的不確定性和相互作用。

這是一個流程

請認真注意以瞭解此處介紹的此方法。解構提供了一種關鍵的手段，來讓人能夠真正瞭解一個系統如何運作，特別是像任何軟體系統一樣，從純粹邏輯和語言概念衍生出來的系統。透過這種方式，解構方法就成了設計出更好系統的關鍵工具。這幾個解構的步驟代表了語意軟體設計中的一個關鍵元素，可以說是貫穿本書的「核心」元素。稍後我們將看看如何實際應用，就目前而言，只要先記得這個術語。

在這次演講中，德里達揭示了哲學的核心問題，即哲學的內部有很多的矛盾，這個問題不容再被忽視。

他在論文的結尾寫道：

> 這裡有一個問題，我們把它叫做歷史問題，其中我們今天只瞥見概念、形成、孕育、分娩。我承認我用這些詞彙來形容生育問題，同時也是形容那包括我自己在內的人們，面對正在形成的而且難以解決的問題就趕快把視線移開，以為這樣問題就自動解決了，這是每當有小孩即將出生時所必需做的，只能在非物種的物種下，以無形、無聲、嬰兒和恐怖怪胎的形式進行。

有趣的是，我們的建築學前輩們，有一整個學派的解構主義者，他們都是該領域中是最好的，榜上有名的包括普立茲克獎得主札哈·哈蒂（Zaha Hadid），她的歌劇院、橋樑、和文化中心都是她那一代人最傑出的作品；曾獲普立茲克獎的雷姆·庫哈斯（Rem Koolhaas）曾設計過世界各地的博物館和 Prada 專賣店，同時還在哈佛大學擔任建築學教授；一手打造近乎完美的迪士尼音樂廳的建築師法蘭克·蓋瑞；丹尼爾·里伯斯金（Daniel Libeskind）的作品則包括柏林動人的猶太博物館。

多年來，解構主義在哲學領域的力量讓它延伸到了更廣闊的領域，包括烹飪：1990 年代在加州推出的解構凱撒沙拉（Caesar salad）就歸功於德里達和他的解構主義哲學。

這和軟體有什麼關係？答案是所有這一切都有關，就好比建築物和城鎮之間的關係那樣密切。

在你定義了你的概念和你的語意場之後，用一種分析的方法自己解構它，以暴露導入系統時不經意的錯誤論點、誤解、矛盾和特權。在此步驟中，你實際上進行了改進，以獲得更好的靈活性、更精確地表示這個世界、更好的彈性、規模等等。

如果你完全搞不清楚現在到底是在講什麼也不用擔心。這只是一個介紹，我們將在接下來的章節中進一步探討它的含義和工作原理。

單純性

我們經常被告知，有時會堅持這樣的口號：讓系統變得更簡單。我們聽到的是「保持簡單」，我們以為自己「明白」好的設計是簡單的。但事實並非如此，或者更確切地說，雖然這句話被認為是一個想法，但它卻不是。

典型的 E 級賓士（Mercedes-Benz）引擎的零件數量是本田雅哥（Honda Accord）的三倍。哪個引擎比較好？如果你的目標是想達到時速 300 公里，答案只有一個。問題在於你希望從這台車得到什麼？如果你的設計目標是用較少專業技能操縱較多的機械裝置，這又是一個不同的答案。

Google 搜尋「簡單」嗎？對於使用者來說，答案是超級簡單。據估計，Google 的程式碼有 20 億行，大約是微軟 Windows 接近 5000 萬行的 40 倍[1]。這就引出了一個問題：當 Google 被用在網路搜尋、地圖、Gmail、和許多其他產品時，它的哪一部分是用來「搜索」？還是比這更複雜？

---

1 See *https://bit.ly/2qo8mHB.*

你的意圖不能僅止於膚淺的「簡單」而已，也不能是為了自己的目的而設計。當然，也不要因為複雜是件有趣的事、或者希望履歷表看起來好看一點、或者我們不知道什麼時候該停下來、或者我們不知道在為誰設計而過度設計。

當我們不正確地專注於簡單性時，就會意外地增加了複雜性。

弗瑞德·布魯克斯（Fred Brooks）是著名的 IBM System/360 架構師和經理，也是 1970 年代《人月神話》（*Mythical Man Month*）一書的作者。他想在 IBM 的離職訪談後寫這本書，在那次訪談中，湯馬斯·J·華生（Thomas J. Watson）問他為什麼管理軟體專案比管理硬體專案要困難得多。在布魯克斯的論文《沒有銀彈》（No Silver Bullet）中，他概述了兩種複雜性：

本質複雜性

　　這是設計問題固有的複雜性，無法被簡化。

意外複雜性

　　這種複雜性是由開發人員自己造成的，它不存在於概念本身，而是由於設計薄弱，程式碼品質不佳，或是對問題的忽視所導致。

也許這是違反直覺的（當然也有悖於最近才領悟到的想法），你應該儘可能地接納不同類型、有不同需求的許多使用者複雜性，這些包括了稽核、認證、會計、時間表、預算等許多相互衝突的問題。

根據工作的不同，適當調整概念的複雜性。

更重要的是，千萬不要把意外的或潛在的複雜性誤認為是本質的複雜性。

合成與分解

> 問題不在於把冷空氣送到引擎，而是把熱空氣帶走。
>
> —費里·保時捷博士

當我們為人力資源（Human Resources, HR）部門設計軟體系統時，我們會問 HR 部門關心的什麼。我們認為它們與人類（*human*）有關：畢竟，部門名稱就是這麼寫的呀。

但是，唉，事實並非如此。

事實上，大部分的人類都沒有記錄在 HR 資料庫裡面，所以我們決定稍微謹慎一點，用套索來圈出我們的場地，所以我們說：將員工（Employee），也就是這個系統所針對的人，視為存在於這個世界上的一種東西。

我們很快地決定什麼屬性要歸納於這個類別。然後我們考慮我們做了什麼假設，以及我們還遺漏了什麼。我們也意識到可能需要承包商的記錄，因為這些人雖然不是正式雇員，不過也算是為公司工作。所以我們必須為他們和他們的雇主新增一個會計帳目。現在我們擴展了這個想法，並且意識到我們有一些整合的空間，因為即使員工和承包商不同，他們也有許多對於這些目標來說很重要的共同屬性。

所以我們說只要在系統中有記錄的人，都擁有這些共有的屬性，因為至少在機器人出現之前，兩者都是人，依此類推。

重點不是去回顧基本的物件導向分析，我們假設你對這方面有基本的認識。重點是要說明這個流程如何順利進行，怎麼做可能會出錯，以及如何盡全力快速找出領域的邊界，這是一條我們不會跨越的地平線，因為那就是會發生模棱兩可的地方。

當我們把任何數字放進這個領域時，要自問我們正在做哪些假設。

要避免過度簡化，或太早簡化（這兩者都會導致意外複雜性或過度工程化和糟糕的設計），就是要瞭解事物的本質。

要做到這一點，可以觀察整個宇宙，然後把視野縮小到你的問題空間。接下來，在你把一些數字放到某個欄位之後，再進一步把視野放大，然後問問你自已，可能做了什麼假設。

把注意力集中在如何讓事情變得簡單會造成日後不必要的複雜性。

現在就接受複雜性可以讓你正確地組織你的工作。這裡所謂的組織是指要揭示哪些功能性的、完整的子系統，可以一起合作來建立完整的可運行系統（參見圖 3-1）。

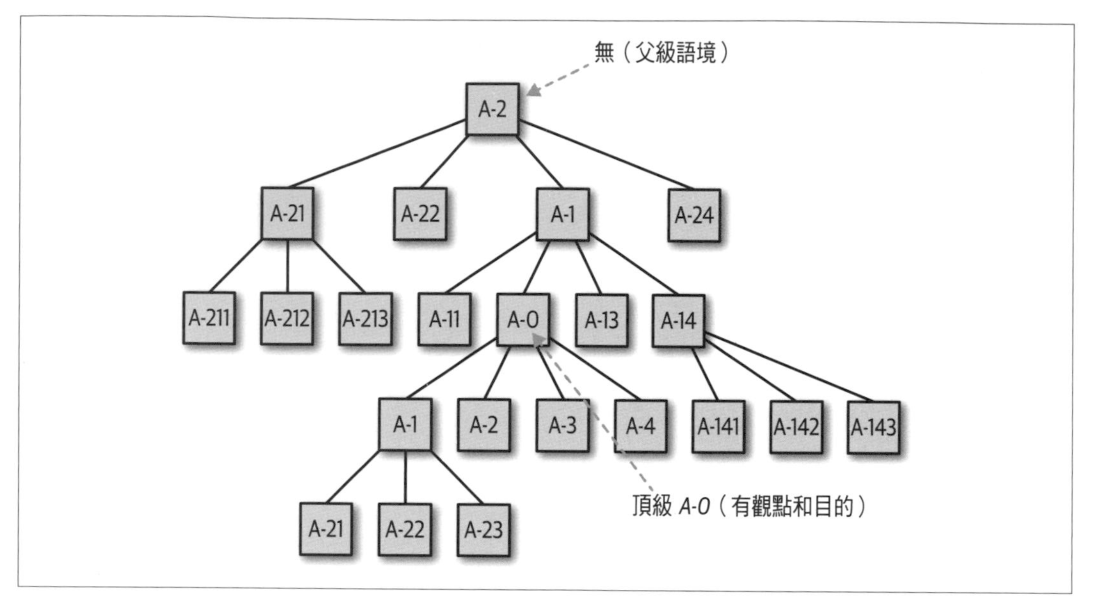

圖 3-1　分解（來源：維基百科）

如果你從「簡單」開始，那麼你將不得不把精力放在處理迅速增加、相互衝突的問題上。這將導致設計的完整性、協調性和內部一致性降低。

相反地，如果從宇宙開始，然後縮小子系統。

透過練習，你可以很快地做到這一點，然後理所當然地幾乎憑直覺就可以做到這一點，所以這並不會像聽起來那麼久。

我們可能會認為我們的問題是如何讓冷空氣進入引擎、我們已經做了很多假設、而且在問題空間開始得太晚了。其實問題不在於此；真正的問題是如何讓引擎的溫度維持夠冷，才能夠正常運作。這些聽起來可能是一樣的，但它們是完全不同的。

這些假設引入了一些不重要的因素，使設計增加了不必要的複雜性。

你可能會問，如何為一個已經很強勁的大引擎提升更多的馬力。這是分析的失敗。相反地，你應該問問自己，真正的問題是不是你想讓車開得更快。

要找到不明顯的地方並從那裡開始出發，我們必須花時間適當地分離問題空間的類別或適當地指派關係。

為了讓汽車跑得更快，增加馬力顯然是一個可以開始的起點。

瑪莎拉蒂 Granturismo 有一個非常大的，與法拉利合作生產的 4.7 公升 VS 引擎，功率為 454 匹馬力。相較之下，蓮花 Evora 400 搭載的是豐田生產的 3.5 升 V6 發動機，功率相對較小，只有 400 匹馬力。哪輛車較快？

蓮花並沒有要追求如何製造更大的引擎，他們有不同的看法。顯然，他們沒有把注意力集中在更換引擎（「圖」）上，而是將注意力轉向了車身（「底」）。因此他們決定要甩掉重量。

瑪莎拉蒂重 1,996 公斤，它需要這麼大的馬力。蓮花 Evora 的重量只有 1,225 公斤。在 Evora 上，他們增加了一個增壓器，可以將空氣壓縮，以同樣大小的引擎產生更大的爆炸。結果兩輛車的最高時速都是 304 公里。

這些不是叫做折衷方案：這些是設計決策。

首先你要設計概念，然後設計工廠來製造這些概念。本書的其餘部分是關於如何打造這個實現概念的工廠，以便架構框架中的開發人員能繼續在其中進行開發。

> 這不再是關於馬力，而是關於每匹馬力更多的想法
>
> —保時捷

直觀功能

> 幾年前，我和一個股票經紀人住了一段很短的時間，他有一個很好的酒窖。我問他如何才能學會瞭解葡萄酒。他的回答是：把它喝了。
>
> —珍奈·溫特森（Jeanette Winterson），藝術 *[物件]*

解決易用性的方法是考慮**直觀功能**。

諾曼門的名字來自於唐納·諾曼（Donald Norman）的《**日常用品的設計**（*The Design of Everyday Things*）》一書。在書中，他詳細描述了他遇到的一扇門的設計：門上有一個把手，就像一般的門那樣。但是它的設計和安裝的方式是要人去**推**開它。這是違反直覺的，也讓這個門變得很難用。人們一看到門把就會自然而然地想要去拉開，而他們想要進去的努力也會受挫，儘管只是暫時的。但這種沮喪是真實的，也是不必要的。門的把手一開始出現，就是要用來拉的，而不是用來推的，像這樣糟糕的設計，必須避免。

我們必須以同理心，問問形形色色、目標各異的人，最直觀的事情是什麼，並設計出最好的方案或建議，讓他們按照他們所想要的方式來使用我們的系統。

這個概念還能擴展到更多方面：當今許多汽車的鑰匙都是電動和電池驅動的。但是鑰匙上的電池壞了並不表示你就無法打開你的車。否則，一個非常昂貴和原本不必要的「便利」就會成為本末倒置的噩夢：鑰匙應該是為汽車所用的，所以這些鑰匙都有一個小的金屬備用鑰匙，放在電動鑰匙裡面，當電池壞了的時候，這個金屬鑰匙就能發揮作用。

不要用兩種同樣顯而易見的方式來實現目標。選擇一條明顯的途徑，並立即隱藏備用方案，同時保留隨時可以存取該方案的選項。

你還必須從不同的角度考量如何才能創造直觀的功能。

保時捷在賽道比賽方面有著悠久的傳統，在勒芒賽道上獲勝的次數比任何其他製造商都要多：迄今為止共 18 次。過去勒芒的賽車手不是開著車出發的：當競賽旗向下揮動時，他們會衝向自己的車、跳上車、發動它、然後出發。因此，保時捷的設計師們意識到，將點火開關放在方向盤的左側而不是右側，駕駛員可以用左手打開點火開關，同時用右手進入檔位來實現並行操作。在這樣的比賽中，節省幾毫秒的時間很重要。所以直到今天，即使鑰匙是由藍牙驅動的，即使家庭用的 SUV 並沒有要拿來賽車，每輛保時捷的鑰匙都在方向盤的左邊。

對於保時捷車主來說，將賽車和設計的傳承與傳統感連結起來很重要，這種微妙的提示能給他們帶來一種渴望的愉悅連結，即使這對於 90% 的慣用右手的人來說是愚蠢或不方便的，因為他們已習慣於像其他汽車一樣使用方向盤右邊的點火開關。不過從這個角度來看，這是一個很好的設計。

為負空間賦予使用價值及意圖

> 建築是精心設計出來的空間。
>
> —路易士·卡恩（Louis Kahn）

當你創造空間時，你是在創造兩樣東西：邊界內劃定的空間和邊界外的地方。

我們在原始的思維空間中劃定了一個場地。然後，我們宣稱某些物件在這個場地中，並對它們給予相當大的注意力。這些是我們創造的系統、應用程式、資料庫、產品。我們擔心這些物件的可用性、供應商、成本、效能、可維護性、和易用性，隨之而來的是更多的煩惱和焦慮，因為我們沉迷於我們所宣稱的那些物件，那些「圖」。

但是負空間是什麼呢？負空間就是領域，或者說是**底**，它不是我們所宣稱的物件，而是它可以獲得本體狀態、即將出現、成形的地方。

我們在黑板上寫的白色粉筆字是我們的圖，黑板就是底。我們在包肉紙上用木炭刻下的字是圖，而紙就是底。軟體就是這個圖，但是它的空間是什麼呢？

我們可以說它是可供執行的基礎架構，但這算是軟體嗎？我們也可能會說它是硬體，而軟體製造商把它「抽象化」成為一個領域，一個我們想像中就是很簡單地一直都會存在的公共雲或私有雲，我們不需要費心去建立它，因為它不是應用程式的一部分，而是用來彌補或加強原來不足的東西。

同樣地，我們也可以將「業務」抽象化，我們縮小了範圍，使我們的數字得以落實。我們找到二元對立的事物（這裡 / 那裡，現在 / 那時，內部 / 外部），並指派優先順序給其中一個。

你以前可能看過如圖 3-2 所示的圖形。

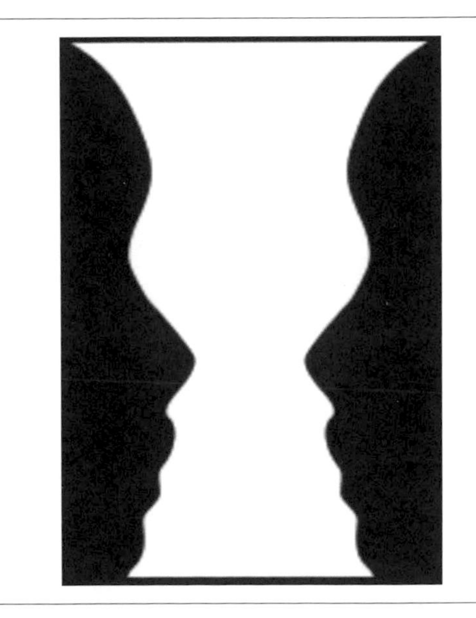

圖 3-2　這是一個花瓶，還是兩張臉，還是兩者皆是？（來源：維基百科）

圖底理論（*Figure-Ground theory*）指出，將圖放置在一個地方（宣稱它在場地中）所產生的空間，應該像圖本身一樣被認真的對待。

當你在設計的時候，不要只著眼於圖，還要著眼於底，並且捫心自問你在創造什麼樣的負空間？

我們首先必須創造負空間，因為在軟體中沒有「情境」，沒有必要的背景脈絡。我們可以將其創作外包、我們可以購買、我們可以授權；一開始我們不確定它會做什麼、將在哪裡執行、將為誰服務、或是將如何使用。

我們創造負空間（底），就如同我們創造圖一樣。

如果我們沒有認識到這一點，我們的設計就會遭殃，我們的使用者也會遭殃。因為當我們沒有認識到它的時候，我們就不能有目的地、整體地、有意地、深思熟慮地對待設計。

在圖和底之間無人看管的空間創造了一個模糊的地帶，這種緊繃的狀況如果無人看管，就會為不確定性、不協調、混亂創造一個入口。

為了提高系統效率，我們認識到並密切注意這個系統的邊界，並以對待我們所珍視的圖一樣的態度謹慎地對待它們。我們必須這樣做，因為我們必須先認清這個領域，才能劃出它的邊界。這也是圖，日語中這個詞是「ま」，意思是兩個結構元素之間的空隙或間隔，不是由元素本身創造的，而是人類觀察者的感知。

由於語言和概念上的缺失，英語中沒有相對應的單字。

你要如何為負空間（底）擬妥開發計畫？你要如何找到它的使用價值？要如何合併它才會沒有明星和臨時演員、沒有主節點和次節點、沒有本文和頁邊空白、沒有真實及其對立面的區別？

在 Cassandra 分散式資料庫中沒有分主要節點和次要節點，每個節點都是相等的。

基礎架構即程式碼（Infrastructure as Code, IaC）的設計樣式顛覆了傳統的範式，並提供了一種對整個資料中心進行版本控管的方式，讓版本得以回復到最後一次更新的良好狀態，也就是一個真正完整的狀態。

把視圖拉近放大，可以仔細思考應用程式系統中各別元件的設計，進而看出原來的圖（整個應用程式）現在已經變成了底，而這個各別元件必須在這個新的底（領域）之內運作。同時辨認出圖與底交界處的模糊地帶，找到每一個不屬於這個領域的否定命題，並將其排除在外。

Eclipse IDE 是個「什麼都是也什麼都不是」的整合式開發環境（Integrated Development Environment, IDE）。它是一種可用來做出 IDE 的 IDE，而 Java 剛好是 Eclipse 所支援的第一個程式集，不過除此之外 Eclipse 還透過其可外掛程式的擴充功能和能夠突顯出語法介面支援了許多其他的語言和工具。

讓你的軟體能夠隨插即用，把工作重點放在介面和邊界上，對於要實作的業務邏輯盡可能減少不必要的假設。不光是要做出你被告知要做的應用程式，而是要做一個可以把資料掛上去的框架，作為資料在這個世界的範圍內流通的路徑。所謂不要只是單純地執行被告知的需求，並不是要你去忽視或貶低它們，而是要更加滿足並實現這些需求。你反而應該創造一個空間，讓這些需求得以很快地實現出來，然後再從外部注入實作。因為我們無法預知事情會如何變化，會產生什麼新的限制和可能性。強調出這些領域，讓它成為你工作的圖。

考慮並協調業務、應用程式、資料和基礎架構的設計是有效率的。當設計師認識到在發現過程中，高階主管就是設計的使用者時，那麼設計師就變得很有效率了，因為他們考慮了設計的預算、時程表、目的和限制；開發人員是建構這個設計時的使用者；客戶也是使用者，因為他們希望獲得隱藏在設計背後真正的價值；而監控和維護人員是設計的後續用戶，他們必須透過控制台、文件、測試和程式碼來找出自己想要看到的資訊。

我們所指派的邊距、邊界、和領域，必然會在圖中留下痕跡，而到最後這些痕跡將會反過來顛覆這個圖，也許沒有什麼是可以從外部完全摧毀的。

給設計決策至少兩大正當性的依據

樓梯是用來爬上爬下的，也可以用在聚會，也可以用來竊聽、坐在上面、欣賞宏偉的美景、展示裝潢等。

大學裡的四周有建築物圍繞的中庭可以讓教學大樓看起來井然有序、也是學習、休息、開會、玩飛盤、畢業典禮、抗議活動的地方。

劇院是用來舉行音樂會、表演戲劇、閱讀、和集會的地方。

我們可以在廚房做飯；我們也可以小聚、交談、準備出門、吃東西。

儘量安排設計中元件，讓每個元件僅承擔一個明確的職責，但允許多個「見證人」為該組件存在於這個系統的正當性提供佐證。

這樣做，你將能夠充分利用該元件，維護系統的「簡單性」，進而在使用者認為很簡單和對世界而言很複雜的事物之間取得最佳平衡，並看到你最好的想法獲得成功。

以軟體的術語來說，你可能會設想一個登錄檔（registry）搜尋系統，用來查找系統提供了哪些服務。這個系統使你的應用程式碼免於找出正確的分區（partition）或分片（shard）的複雜性的影響，這些分區或分片是用來儲存地理位置不同的客戶資料。例如你在巴黎有歐洲的資料，在東京有亞太地區的資料，但是你不希望當開發人員只是想要調用購物功能的時候，還必須要知道或設法為目前即時的客戶反覆尋找正確的資料庫在哪裡。

你可以建立一個抽象的「資源名稱」，它知道如何根據客戶 ID 查找適當的資料庫，將其視為服務登錄檔，它只負責把一件事做好：利用中繼資料建立連接，並將抽象的服務名稱映射到適當的位置。這樣就保持了高內聚性，你為查找所做的優化將在整個系統中被繼承下去，而資源包的快取和卸載都可以用同樣的方式管理，這是一項值得去做的服務。

但如果你正確地建構了資源名稱，也可以考慮讓你在世界各地特定的資料中心都部署一份這個軟體的副本，或者允許其中一個副本跨越多個資料中心，進而提供更大的彈性。

因此，嵌入這個資源名稱除了完成既定的單一主要任務之外，還給了你兩個正當性的依據。

透過專注於捕獲想法而非實作的介面，透過專注於強調的是結果而不是方法的工廠，你的系統將會在維護其框架堅固性的同時，還提供了多個符合實用性的合理依據。當你在設計時考慮到許多目標時，不僅能使系統更適合主要的任務，同時也保持了高內聚性，這是歷久不衰的平臺以及真正可用和可擴充系統所特有的標誌。

你知道你無法得知所有的用途，無論你考慮多周詳，你的極端使用者總會發現新的用途，因此，記得把你的極端使用者納入考量。

從多個角度來進行設計

將你的軟體視為一個三維物件。

不要先設計整個應用程式，然後是整個基礎架構，最後才是整個資料模型。這是三個子系統，不過應該要同時考量整個系統。

資料科學家所關心的可能是如何選擇合適的類神經網路演算法，但是如果沒有同時考慮基礎架構，你可能會錯過性能更好的，配備有 GPU 的伺服器。

以「剖面圖」的觀點來設計，對於建築設計師而言，這表示把第四面牆打掉，由側面從上到下來看整棟建築。

然後再分別考慮樓層的平面圖，也就是把屋頂裁切掉，從頂部的視角來看各別樓層，如果只看平面圖可能無法區分出每個樓層的特徵。

從多個角度來進行設計：先針對一個小的剖面，然後是一個小的平面。以整個場地的角度來進行設計，然後在一個角落或一件傢俱上做一個具體小細節的詳細設計。不斷地把視角拉近、拉遠、再拉近、再拉遠，來回重複多次。

考慮軟體的變更將如何影響組織，也考慮一下基礎架構將對軟體造成什麼樣的改變。

當 Google 團隊建立了 MapReduce 演算法，該演算法讓廣受歡迎的 Hadoop 得以實現，即使是在被認定為很容易損壞的廉價硬體上執行時，它也展現了相當出色的回復能力。

視角的轉變可能會產生新的限制，而這可能會是受歡迎的設計夥伴。

建立隔離區或大使館

想想大使館，在某種程度上，大使館在地緣上的目的是為外國政府官員開闢一個工作場所，讓他們即使在外國領土上，也可以自由地遵守自己國家的法律。

在軟體方面，當我們想要做一些創新的事情，但是還要處理重要的老舊系統時，我們可以建立一個大使館套件，或者更準確地說，是一個隔離套件。我們為老舊系統的映射、轉接器、和業務邏輯創造了空間，讓它們能夠可靠地繼續運作。但另一方面，你可以擁有一個獨立的新系統，在它的許多隔間中並沒有任何這樣的限制。

這樣可以讓新系統保持嶄新和有別於以往的狀態，同時也為必須要連接的老舊系統提供一個緩衝的空間，就像進屋前可以脫鞋和外套的小空間那樣。

這是轉接器樣式（Adapter pattern）中的強調和排列，不是因為新介面不相容並且需要交換資料，而是因為新介面還不存在，而且你不希望它們與老舊介面過於相容。否則，你將無法創新。

如果不這樣做，很容易就會在無意中讓新系統及其設計受到老舊系統的限制，以及既有的想法和思維方式的影響。如此一來，你會把所有的東西都簡化到沒有必要去建立一個新的系統；這一切看起來就跟老舊的系統沒什麼兩樣。

失效設計

設計系統，使得其中有一部分是你打算破壞或讓它失效的部分。這樣可以將所要施加的壓力集中在那裡，使其他部分免受該壓力的影響。這個部分很容易被取代掉，你可以讓非常熟悉該領域的服務部門隨時準備替換它。

你無法預測它到底會在哪裡失效，它不會方便地、在適當的時機、在你希望的位置失效， 也不會在你恰巧有空並準備好對其進行修復的時間點出現。

在混沌工程中有一個推論，告訴我們構件在不同情況下會如何損壞。這會給你回饋，讓你瞭解如何讓它更容易有回復。

有了這個代罪羔羊，系統的其餘部分可以更加穩固，你不會希望在系統的許多區域中替換或更新許多小地方。

設計語言

路易士·卡恩（Louis Kahn）對建築理論的許多重要貢獻之一，就是他成功演繹了「服務」空間（servant space）和「被服務」空間（served space）的區分。對於卡恩而言，「服務」空間是那些被利用的空間：通風系統、暖爐室、電梯升降道等系統已經佔用的空間，而「被服務」空間則是那些在建築中人們活動的空間。

這聽起來很合理，我們不想住在樓梯間或抽水馬桶裡。但是我們必須小心對待這個區別，因為正如我們所看到的，它呈現了一個特權的二元對，這將不可避免地在某一天會受到解構的影響，使軟體的設計和維護變得非常困難、耗時、和昂貴。

正確的設計就是正確的使用文字。名稱限定了空間，在你的 API 中應該要真實的傳達出來。

命名

當你命名事物時，就是在定義語意不動產。

這對任何人來說都很難做到。如前所述，我們被迫在描述系統的語言上妥協，這就產生了問題。

你的系統就是一個語言物件。

命名是設計師最難的事情之一，也是最重要的事情之一。

根據事物真正的意圖所傳達的資訊，盡可能嚴密而完整地為它們命名，而不要用「誇大不實的廣告」來命名。如果你所撰寫的是購物服務，它最好允許使用者購買所有的東西：飯店、房子、遊艇、雜貨、筆電、鉛筆、連帽上衣等。如果你的公司想要進入相關或創新的行業該怎麼做？你真的有需要「購物服務」嗎？如果有的話，它很可能成為所謂的「上帝物件」，這是一個巨大而萬能的類別，很去難理解和改變（更不用說可預測且安全地進行此操作）。

你確定這真的不是飯店購物（HotelShopping）服務嗎？另還有一種叫做假期租賃（VacationRentalShopping）的服務，它們能共用的東西可以放在函式庫或其他服務中，但是現在它們被允許在獨立的生命週期中進行個性化開發、維護、測試、部署、遷移、升級、淘汰。

正確地為它命名，為其他事物和你的使用者留點空間，並幫助你所有的同事知道什麼屬於哪裡。

另外，考慮要用在不同上下文中的 API，無論是 Unix 管道和篩檢程式，還是使用者介面（如 Xbox、web、電話和語音），購物服務在所有這些 UI 中所做的工作應該是一樣的，因為它們的概念是相同的，可能只會有部份單獨的元件來處理每個平台所展現的獨特購物功能。

安排好了之後，將同一級別的名稱列出一個清單，並檢查它們是否**沒有重覆也沒有遺漏**（*Mutually Exclusive and Collectively Exhaustive*）[2]，以符合 *MECE* 原則。

2　有關這個重要概念的更多資訊，請參見本書的配套書籍《技術策略模式：身為戰略家的架構師》（O'Reilly, 2018）。

從使用者反向角度開始

盡一切努力考慮到使用者、角色、和他們的需求，然後暫時忘記它們，轉向其他使用者（例如維護人員）。

首先要考慮的是程式設計師，因為他們將會成為你生產和設計的工廠，所以要從對他們最有用的開始。程式設計師是你的設計概念中的大客戶和利益相關者，以及你設定用來塑造系統可能性的護欄。你是在為程式師塑造工作，使他們的工作更容易、更愉快、更清晰。

因此，首先設計部署管道，因為程式設計師在建立專案的過程中將會建構和部署他們的程式碼上千次。然後設計監控框架的介面，以便你習慣於在整個過程中瞭解、解釋、和傾聽你的應用程式，這麼一來，在你啟動時就會有一個很容易理解的可重複過程。從防火梯、暖爐開始著手，這些部分幾乎很少涉及業務問題，

以便為可重複性創造最佳機會，進而產生可預測性、洞察力、理解力、和可靠性。

平臺

我們知道，我們無從得知人們將如何需要或想要使用我們的系統。

在製作產品時，要考慮更大的環境（房間裡的椅子，房子裡的房間），考慮一下如何把它當作一個平臺來運作。

這個平臺是支援產品的統一服務生態系統，著重於創建環境，也就是所列出的需求得以實現的地方，而不是簡單地直接建構所列出的需求本身。當然，在產品管理中也要與你的合作夥伴一起，恰當地設定所期望的結果是什麼。

科技部落客強納森·克拉克（Jonathan Clarks）（*http://bit.ly/2kPzVZ1*）支持了這個論點：

> 平臺是允許在同一技術框架內建構多個產品的結構。企業之所以投資於平臺，無非是希望將來產品能夠比單機生產更快、更便宜地開發出來。如今，將平臺視為業務框架尤其重要，這裡我指的是允許建構和支援多個業務模型的框架。例如，Amazon 是一個以賣書起家的線上零售框架，隨著時間的推移，他們已經擴展到銷售各式各樣的其他商品。蘋果 iTunes 一開始是賣曲目的，現在用同樣的框架來賣影片。

平臺可以是你的智慧手機；也就是說，它有自己的設備規格以及與其他軟體串流相互連接的能力，因此它是一個平臺，你可以用它來做在最初設計時沒有想到的其他事情。

消失

使軟體或系統盡可能的讓人無法察覺。想想網路搜尋引擎的發展：它已經普及到讓人幾乎忘了它的存在。

在 1997 年，早期的搜尋引擎 Hotbot（圖 3-3）有一個進階的「超級搜尋」（SuperSearch）功能，允許你填寫許多複雜的布林表達式，它的 UI 有許多核取方塊。隨著時間的推移，網頁和目錄技術不斷地進化，最後發展成 Google 的單一欄位，你可以在該欄位中輸入任何內容。現在，隨著智慧數位助理讓你用聲音來搜尋，這個欄位也正在消失。目的是一樣的，使用案例也是一樣的。

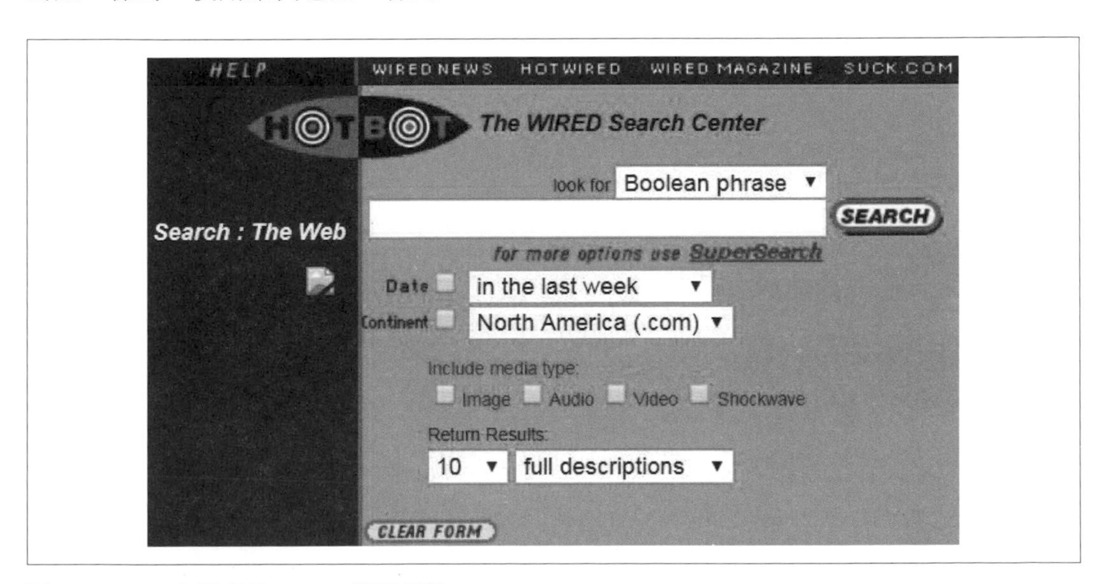

圖 3-3　1997 年流行的 Hotbot 搜尋引擎

它比以往任何時候都更強大，但卻更不容易被察覺到。讓你的使用者成為權力的中心，而不是你的軟體。

現在掌握了這個理論框架，在下一部分中，我們將探索語意軟體設計中所涉及的更實際的應用和工具。

第二部分

語意設計實務

> 哲學家迄今為止只是用各種不同的方式來詮釋這個世界；但重點是要改變它。
>
> —卡爾•馬克思（Karl Marx）

在軟體領域，架構師經常以任意或不相關的方式對現有系統進行分類，以致浪費了他們的時間。作為語意設計師，我們則在解構的挑戰下提出了概念，以期在我們的組織中做出有意義的改變，並採取行動去創造一個充滿可能性的新世界。

在這一部分中，我們將探索行動的「底」（ground），並將第一部分中所介紹的原型概念改進到適合於物質領域，也包含了滿滿的範本和實用的指南，來幫助你完成工作。

第四章

設計思維

有一種設計師式的思維和交流方式，它既不同於科學和學術上的思維和交流方式，又具有強大的…

—L. 布魯斯·阿徹（Bruce Archer），《設計方法論到底怎麼了？》，1979 年

當語意軟體設計師（或稱為「技術創意總監」）為客戶設計解決方案時，設計思維有助於激發創新、創造力和針對性的方法。在本章中，我們將概述一個可重複的過程，用來把設計思維應用到你的組織中。

為何需要設計思維？

當客戶向你尋求技術解決方案時，你需要從某個地方著手。擁有一套解決問題的方法，將有助於你以一種可重複的方式來繪製出問題的疆域，從而在你指引客戶和其他涉眾的過程中給予他們信心和安慰。具體地運用設計思維（Design Think）的原則將有助於提高你提出以客戶為中心的創造性解決方案的機會。

因為我們被稱為企業架構師，並著眼於整個企業，所以我們從設計思維開始，會把很多問題視為設計問題。這有助於鼓勵你把注意力放在客戶、解決方案、和有意義的結果，而不是專注於自己的內部活動、分類和文件。這是富有創造力和高效率的語意設計者的特徵。

此外，由於很多問題都可以被看作是設計問題，因此我們從設計思維著手，來考慮以下問題：

- 如果你以同理心深入思考誰將使用這個解決方案、如何使用它、以及它如何適應使用者的環境，在某種意義上，你是否重新定義了客戶？
- 支持此解決方案的創建和持續維護的最佳組織是什麼？在解決方案到達使用者之前，可以設計哪些流程來優化其交付過程？
- 你將如何考慮排程本身，以便在創建、發佈、和交付時綜合考量各種互相衝突的因素，以便再次優化體驗？
- 如何管理解決方案？

所有這些都表明，儘管我們傾向於只將技術面解決方案當作設計的目標，但是我們的工作中有許多方面可以受益於將我們的問題當作設計問題來處理。包括組織、解決方案、生產、交付以及支援的基礎架構和維護都可以把它們當作設計問題來進行優化。在解決客戶問題的過程中，我們必須考慮各式各樣的利益相關者、業務的設計、應用程式、資料和基礎架構；你和你的團隊必須仔細設計技術面和解決方案和支援業務面所有考量[1]。設計思維提供一套準則和實際的作法來幫助你做到這一點，我們現在將對此進行探索。

探索設計思維

在 1950 年代，麻省理工學院（MIT）和史丹福大學（Stanford）的教授們開始探索工業設計的創新方法。「設計思維」一詞起源於 1965 年布魯斯·阿徹的《設計師的系統化方法》（*Systematic Method for Designers*）一書。這個術語和不斷發展的相關實務後來在 1990 年代早期由帕洛·阿托的設計顧問公司 IDEO 推廣，該公司早期的產品是以史丹福的課程為基礎所建立的。鑑於這些概念在學術界和工業界所涉及的廣泛和悠久的歷史，不同的擁護者對「設計思維」確切的含義未能達成一致。在這裡討論的內容代表了我個人對它的特定看法，它結合了許多不同的設計思維方法，並隨著時間的流逝而不斷改善。

設計思維的主要步驟如圖 4-1 所示。

1　有趣的是，我們的設計方法可以擴展到幫助你設計你的職涯、以及你的生活本身，如果你把它們當作設計問題的話。

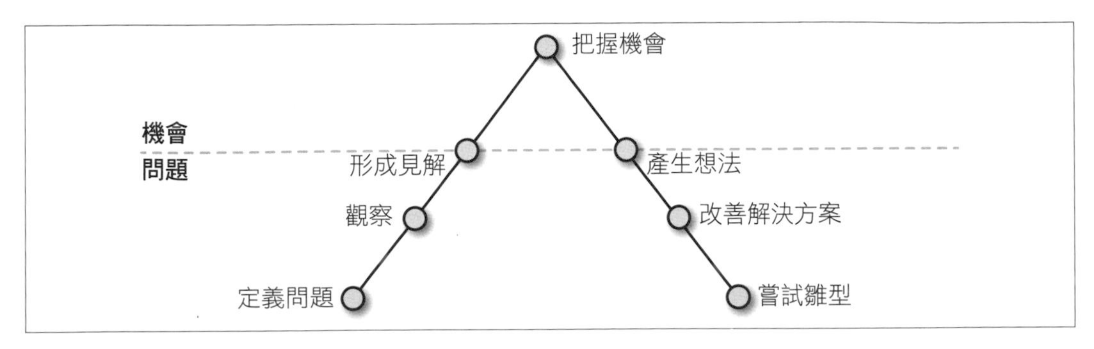

圖 4-1　設計思維流程

原則

在我們深入研究過程中的每一個步驟之前，讓我們先從設計思考者通常會同意的原則開始：

以人為本

設計思維可能首先是關於同理心，它主張所有的設計都是為了供人使用來推進某些人類事業而存在。考慮到人類使用者戶、他們的環境和條件、他們不同的能力、文化差異，以及他們在社會環境中的身分，是讓傑出的設計具有相關性、有用而且令人愉快的原因。

別只是口頭上說說，而是要想辦法展示出來

與其談論設計，不如尋找創造性的方式來表達它。架構師經常會提出 UML 圖和書面文件，這些可能很關鍵。如果你不得不在一個穀片盒的背面表達出你的設計，並對它的主要特點和它令人興奮的原因做出有力的說明，該怎麼辦呢？如果你必須以故事的形式呈現你的架構，你會怎麼做？

清晰

一位資深導師父曾經告訴我，「領導者能把不確定的事情變成確定。」你怎麼能把一個大的、混亂的、雜亂無章的問題空間去蕪存菁到能夠清楚指出它的關鍵因素？你怎樣才能抓住解決方案的本質，並簡潔地傳達它的影響？

實驗

建立一個著重於行動的決策框架。即使它被稱為設計思維，但實際上是要用「做」的，就像在反覆運算軟體開發時，你要怎樣才能快速地開始製作雛型，以便讓人們看到，這樣你就可以透過他們的回饋來改進它？

合作

如果管弦樂只有喇叭的部分，聽起來就不會很好聽；透過將管樂器、絃樂器、和其他類型的樂器結合起來，你可以做更豐富、更複雜的事情。

轉換

如果你上網找一下，會發現其他設計思維原則的表示法，例如有些是著重於流程的。流程對於成功與否非常重要，因此本書大部分內容都是關於如何將你的工作轉換成一個可重複的（幾乎是標準的）流程，進而透過架構實務做出引人注目的作品。然而，我有意忽略了設計學校所教的「流程」原則，因為對我來說，你自己的內部流程雖然重要，並且應該盡可能的遵循，但是最終使用者並不感興趣。只要你理解並正確地利用這個方法來達成預期的目標，就沒有必要嚴格墨守方法論所要求的成規。畢竟，它是關於創造力的，所以我覺得它有點衝突，尤其是考慮到這裡沒有一個單一的、普遍被接受的流程。第二，把你的注意力放在為別人創造有用的東西這個目標上是非常重要的，過分強調流程會導致你陷入表面上看似令人興奮，但實際上卻無濟於事的思想流派辯論中，並以不利於客戶的方式來處理自己的內部活動

現在我們已經瞭解了設計思維的基本原則，接下來讓我們看看在處理架構和軟體設計時如何應用它。

方法

方法就是按照圖 4-1 所示的路徑來完成，我們將探索每一個步驟，以及如何把設計思維實際應用到你自己的架構商店中。

設計思維為是應用架構設計所處的環境

這裡概述的方法是把世界看作是一系列的問題和機會，設計你的方法來解決這兩個問題，後續的目標則是設計廣泛適用的解決方案。它將作為實現本書其餘部分所概述的「架構」以及設計特定領域的環境和基本觀點。

定義問題

第一步是理解已經提出的問題，首先要釐清需求是什麼。

至少到最後，重要的是要將問題或挑戰精簡為一個簡單的需求敘述：一個說明具體的理由或目標的句子。這將有利於內部行銷，以爭取別人加入你的團隊。

第二步是定義什麼是成功，你的驗收標準是什麼（借用敏捷的術語），以確定是否創建了真正特殊的、有明顯改進的東西？

觀察

此步驟與發現有關。當你知道要解決的問題是什麼，並且知道到底怎樣才算成功之後，就可以開始著手調查。

確定使用者。第一個要問自己的問題是，「誰是這個解決方案的利益相關者？」在這一步上花點時間來產生一個真正的列表，你可能會感到驚訝。例如，如果你正在設計用於飯店的軟體，那麼很容易想到前檯人員。但是有沒有考慮到門房、房間清潔人員、場地管理人員、行李搬運人員、門僮、經理等等？還要考慮必須維護這個軟體的程式設計師，以及在網路操作中心監視其效能的同事，他們不也是使用者嗎？他們可能不是外部付費客戶，但他們將從不同的角度使用你的軟體，並用於不同的目的。但是決定是否將他們納入你的觀察集肯定會造成解決方案的變動。

在集合論中，定義*實際上是為誰解決問題*可能是一項困難的工作，但這是正確界定範圍的關鍵第一步。如果你遺漏了某些角色，那麼你將會有一個不完整的觀察集而忽略了一些東西。盡可能列出不同使用者類型的角色。

觀察使用者的行為。現在你可以開始去瞭解他們與這個產品、服務、或空間的關係。他們目前是如何完成任務的？他們用了哪些工具？他們為什麼關心這個？哪些部分難以使用？你能為他們提供什麼機會來獲得一些新的超能力？

要做到這一點，最主要的方法是觀察他們的行為，然後把你看到的寫下來。是否有一種現有的工具可以用來完成他們的工作，而你可以看到他們如何互動？試著觀察它們在日常如何被使用。如果你正在為一家餐館設計一台新的收銀機，你能跟著幾個不同的侍應生去看看哪裡好用，哪裡不好用嗎？

當然，與現有客戶溝通也很重要，他們經常會在談話中透露一些很難觀察到的東西，你也要注意他們所說的和你所觀察到的之間的任何差異。

問自己以下問題：

- 他們對使用該產品的不便之處有什麼看法？他們是否知道自已懷念哪些功能？

- 他們必須採取哪些變通的辦法，來克服工具的某些不足之處？由於密碼太複雜了，而且我們都有很多密碼，很難記住，因此軟體中一個流行的變通辦法是把密碼寫在便利貼上。較新的電腦允許你用指紋等生物特徵來登錄，這是解決這個問題的一種方法。
- 他們是否從未使用過系統的某些功能？這是為什麼？

跳轉到結論

在這個階段，很容易開始解釋你所看到的，並立即形成關於解決方案的想法。你可能對問題空間有一定的瞭解，否則你可能不會參與設計解決方案。也許，你可以在腦子裡設計出整件事。在這種情況下，很容易對解決方案產生偏見和先入為主的想法，以致忽略了整個設計思維的要點。為了更有創造性和創新性，你想要擺脫這些偏見，把注意力放在使用者身上。現在，只需觀察別人並記錄你的觀察結果，而不是你對他們的看法，這點我們待會再講。就目前而言，儘管感覺上你並沒有做多少工作，但以法庭速記員的方式簡單地記錄使用者互動而不做任何判斷，這實際上是邁向創新的重要一步。

在這個階段應考慮各種不同的用途。當你看到顧客實際使用該產品時，這是否符合他們所說的使用方式，還是存在認知上的脫節？例如，他們是否說鍵盤快速鍵對他們來說很重要，但他們實際上並沒有使用它們？

「我每天都在用它」

為了讓你可以盡可能的記錄準確的觀察結果並建立一個全面的清單，請務必在此階段考慮到有時「使用價值」可能是一個棘手的主題。人們並不總是按預期或我們所期望的方式那樣使用產品。例如，之前有一個建築師問我們如何利用我們的空間。他把注意力轉向我們的游泳池，並懷疑我是否真的用過它。我很快回答說：「是的，我每天都在用它：我看著它。」也許我不經常在裡面游泳（游泳池明顯的用途，這意味著對我而言沒有），但在炎炎烈日、充滿者棕色沙子的酷熱天氣裡，能夠看到清涼、蔚藍的水，對我的幸福感而言非常重要。這個故事的重點是要明確認清什麼才是使用者可能關心的真正內在價值，而不僅僅是用感官所察覺到的表面價值。

創建人物。有了使用者清單之後，你就可以創建**人物**（*personas*）。人物是涉眾或解決方案使用者的虛構表示法。當你這樣做的時候，實際上是在創造一個角色，這個角色是由你面談過的使用者和你對他們的目標和挑戰的觀察所組成。

這裡的一個重要技巧是選擇「極端**用戶**」：專注你的主流或典型使用者顯然比較容易，但這樣做是錯誤的。極端使用者是專家，他們對問題空間和現有解決方案有豐富的知識。他們使用你的產品成功與否，往往關係重大。他們在這方面知識淵博，因此很有主見，也很直言不諱。他們往往是那些打破界限的人。

早期採用者

極端使用者對於他們不想要的東西往往具有最詳盡的變通辦法。因此在某種意義上，極端使用者可以成為測試版產品或功能的「早期採用者」。舉例來說：eBay 在 1998 年以出售幾美元的日常居家用品而聞名。在拍賣網站上以數萬美元出售一輛法拉利的想法當時會被標記為可疑行為。但 eBay 注意到了這一點，並沒有關閉它，而是成立了一個新的部門：eBay 汽車。

極端使用者也可能是不同年齡的人。例如，蘋果公司在 iPad 的生產上做得很好，因為它不僅可以被最初明顯比較寬裕的技術狂熱者所愛用，而且還可以供三歲小孩使用。但蘋果在設計面部識別的機器學習演算法時失敗了，這種演算法只適用於白人男性（*https://nyti.ms/2BNurVq*）。

在列出想要創建的候選人物時，你需要考慮他們一天中進行的典型活動。然後，寫下他們的目標：他們想要做什麼。這與他們想要**你的軟體**做什麼**無關**。可以 100% 肯定地是，他們根本不想要你的軟體，而是想用你的軟體幫助他們完成**其他事情**。他們不想要 Photoshop，也不想「編輯和裁切照片」：這些僅僅是他們在得到想要的東西的過程中所完成的任務。他們不想「使用」你的音樂串流軟體：他們想在漫長的一天之後放鬆和娛樂。他們不想編排他們的網頁範本：他們想有效地行銷他們的產品。對這些人來說，重要的目標不在於軟體。有時，如果我們有一輛開起來充滿駕駛樂趣的車，而且天氣很好的時候，我們可能會為了開車而開車。有許多事情本身就會令人愉悅，但我想應該沒有人會說：「我想我有心情使用一些軟體。哦，任何舊的應用程式都可以，我只是想稍微用一下軟體。」

當你看到你所發現的活動和目標清單時，可以將它們分組。當你進行詳細的架構工作時，這些可能會在以後轉換為安全角色。

人物是具有以下屬性的文件：

- 一個名字。為這個所代表的人物建立一個名字。
- 年齡、職業、和教育程度。
- 虛構的細節。建立幾行個人詳細資訊，讓人物栩栩如生，並使他們更生動逼真。包括他們的欲望、興趣、和限制。基於對這個人背後故事的印象，可以讓你更專注於為真實人物的設計。
- 一張照片。

這個文件的內容應該可以塞到同一個頁面中，如圖 4-2 所示。

確保包含多個人物，每個人物代表一組不同的使用者目標、文化背景、和年齡。

柔依，26 歲  系統分析師	為急燥的基金經理工作。擁有州立資訊科學學位，自畢業以來已擔任三份工作。 自 11 歲起，她就在母親的麵包店工作，並且堅信岩石具有感覺。 曾被培訓為 Scrum Master，但發覺這很「愚蠢」。	目前正在艱鉅任務中，面臨從頭開始創建新金融產品的挑戰。

圖 4-2　一個人物範本的例子（資料來源：創作共用公司（Creative Commons）的 FlatIcon 圖示）

價值主張設計

有一本關於決定解決方案的價值主張的好書，叫做《價值主張設計》（*Value Proposition Design*）（作者：亞歷山大·奧斯特瓦德（Alexander Osterwalder）等）。雖然不是完全聚焦於設計思維，但本書提供了範本和方法來幫你定義和改進如何創建對客戶重要的產品和服務，並幫助你建立公司。

現在，你可以用人物所成的集合來形成關於應該如何創建解決方案的洞察力。

形成見解

見解是你自己基於事實的一種解釋。你可以「探究」客觀資料，並對可能出現的情況做出可反駁的主張。你可以看到資料中的模式，並決定一些主題和注意相關性。你也可以在開始形成語意場的符號相互作用中賦予新的意義。

見解揭示了一些其他人可能沒有注意到、非顯而易見的東西，或者可能會引起爭論的東西。

這是一個結合到目前為止你所收集的原始資料的時刻，現在你開始對解決方案大致輪廓得到一些結論。但你還沒有形成一個軟體的設計。有時由於截止期限迫在眉睫，我們可能會急於跳過幾個步驟直接開始寫程式，但如果我們這樣做，我們會錯過很多，因此要抵制這種誘惑，否則你只是把結論另外又列了一張清單罷了。

現在你可以建立一個**客戶旅程地圖**（*Customer Journey Map*）。這是一個圖表，說明了你的客戶在與你的組織接洽時所經歷的步驟，它是記錄使用者經歷了哪些服務路徑的有用工具。你可能認為它就像一個在電影故事板：導演製作了一系列的連環漫畫，確保一切都安排妥當並且順序正確，然後才花錢進行昂貴的拍攝，尤其是在機會有限的情況下更需如此，例如當日光不足可能會影響拍攝的連續性時。

這些地圖可以幫你識別給使用者帶來最大痛苦的互動是哪些。如果你以後用業務流程模型和標記法（Business Process Model and Notation, BPMN）進行業務流程建模，並使用精益六西格瑪（Lean Six Sigma）進行業務流程再造，那麼它們也可以作為建構流程圖的一個很好的起點。如果這聽起來很吸引人，可參見第六章更進一步的說明。

畫出客戶旅程地圖

LucidChart 有一個很棒，而且易於使用的線上工具，可以幫助你製作自己的客戶旅程地圖（*https://www.lucidchart.com/pages*）。

這些地圖讓我們能夠視覺化使用者的情緒狀態，並突出客戶體驗的流程，包括使用者互動的好壞和美醜之處，這有助於我們集中精力尋求改進的機會。

把握機會

首先，你要把這些見解轉化為機會，你可以採取哪些措施來創造性地改善他們的互動和體驗？

現在，你可以對你所收集的想法進行反思，並選擇一個類別。目前為此，你可以選擇一個你將繼續進行的雛型。當然，如果你想稍後再回來，你仍然可以使用這些資料。

產生想法並改善解決方案

這一步的目標是將想法轉化為解決方案。這是一個集思廣益的階段。要進行腦力激盪，你必須將判斷延後，鼓勵大膽的想法，以他人的想法為基礎，專注於主題，盡可能視覺化，此時要追求的是數量而非質量。

現在你可以做一個有趣的練習，選擇了特定的機會之後，你可以在一些海報板上畫出你的想法。畫四個坐標系，或稱象限。在最上面給它取一個名字，然後簡單描述一下，並說明使用者需要什麼。

然後在四個象限中分別畫出棒狀圖，表示人們將如何使用你的解決方案並從中受益。

嘗試雛型

在這裡，你可以建立實驗的名稱。

許多年前，當我參觀位於山景城的 Google 園區時，我看到了早期的 Google 眼鏡展示。當我得知第一個雛型是在在 Google X 實驗室以一天的時間完成的，用的是一個背包、一台筆記型電腦、一個微型投影機和一塊帶有吊線的有機玻璃時，我被深深吸引了。他們的想法是，因為開發人員一開始就以同理心的來思考使用者的需求，所以他們很快就調整了他們的優先順序，得出這樣的結論：如果人們覺得把網頁以這種方式投射到他們的眼鏡上太過彆扭的話，那麼這將是一個潛在的障礙，於是這就成為他們想要馬上探索的邊界。

一天之內做出一個模型

你可以在 geek.com（*http://bit.ly/2lVZN5E*）上瞭解到 Google 眼鏡雛型的開發過程。

快速建構雛型，以反映你知道產品的某些方面可能有問題，或者需要針對使用者進行調整的部分。

要做到這一點，請捫心自問，在一天之內只花 100 美元可以測試你的解決方案的**前提**嗎？請記住，你不是在測試現實世界中的解決方案，而是在測試前提。以亞馬遜 Alexa 為例，其前提是使用者希望擁有一個主要用語音來互動的機器人助手。你甚至不需要建立任何東西就可以模擬這個想法中的各種場景；你只需要進行一般的互動，比如播放音樂、查看天氣、或者你自己和另一個人一起預訂飯店房間，其中一個人在玩「Alexa」。

當你找到了效果最好的雛型之後，設計思維的階段就結束了，然後你就可以開始建立一個完整的解決方案，將其轉移到生產和交付階段。

在下一節中，我們將看到如何透過小組討論的方式將這些想法付諸實踐，進而在你的組織中實現設計思維。

方法的實作

現有的很多有關設計思維的文獻都假設你正在設計一個用於現實世界的實體物件，或者假設你的領域是軟體，那麼它只會引起使用者體驗 / 使用者介面（UX/UI）設計師的興趣。本章認為，即使你所關心的是資料串流應用程式、雲端服務、或 AP 的架構，而不是 UI，有創意的設計師在這裡仍然會找到很多可以採納和改編的架構。的確，如果我們面臨的許多問題都是設計問題，我強列建議你考慮如何應用這些概念，即使沒有 UI，甚至連軟體都沒有。

你不應該將設計思維中的各個階段視為完全循序漸進的，你的方法應該是來回反覆的，而現實世界最終無論如何都需要這麼做。根據新的理解來反思、修改、或重新考慮以前的決定會很有幫助的。

將設計思維視為結構中的碎形

碎形（*fractal*）是一種幾何形狀，其中每個組成部分具有與整體相同的結構維數或統計維數。因為設計思維是一種以移情、協作、和反覆的思維方式進行設計的方法，所以無論何時建立架構設計作品都是適用的。也就是說，這不僅可以獨立於你的軟體產品來考量，而且也不必把它侷限於使用者體驗或使用者介面設計的領域。

在一個更大的專案中，在每個階段都要使用設計思維，而不只是一開始才會用到。當需要考慮業務面、應用程式、資料和基礎架構等方面時，都可以採用調整過的方法。你生成的見解可以完全合併到更廣泛過程的每個階段中，同時還可以觀察它如何在更高層次的級別上運行，進而實現交付完整軟體產品這一更廣泛的目標。

在開始你的設計思維工作之前，請先收集以下工具：

- 會議室用的大白板
- 便利貼
- 白板筆
- 投票用的點狀貼紙

召集一個小組會議，根據你所挑戰的範圍，可能需要幾天或幾週的時間。

首先，設定挑戰的框架。你可以讓每個人在便利貼上寫下他們認為可能存在的問題，這應該在五到七分鐘內迅速完成。然後把所有的便利貼都貼在白板上討論。人們通常會在問題空間中看到不同的重點，你可以使用這些重點來確保恰當地確認了問題的框架。

然後，把重點放在使用者（客戶）身上。確認他們是哪些人，並弄清楚如何在實地進行觀察。有了這個清單之後，你可能會稍事休息，然後繼續安排如何與真實的人進行這些觀察。

一但收集好資料，就可以開始創建人物了。

利用你的現場日誌觀察使用者，以及訪談記錄和人物的原始資料，你就可以準備好形成你的見解。緊接著可以再招開另一次小組討論會議！

給人們時間來檢視所收集的資料，然後，在這個討論會議中，嘗試讓參與者以「我想知道……」開始發言，這鼓勵他們鍛煉自己的思維過程，嘗試一個可能不完整但可以依此建立起來的想法，去超越他們確信自己已經知道的東西。否則，為了避免衝突，人們往往會重複自己根深蒂固的觀點或說些陳詞濫調。

和以前一樣，讓每個人盡可能地提出自己的見解，把它們寫在便利貼上。然後，讓主持人把它們收集起來，一起貼在有記號的白板上，這樣每個人都能同時看到它們。

現在你可以開始在這些見解中看出模式。刪除真正的重複項，小心地討論表面上看似重複的項目之間是否有任何細微的差別是相關而不應該刪除的，這是一個合併的步驟。接下來，你可以討論並詳細說明其含義。模棱兩可在這裡不但是可以接受的，事實上也是值得鼓勵的。此時應確認一下解決方案還沒有真的被設計出來。

將見解分成不同的類別。

然後，你可以用點狀的貼紙來對你在白板上的見解進行投票。這些不同顏色的貼紙，可以在文具店或辦公用品店買到。每個投票的人都有自己的顏色，這樣就可以追溯到誰投了什麼票，以防需要進一步的交談。投票的作用只是為了把注意力集中到最緊迫的問題上，以便為下一步做準備。

現在，你已經準備好討論見解可能會帶來哪些機會。同樣，你在這一步也還沒有設計解決方案（例如，你的軟體產品），而是正在產生關於什麼是新的想法，以及如何幫助你的使用者減輕痛苦並實現收益。

接著可重複便利貼投票過程，再次縮小聚焦範圍。此時，你將在故事板上畫出確認的解決方案。

現階段，你已經準備好召開會議來闡述和討論解決方案，並進行投票表決。

現在，你帶著一份工作清單離開會議，開始去製作你的雛型，然後再到現場進行實試。當然，這將是一個不斷反覆改善雛型的過程，直到你可以建構一些可以部署的東西。

在整個過程中，一定要遵循以下原則：

- 關懷使用者體驗，強調建立同理心
- 允許、接受和鼓勵模棱兩可
- 容忍錯誤或疏忽
- 定期重新評估你在整個過程中的各階段是否達成預期，並重申近期目標

有了所有這些準備工作，你將會想出一個很棒的解決方案，經過精心設計之後，極有可能真的可以用來解決使用者真正的問題，提供他們有用的東西，並希望能給他們帶來一些喜悅，甚至是幸福的感覺。透過將世界上的許多經驗視為設計問題，透過正確地建構問題，以及透過對用戶懷有強烈的同理心，相信你一定能夠做到這一點。

總結

本章介紹了設計思維、原則、實踐，以及作為一個有創造性的架構師如何將其付諸實踐。如果你想瞭解更多關於設計思維的知識，請查閱見以下更多的資源：

- 參見《哈佛商業評論》文章（*http://bit.ly/2kEiFG9*）。
- 參見這個深入的案例研究（*http://bit.ly/2kTXj7J*）關於如何利用設計思維來改進退伍軍人事務部的退伍軍人流程。
- IDEO 設計工具箱。這個網站（*http://www.designkit.org/methods*）提供了案例研究和豐富的實務資源，以幫助你在下一個專案中採取設計思維方法，包括一個實地指南和各種課程。
- 史丹福設計學院（*https://dschool.stanford.edu/*）網站提供了一些關於設計思維更廣泛的應用，如設計空間和傢俱等。當然，這就是設計思維的初衷！查看它的 Bootleg 工具箱來幫忙支援您的過程。

在下一章中，我們將以這種設計思維方法作為基礎，把它放在你的口袋裡：當這些工具被框定為設計問題時，整個技術企業的許多問題和機會都可以獲得到助益。

第五章

語意設計做法與工具

大樓建築師有藍圖、剖面圖、實體模型、軟體模型、分區編號、工程編號，以及其他可以表達其設計的方法。建築師從真實世界開始，打造出一個可見的建築物外牆，而在軟體中則處於一個完全是虛擬的語意世界。

有時你可以口頭上表達你的設計方向，但這只會帶來災難，因為進行對談時，並非所有重要的人全程都待在同一個房間裡，有些人可能會聽錯、或是你有什麼忘了講、或者是會議中途電話斷線等等。我不願過份強調這些，但我經常看到建築師以口頭表達他們的設計，我必須非常明確地說這將會失敗。你必須確保設計的複雜和抽象的概念是可操作、具體、持久、和精確的。

至此，你已經精準的找到了問題所在，正確地提出了所面臨的挑戰和解決方案，並在這個領域建立了一致的概念。現在，在這個過渡階段，你必須將你的想法從概念上的一致變成隨時可以記錄到具有特定的、可執行的解決方案和計畫的架構文件中。你有了語意場的概念，現在你必須以軟體開發人員能夠理解和執行的方式來定義它，以建立出色的軟體。

本章將重點介紹一些語意軟體設計做法的訣竅，以及能幫你實現它的神器，其中有一些是打算在你的團隊內部使用的，而另一些則是給高階主管和客戶使用的。

設計原則

原則即是訴求，也是一套對於世界信念的主張。它們是價值體系的基礎，可作為指導整個組織決策的制定。

原則對於架構和設計來說很重要，因為它們有助於擴大你的團隊規模，可為開發人員提供局部決策的指導。許多由實作團隊所做出的小規模局部決策往往會隨著時間的推移而逐漸累積，經過幾個月之後就會在不知不覺中產生偏差，最後形成一個看起來不像你原先所期望的設計結果。

雖然訴求和原則都是抽象的，不過它們應該促使支持它們的團隊採取行動。這些原則想必是你總體企業願景或已確定策略的子集或分解。如果不是這樣，你的團隊和部門將面臨缺乏一致性的問題，你會做一些無關緊要的事情，而且把這些沒有意義的活動誤認為是進步。

已經確立的原則還允許你與產品經理、高階主管和其他涉眾進行協商。如果你陳述了自己的原則，並且這些原則在邏輯上遵循了所陳述的業務願景和策略，那麼你就可以更快地解決在執行專案時出現的爭議。如果你的資訊長認為應該將計算和儲存設備轉移到雲端，而你認為必須運行自己的資料中心，那麼你必須協調原則的不匹配，以確保你的專案不會崩潰。

另一方面，如果你聲明了你的原則，並且在其他架構構件中發佈、傳播和參照它們，那麼你就擁有了與這些涉眾進行對話的主動權。如果你能讓他們在這些原則上達成共識，你就能自信地引導團隊，讓他們知道大家都在朝著同一個方向努力，這會讓決策過程中減少摩擦；答案會變得更加顯而易見，目標也更為一致和明確。

一個淺顯的例子就是十誡。特別是「孝順父母」這條戒律在這裡很適用，你的原則最好能保持在這個層次上。「孝順」的意義是抽象的，但是到底要做什麼才算是孝順其實並不明確。於是你必須考慮，當放手讓你自行安排時，你應該怎麼做，才算是「孝順」的具體行動：也許你會認為不去責備父母忘記你的生日就已經很了不起了，也許你認為必須給他們買房子才算是孝順。

同理，就像孝順父母一樣，架構師不可能去指導每個局部的決策如何制定，而是應該著重在會影響整體品質、時程和預算等的事情上。另一方面，開發人員所應決定的事情包括：是否要內嵌樣式表，或者是否需要多花幾分鐘把程式寫成介面而不是實作，或是否要花時間來用金鑰管理來儲存資料庫密碼而不是用純文字儲存。如果你有開發人員可以遵循的原則，則他們所做的會更為一致，而系統也會更接近你理想中的樣子。

勿流於空洞的口號

許多所謂的原則其實只是空洞的口號。我相信，「誠信」二字被鐫刻在安隆公司（Enron）大廳的大理石地板上。安隆的高階主管們穿著魯布托（Louboutin）名牌鞋，每天都要走過這些文字，而他們卻用詐欺的會計做假帳把公司掏空，騙走了數千名員工的養老金。當你陳述原則，而沒有透過讓領導者對其負責其將其付諸行動時，它們就是空洞的口號。

當你陳述的原則太淺顯而被忽視時，你必須做出更細微的區分，以幫助他們貫徹行動。同樣地，很多所謂的原則都被說成是「做到最好」之類的行銷口號，這也許對某些人有用，但我認為如果兩個董事在高層會議上意見不一致，這對推動實際行動是沒有幫助的，因此你需要定義一些原則，讓一些有理智的人提**相反**的意見，思考一下有沒有任何公司的原則是「最糟糕的」？如果沒有，就接受這個原則吧。

有句老話我相信你一定很熟悉：「如果你可以買到又好、又快、又便宜的東西：那就趕快買兩個吧。」同樣的道理，如果品質和工藝都很好，而且交付成本也不高，那麼就不會很快完成（依此類推）。想要又快又便宜是可以的：這就是速食店存在的原因。因此，把你最重視的擺在最前面，才能做出一個能夠真正主導你實際決定的行為。

開放組織架構框架（The Open Group Architecture Framework, TOGAF）是我多年前接受過的架構培訓和認證，它發佈了一種深入研究探討原理的方法（*http://bit.ly/2Buottr*）。你也可以去看看《**數位開發原則**》（*http://bit.ly/2BtQ5ib*）或 IBM 以前發佈的原則（*https://ibm.co/2wbWoRG*）來快速了解這個框架。

這些原則絕不是用來複製貼上的，細看之下就會發現它們只是一個樣本，你可以參考他們所編寫的水準，作為創建自己框架的基礎。

舉例來說：「資料是資產。」的相反就是「資料不是資產。」如果你認為你開發應用程式唯一的目標是要讓終端使用者快速完成任務，同時又能降低成本、管理和負擔，這是合情合理的。但是，如果你宣稱資料是組織的資產，那麼應用程式可能需要對資料做一些修飾，你可能會花費大量時間來收集資料、儲存資料、保護資料、組織資料、將資料提供給其他應用程式、尋找行銷和銷售資料的方法、尋找建構在該資料之上的新應用程式、強調機器學習等等。

你的原則應該具有普遍性，而不是空洞的口號，而指南（將在下一節中介紹）則將更為本地化和具體化。你的原則應該經過深思熟慮，公開聲明，並經常被引用。它們將有助於引導你的團隊做出更有效的決策，減少客戶流失，並創造一種協調一致的感覺。

成對設計

你可以用一些方法來幫你掌握腦海中仍在形成的架構概念。

當你有了一個想法之後，你需要開始和其他人一起塑造它。當你對軟體應該是什麼，它可以是什麼，以及總體輪廓是什麼有了初步的想法時，與合作對象交換意見時把這些表達出來是很自然而且是很重要的。

要捕獲你的想法並測試它們的有效性、邊界和價值，可嘗試**成對架構設計**（*pair architecting*）。

在 1999 年，德高望重的肯特·貝克（Kent Beck），也是著名的 JUnit 作者，寫了一本名為《**極限程式設計詳解**》（*Extreme Programming Explained*）的書。在書中，他提出了成對程式設計的概念，即兩個程式設計師應該共用一個螢幕和一個鍵盤，而兩人對這種合作關係有著不同的看法，其中每個人都可以及時發現對方的錯誤，藉此互相學習，並從不同的層次進行思考。編寫軟體很費腦力：你實際上是在用外語在解決一個邏輯難題。因此，當一個程式設計師累了，他們可以交換鍵盤，讓另一個人來主導並改變角色。

我喜歡成對程式設計的做法，多年來，它讓我和我的團隊受益匪淺。不過現今使用這種做法的人並不多，也許是因為那些有錢人認為這是一種社交形式吧。我曾聽到一位高階主管抱怨說，她的成對程式設計團隊只完成了一半的工作。我不相信她曾經從事過程式設計師，因為這與事實偏離太遠。

作為一名架構設計師，應該試著把這種做法發揚光大。留出時間來解決系統某些特定方面，特定設計的挑戰，尤其是在產生概念的階段，這樣做有很多好處：

- 你會得到一個更清晰、更成熟的想法，因為你的夥伴會提醒你澄清你的意思。如果你需要向在場的其他人表達你的想法，你將不得不在你想法的陰暗面點亮一盞燈，你可能無法在當下解決所有問題，但是你將知道哪些方面需要改進。
- 在某些事情上，你的夥伴會比你有更好的想法。也許他們擅長你比較弱的超執行緒模型，但你擅長設計樣式。如此截長補短，會讓你的想法變得更加豐富。

- 現在有兩個人理解了同樣的概念，並且能夠表達出來。你正在快速擴充這個概念，這為最終的專案規劃會議提供了更好的途徑。

如果你們不在同一地點，可以透過 WebEx 或者 Hangout 視訊會議軟體來共享螢幕，並開始畫出你的核心構想、你的造型畫冊、子系統元件、和介面輪廓。你可以針對這個難題的某個部分這樣做，然後把你的視角拉遠一點，討論這部分如何與更廣泛的概念相關聯，以及它將如何支持或形成相關的概念。

你的工作是定義這個概念：就這個世界上流行什麼、它們的名字是什麼、它們如何互動，以及邊界在哪裡達成共識。我和我的團隊經常使用這種方法；它的結果是更細緻和周詳的設計，使人際關係更為密切，並讓大家更加瞭解，最好的想法總是會贏得最後的勝利。這些構件的結果將會成為一些關鍵的程式碼片段，有助於澄清未知因素並減少專案風險。

壁畫

當您處於設計的原型和概念領域，並正在過渡到開發階段時，你可能會想用壁畫來幫你將設計概念組織為可以開始著手進行的工作。

壁畫可以是覆蓋整個會議室牆壁的拼貼畫。用牆壁、便利貼和筆來記錄你的想法，壁畫的內容可能包括以下你在設計思維階段所建立的項目：

人物

使用者是誰？

顧客旅程地圖

他們為什麼使用這個，他們如何與它互動？

痛苦

他們當前的流程有問題嗎？他們在哪裡受到挫折？

收獲

你能給他們提供什麼新的改革來幫助他們在生產力、愉悅感、選項和機會上獲得明顯提昇？

結果

哪些改變會對你的客戶和其他使用者產生影響？旅程結束時他們想要什麼軟糖？

指標

> 你的客戶將如何衡量為他們帶來的差異？他們怎麼知道他們從您的系統中獲得了巨大的價值？請注意，在這個階段，這些應該是粗略和籠統的估計。

邀請同事、主管、團隊成員和其他人與你一起走過這片牆，引導他們瞭解你對專案的想法，這可以讓別人知道你的方向，並在專案實作之前貢獻他們的想法，這樣可以確保你正在建構正確的東西。

在壁畫中虜獲上述項目將幫助你確定作品的輪廓，並盡快以此為基礎建立架構定義和專案計畫。

你可以在拼貼畫中添加一些元素來捕捉你在第四章中所做的一些額外的綜合概念性工作。什麼樣的畫作、影像、音樂、建築、格言、素描、紡織品、雕塑或紋理能激發你的靈感，並幫助你將你的理念帶入生活？你可以在造型畫冊中找到這些。

考慮下面的例子，當建築師法蘭克·蓋瑞在紐約市雲杉街 8 號設計這座塔樓時，他的靈感來自 1652 年貝尼尼（Bernini）的雕像《聖特雷莎的狂喜》（*The Ecstasy of Saint Teresa*），如圖 5-1 所示。

圖 5-1　貝尼尼在羅馬的《聖特雷莎的狂喜》（圖片由阿爾維斯加斯帕（Alvesgaspar），維基百科 CCA 提供）

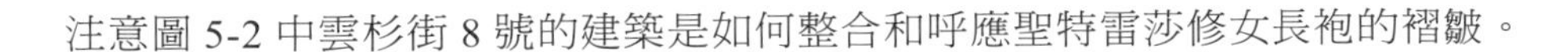

注意圖 5-2 中雲杉街 8 號的建築是如何整合和呼應聖特雷莎修女長袍的褶皺。

圖 5-2　紐約雲杉街 8 號的塔樓，融合了貝尼尼的褶皺（照片由吉姆韓德森（Jim.henderson）提供，維基百科 CCA）

在這個階段，把你自己從舒適和熟悉的工作中拉出來去做這類的工作，可能造就了你將要做的是一件平凡而容易被人遺忘的事，還是一件真正讓客戶感到特別、有用和興奮的事。

數位壁畫

如果的團隊分散於各地，或者喜歡使用數位方式處理事情，那麼你可以使用 Mural（*https://mural.co/*）這樣的工具。它隨附的範本可以從設計思維中捕獲許多這樣的元素，你可以邀請團隊成員參與其中並做出貢獻。

看到大理石雕刻家如何啟發鋼鐵建築線條是一回事；儘管一個是藝術，一個是建築，但兩者都屬於實體的、造型的藝術領域。但在我們這個沒有形體的軟體世界裡，這意味著什麼呢？

系統是像愛德華·霍珀（Edward Hopper）的《**自動裝置**》（*Automat*）畫作嗎？還是像彼得·蒙德雷（Piet Mondrain）的《**構圖** *II*》？還是一輛福斯金龜車、布加迪（Bugatti）、特斯拉（Tesla）還是麥克（Mach）大卡車？系統是像葛蘭·古德的《**巴赫：戈德堡變奏曲**》還是 ABBA ？布德西柯林斯（Bootsy Collins）是一種貝斯手，而傑可·帕斯透瑞斯（Jaco Pastorius）則是另一種貝斯手。一套時尚經典的普拉達（Prada）藍色羊毛套裝讓人聯想到一種時尚感，而亞歷山大·麥昆（Alexander McQueen）的拼接佩斯利（Paisley）套裝則讓人聯想到另一種風格。系統更像是一個狂野的尚•保羅•高提耶（Jean Paul Gaultier），還是一個保守的布魯克斯兄弟（Brooks Brothers）？古典的香奈兒 5 號香水適合一種場合，而湯姆·福特的香水「Fucking Fabulous」則代表了另一種態度。以上這些跟你的軟體概念有什麼相關？ 他們都勾勒出大致的輪廓。

在你覺得你已經完成了壁畫之後，你可以邀請利益相關者來參觀它，並對他們的信心程度進行投票，它代表了正確的方向和至關重要的重點。

壁畫是一件臨時的、過渡性的藝術品，它可充當所有這些不同元素的組織機制，並最終成為其他工件中的遺跡，就像蝴蝶一樣，它的壽命不會超過幾個星期。

願景盒

> 我不會否認，但是可能會縮小到比現在更窄的範疇； 而且其中的某些部分可能會緊縮。…但是要承認真相，我現在太懶了，或者太忙了，無法縮短它。
>
> —約翰·洛克（John Locke），《**人類理解論**》

用一句話來表達你的概念，這是一個清晰的思考者和一個清晰概念的標誌。允許用三到五個短語來進一步描述它，這將有助於向主管和其他利益相關者推銷你的想法。你必須能夠把你的包羅萬象的畫布簡化為價值主張。

軟體過去是裝在硬紙盒裡的，裡面有磁片。這些盒子雖然不大，卻是彩色的，並且有特殊的圖像和標語，代表了對產品的承諾。他們告訴你這個軟體的名字是什麼，它的用途是什麼，你可以用它做什麼。

即使軟體很少再以紙盒的形式出售，你也可以採用這個想法來幫忙創建執行摘要並與涉眾快速溝通。關鍵是在幾個小時內與你的團隊一起合作，為客戶提供價值聲明，並避免技術實作的細節。

吉姆·史密斯（Jim Highsmith）[1] 介紹了**產品願景盒**的概念，類似於一個麥片盒，你可以用它來描述架構的主要特點。願景盒可以當作一種執行摘要，有限的空間迫使你必須把客戶眼中最具影響力的三到五件事精簡為概念，如圖 5-3 所示。

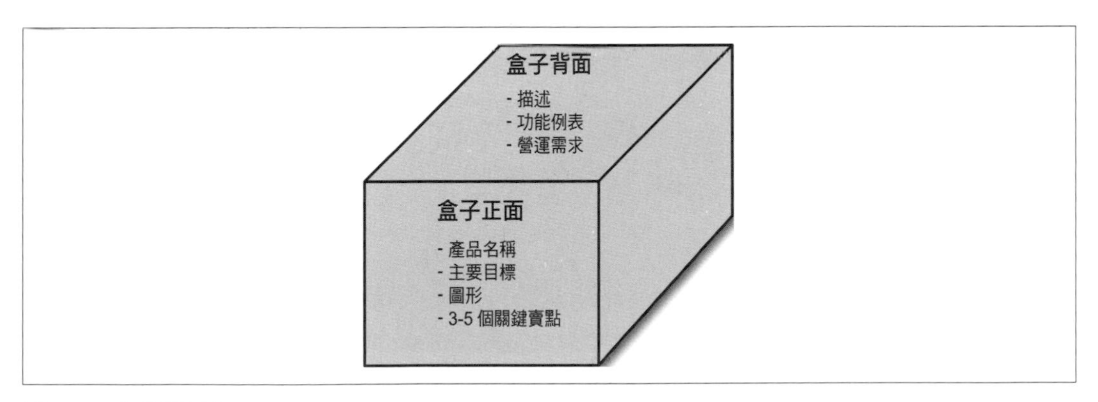

圖 5-3　產品願景盒

若要跟你的團隊一起搭建這個簡短的活動，請向你的系統提出標準的記者問題：誰、什麼、何時、何地、為什麼？你對這些問題的回答可以幫助你迅速把這個軟體盒的內容整理出來。

心智圖

心智圖（*Mind map*）是一種把想法或資訊加以組織和分類的方法，從中間的一個框開始，然後允許子主題從中分支出來，而每個子主題又有個別的子主題，依此輪替下去。在某種意義上，它是一個輪廓的視覺表現，它在資訊架構中起輔助作用，在設計使用者介面之前，你應該首先考慮心智圖。它將作為安排你要公開的功能區域的方法，也可以作為一種確定展示位置的方法（參見第二章有關整體綱要和揭示的部分）。

1　有關吉姆·史密斯的個人簡歷，請參見 *https://en.wikipedia.org/wiki/Jim_Highsmith*.

心智圖非常適合由團隊合作來創建，圖 5-4 為心智圖的例子。

製作心智圖有兩個很棒的工具，分別是 Lucidchart（*https://www.lucidchart.com/*）和 XMind（*https://lwww.xmind.net/*），兩者皆可免費使用。Lucidchart 適合線上協作，XMind 則是安裝在本機，而付費版允許更多進階的功能，比如保存到 Power Point 等。

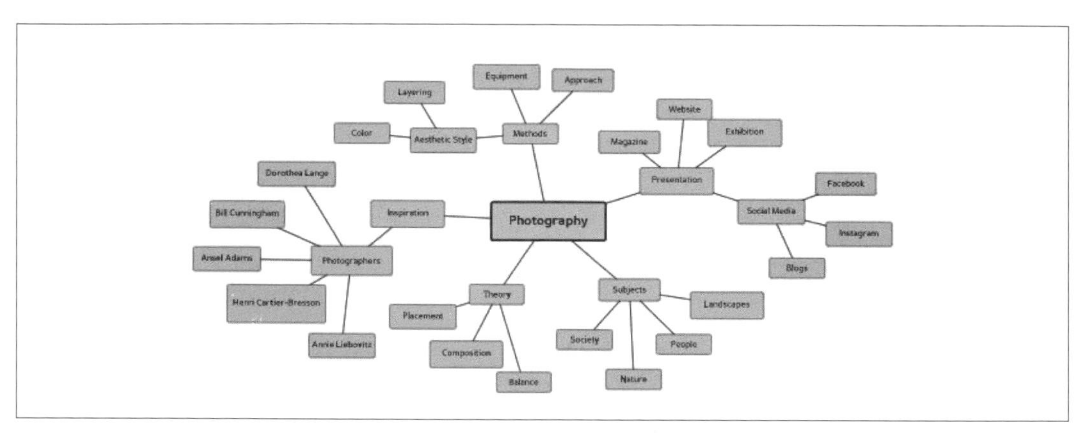

圖 5-4　Lucidchart 所提供的心智圖

使用案例

此時，你可以使用任何壁畫、心智圖、產品願景盒和在設計思維中所產生的資料來開始建構你的使用案例。使用案例以使用者角色執行某個動作為例來獲得一些明確的值，可透過兩種方式來呈現：一種是以統一塑模語言（Unified Modeling Language, UML）的形式，另一種則是書面的步驟清單的形式。

以下是一個使用案例範本：

概述

提供此使用案例的一段描述。

參與者

識別主要和輔助參與者。

與其他使用案例的關係

本使用案例與下列使用案例有關：

- *擴充使用案例 1*（*連結*）
- *包含使用案例 2*（*連結*）

先決條件

要啟動這個使用案例，必須滿足以下條件：

- *條件 1*

後置條件

描述此使用案例完成後的真實情況：

- *情況 1*

主要流程

描述此使用案例的主要流程，不包括發生錯誤的情況：

1. *步驟 1*
2. *步驟 2*

替代流程

描述任何所需的替代流程或錯誤情況。標示替代路徑開始的步驟編號。

特殊需求

確認與此使用案例相關的效能、可縮放性、可用性、和國際化要求。

將所有使用案例集中在一個清單中，這些將成為使用者場景或功能性需求，稍後即將討論的設計定義文件則負責記錄非功能性需求。它們被被融合在一起，並優化為符合功能性和非功能性需求驗收標準的使用者場景。

指南與慣例

在沒有直接和具體指南的情況下，原則是用來指導決策制定的籠統說法。指南和慣例由一組明確的指示組成，供開發團隊遵循。因此，它們在特定流程的管理、特定工具的使用或人員的管理方面比原則更專門、更具體。

你應該針對重點主題發佈**指南**（*guideline*），它們應該說明你希望人們如何使用特定的工具、實踐、方法或流程。你可以建立關於在 Azure 雲端中使用安全性群組、如何使用部署管道、編寫整合測試的最佳實務等方面的指南。

發佈**慣例**（*convention*）的目的是希望每個人都能以相同的方式來做事。你可能對如何格式化原始檔案有一些慣例，以使它們更易於閱讀和理解。慣例的價值在於，讓你的程式碼更容易維護，因為它更容易閱讀和理解，而且工具可以更容易預測。這並不是說駝峰式命名法（camelCase）天生就比首字母大寫法（InitialCaps）更適合用來命名（就像 Java 和 .NET 的區別那樣），但是如果每個人都用相同的方法命名，就可以避免混淆。當 80% 的軟體成本都花在維護上時，簡化閱讀、理解和發現問題並修復它們是一項有價值的長期投資。

你不需要憑空杜撰出許多這樣的慣例或風格指南，對於常見的語言和框架，首先要搜尋一下是否有人已經編寫了可以借用的慣例指南，以下是我用過的一些方法，你也可以試試：

Java

按照 Google 的 Java 程式編寫指南（*http://bit.ly/2lX951m*）。

JSON

按照 Google 的 JSON 程式編寫指南（*http://bit.ly/2mlpnBa*）。

React

按照 Airbnb 的 React 程式編寫標準（*http://bit.ly/2kSiVkR*）。

這些通常可以被當作自動建構流程的一部分來進行檢查。

你應該為專案中的某些關鍵內容建立並發佈指南和慣例，這些內容必須是正確的，並將對架構和策略的成功產生重大影響。例如，假設你的開發人員無法很融洽的相處，並各自在他們自己的穀倉中以不同的方式編寫程式碼，而可擴展性對你的專案中非常重要。你一定要明白指示如何組織程式庫的方式，這樣他們才能支援你的目標。你可以編寫一個指南文件，針對該適用於該專案的結構加以說明，如範例 5-1 所示。

範例 *5-1*　專案結構的寫法慣例

```
+---<application naMe>
: +---<application naMe>-utils
: +---<application naMe>-domain
: +---<application naMe>-service-api
: +---<application naMe>-service-iMpl
: +---<application naMe>-service-client
: +---<application naMe>-web
```

然後，你可以多做一些額外的工作，解釋每個子專案的目的，以進一步說明為什麼你要讓人們做額外的工作來把它們分開。接下來的小節提供了一些可以在任何語言類型中使用的範例（但是這裡假設是 Java）。

公用程式（utils）

這個子專案包含了在整個應用程式中共同的公用程式：

- 它應該包含僅與此應用程式相關的公用程式。
- 它不得依賴於任何子項目。
- 它可能依賴於專案之外的函式庫（例如 Log4J）。
- 必須打包成 JAR 檔案格式。

領域物件（domain）

這個子專案包含了可代表整個應用程式中所用到名詞（實體）的公共領域物件：

- 它應該包含僅與此應用程式相關的領域物件。
- 它可能依賴於公用程式專案。
- 它可能依賴於專案外部的函式庫。
- 必須打包成 JAR 檔案格式。

應用程式介面服務（service-api）

這個子專案包含了應用程式中所用到業務功能的介面：

- 它必須只包含與此應用程式相關的業務功能和潛力的介面。
- 它必須只包含介面，而不實作 `service-impl` 專案中的類別。

- 它**可能**依賴於公用程式專案和 / 或領域物件專案。
- 它**可能**取決於專案外部的函式庫。
- **必須**打包成 JAR 檔案格式。

介面實作服務（service-impl）

這個子專案包含了業務服務介面的實作：

- 它**必須**只包含業務服務實作。
- 它**可能**依賴於公用程式專案和 / 或領域物件專案。
- 它允許專案外部的依賴關係。
- **必須**打包成 WAR 檔案格式。

客戶端服務（service-client）

這個子專案包含了呼叫業務功能所需的客戶端程式碼：

- 它**必須**只包含服務客戶端實作；也就是呼叫服務所需的類別，與任何業務邏輯截然不同。
- 它**可能**依賴於公用程式專案和 / 或領域物件專案。根據定義，它依賴於 `service-impl` 專案。
- 允許專案外部的依賴關係。
- **必須**是獨立的 JAR 檔，或者是加到在 WAR 檔中類別載入器的 JAR。

以上只是一個你可以具體說明專案結構指南和慣例的例子。

途徑

途徑（*Approaches*）是設計定義文件的簡化版（將在下面的章節中討論），大約 3 到 10 頁，涵蓋一個具體的約定。

例如，我們有一個客戶礙於其原有系統中的限制，想要以某種不尋常的方式與我們的 APIs 整合。因此，架構師寫了一個途徑文件，描述了應該如何執行整合、使用什麼協定、從何處獲取特定資料、安全性實作等等。

除了預期的前沿問題之外，途徑的結構比較鬆散，其餘還包括需要特別注意的部分的標題，以確保它們是互斥且整體詳盡的（Mutually Exclusive and Collectively Exhaustive, MECE）。

途徑應該要很快地寫完，並專注於特定的局部問題上。當設計一個全新的系統、流程或策略時，通常不會用到它們。

當開發團隊或銷售團隊遇到下列情況之一時，而你手頭上有一些具有架構意義的東西，你應該創建一個途徑：

- 需求與高業務價值相關，並且變更可能會破壞關鍵任務或高收益元件（例如購物功能），或者存在一個巨大的新機會。
- 具有很高的技術風險（例如我們的組織對所擬議的新技術幾乎沒有實際經驗）。
- 有很高的商業風險（可能危及我們的聲譽、改變智慧財產權、合併和收購）。
- 對我們來說，需求是「全新的」，或者首創的：現有架構中所有元件都無法用來解決這個問題。
- 需求將跨越服務邊界 / 創建新的業務流程。
- 提案需要跨越資料中心 / 雲端邊界。
- 該需求是一個特別重要 / 有影響力的涉眾（大客戶、總裁等）所關心的問題。
- 該需求的服務品質 / 服務水準協定（SLA）特點超過當前的特點。
- 該需求已經導致了預算超支或客戶對之前類似專案的不滿，這表示它需要更多高層的重視。
- 該元件破壞了使用中的生產服務的向後相容性。

設計定義文件

設計定義文件（*Design Definition Document*）（或"D3"）是成功的語意設計實踐的關鍵要素之一。十多年來，我一直使用這個範本，並取得了巨大的成功，因此很少進行修改。在這裡，我將給你這個範本的基本概要，你可以根據自己的需要採用或調整範本。

你在概念階段所做的一切努力都被囊括到各種模型中，包括造型相冊、整體綱要、人物、使用案例、指南等等。這些都有助於定義你自己的術語，思考你在做什麼，你想怎麼做，以及如何才能更結構化一點。

有些是供你內部使用的，這些可以幫你弄清楚語意場的位置和內容；它們對其他人沒有多大幫助。如果有人希望從那一堆資料裡面整理出什麼東西將會很不方便，這是故意的。

但是，如果沒有以一種明確而且可執行的方式與他人溝通，所有這些概念設計就會沒什麼價值。你必須以全面的方式在轉化過程中表達你的概念、在每一個地方都去捕獲相關的元素、並且是可測試和可度量的。D3 對於我們的實踐是至關重要的，因為它將你的概念轉換為可執行、可測試的規範。

本節將介紹 D3 範本以及你需要回答的問題。在接下來的四章中，我們將以一個全面的角度來討論它的每個主要領域（業務、應用程式 / 服務、資料和基礎架構），這些章節將幫助你制定範本的內容以及範本中問題的答案。

D3 的聽眾包括將要撰寫詳細需求的分析師、將要寫程式實現你的設計的開發人員、測試人員、操作或運行團隊、法務部門主管、組織中的「架構師」、以及偶爾需要瞭解你所有安靜和沉思的概念設計將如何幫助公司實現真正商業價值的高階主管。

確切地說，這不是一個藍圖或規範，而是著重於技術上和精確度的層面。它的範圍是系統的非功能性需求，而功能性需求將在其他地方呈現，例如以從使用案例所衍生出來的使用者場景的形式來表達。

以下是範本：

設計定義文件範本

計畫名稱設計定義

執行摘要

說明計畫的目的和本文件所涵蓋的內容。

關於本文件

本小節包含有關設計文件本身的中繼資料。

作者

這份文件大部分是誰寫的。

貢獻者

寫了一小部分文件或貢獻了關鍵想法的人名。

審閱者

對這份文件進行品質控制的人員名單。

文件狀態

這是一個草稿，正在審查中，還是已正式發布？

IETF 關鍵字的使用

本文件採用了 RFC 2119（*https://www.ietf.org/rfc/rfc2119.txt*）中網際網路工程任務組（IETF）關鍵字的子集，這些關鍵字是必須（MUST）、應該（SHOULD）、可以（MAY），而其反義詞是不得（MUST NOT），不應該（SHOULD NOT），不可以（MAY NOT）。它們在整個文件中都是大寫的，以提請注意這些用來指出需求級別的關鍵字的特殊地位。

業務面設計

描述執行此計畫的業務目標、驅動因素和預期收益。

功能

描述本解決方案將具有哪些功能。在功能性和非功能性方面提供了哪些新的好處？預期會有哪些新的可縮放性、可靠性、全域分佈、性能、回復能力、可擴展性、可管理性、可攜性、安全性或其他好處？不要向你的聽眾做廣告或推銷；而是要具體和簡潔。

策略契合度

這有助於實現業務面和技術面策略的哪些要素？要怎麼做？

業務驅動因素

我們為什麼要執行這個計畫？在其他已知的問題中，它的優先順序是什麼？

假設

為了使這個解決方案能夠成功，預計將採取什麼措施？在這裡指是資金、關鍵資源的可用性、營運支援、契約、關鍵流程、採購、全球網路營運中心（GNOC）、法規、規定的標準和領導團隊的指南或技術模式，等等。

限制

適用的法律

《美國身心障礙法》（ADA）是否適用？

適用的法規

參考需要保持符合支付卡行業（PCI）、個人識別資訊（PII）、一般資料保護條例（GDPR）、系統和組織控制（SOC）。不要只是陳述這些法規的存在，還要說明你的設計是對於支援這些法規有什麼具體的作法，這樣才能確保開發人員實作時有所依據。

風險

列出按設想進行專案時的業務風險、對客戶或現有業務前景或流程的風險、如何正確地維護和操作它、人力資源的可用性、獲得資金、國家 / 市場、權衡中的固有風險，等等。

影響

這個專案或架構將在組織、培訓和流程需求方面產生什麼影響？企業需要如何改變才能充份地支援這一點？在產品開發過程中，是否期望內部採用新的流程來支援新的技術或技能？有什麼角色和職責需要改變？

利益相關者

列出組織、角色，和所指定的個人，誰將因這個計畫的成功或失敗而受益或犧牲？誰必須改變才能適應它？這些最後將提供給你負責、究責、諮詢、通知（RACI）的文件。

治理

你將使用什麼框架來管理這個專案？你必須成立一個新的委員會嗎？？是否要遵循設計審查流程、雲端治理、或財務治理流程？

應用程式設計

應用程式概述和一般策略描述。

適用標準和政策

列出開發團隊要遵循的已發佈指南和慣例的連結清單。例如，你希望團隊遵循的任何內部策略、特定行業標準、PCI 指南、ADA 指南等等。

指南和慣例

連結到開發團隊要遵循的已發佈指南和慣例，如已發佈的內部標準、Google 的 Java 編程指南、JavaScript 慣例、程式碼品質指南等。

模式

開發團隊在實作中要遵循的圖表、連結和樣式描述，參考適用於設計和開發服務的任何設計樣式。

服務

列出要創建的服務或要重複使用的現有服務，以及這些服務的所有者。

安全性

安全性的需求和設計：如何在靜態、傳輸、或處理中保護、加密、授權、認證資料。考量開放網站應用程式安全專案（OWASP）前十大資安風險以及如何解決這些問題。需要哪些安全性群組？強調開發的安全需求，例如堡壘主機。列出傳輸或傳輸層安全性（TLS）/ 安全資料傳輸層（SSL）的要求。

可用性

根據架構要如何支援幾個 9（例如兩個 9 即 99%，三個 9 即 99.9%）的正常運行時間來決定目標服務層級協議（SLA），至於如何支援可恢復性、災難復原等，可考慮以下問題：

- 發生故障時要採取了什麼補償措施？
- 會使用斷路器嗎？
- 有哪些冗餘設備？
- 如何使用快取來支援某些故障事件？
- 網頁健康檢查？
- 有考慮到多重佈署嗎？
- 如何特別針對恢復力和高可用性設計特定的關鍵組件？你有用到多個雲端區域嗎？
- 支援零停機時間的版本控管和服務替換策略是什麼？

可縮放性和效能

在目前已知的延遲和 CPU 利用率下，解決方案必須支援每秒多少筆交易？衡量的單位是什麼（容器、虛擬機器、叢集）？使用實際數字並計算對伺服器佔用空間的影響。應用程式和服務可以透過無狀態、自動縮放群組（Auto Scaling Groups, ASGs）來縮放的方式是什麼？聲明 ASG 閾值，這樣開發人員就不用去猜測。

可擴展性

你會在你的服務中使用某些樣式嗎，比如「策略樣式」或「規格樣式」？API 未來將如何具體支援應用程式所提供的更改方式？應用程式將如何支援客製化，以及如何提供配置？

可測試性

要如何對其進行測試，要使用哪些工具，要實現哪些具體的自動化和目標？包括功能測試、回歸測試、整合測試和混沌 / 回復力測試等。有負載測試計畫嗎？如何將其自動化？在什麼過程中使用哪些特定的工具集？

可維護性

對於開發人員而言，什麼樣的軟體指導將有助於讓程式碼庫更容易、更簡潔、更易於長期維護？是程式碼庫的需求還是專案的需求？升級策略的預計維護計畫或停機時間是什麼？

監控性和指標

需要哪些工具和儀表板、日誌記錄有什麼要求、軟體本身如何支援事件發佈以提高能見度。哪些具體指標可以指出系統正常執行時間、健康狀況和適當效能？在什麼閾值該如何觸發警報？考慮 CPU、記憶體、磁碟機 / 檔案系統卷、進程監視、日誌、事件日誌和所需的程序。

資料設計

資料庫策略

概述此應用程式的一般資料管理策略。應提出哪些需要謹慎處理的特殊客戶需求？這個策略有哪些風險？有什麼預期效益？

標準和指南

有哪些適用的資料技術標準、指南和工具集？

技術

哪些資料庫技術將用於什麼目的，什麼特定的服務？是否使用了新的資料庫技術或新版本？開發人員可以從哪裡瞭解到更多資訊？他們可以獲得哪些的幫助？

使用了哪些實例類型？可用的網路模式是否適合該資料庫？你是否用過成本計算器來計算實例的大小和費用？

匯出 / 匯入

客戶如何將資料匯入你的系統？

如果要移植資料，來源和目標之間如何對映？

客戶如何從你的系統中取回資料以供自己使用？

複製、備份、復原

如何支援資料複製？如何在全球分發資料？

備份 / 復原策略是什麼？你打算儲存完整備份或部分備份？多長時間？在什麼系統上？有哪些服務需要備份？

你的批量資料複製策略是什麼？多區域策略是什麼？

資料版本管理

如何對資料庫進行版本控管？資料本身有無版本控管？

資料庫自動化

如何自動化和更新資料庫陣列？有哪些工具、管道和流程已經就位或應該開發？

資料庫效能的注意事項

資料庫內交易的效能閾值應該是多少？你是否知道必須要達到什麼樣的水準？

資料倉儲、儲存、和管理的要求

必須支援多少資料量？資料移動策略和需求是什麼？參考日誌將如何儲存、管理或轉存。

資料維護

如何維護資料、資料保留策略、卸載腳本、資料恢復。如何為這個應用程式的不同環境填充資料？資料會被截斷嗎？在什麼區間？資料如何加密？是否需要為開發團隊或基礎架構管理員制定一般資料保護規定（GDPR）或需要滿足個人識別資訊 / 支付卡行業（PII/PCI）要求？

資料遷移

資料如何進入系統？是否需要連接到老舊的遺留系統？是否使用了 Golden Gate 或 Kafka 或提取，轉換，和載入（ETL）或其他工具？預計要在什麼時候進行？資料在特定時段內需要進行同步嗎？

資料量

預計一開始的資料量是多少？ 預計資料庫的大小是多少？ 會有多個資料存放區嗎？ 預計每天的關鍵服務要新增或刪除多少行？

日誌

你的日誌輪替策略是什麼？是否需要 Splunk 或其他監控工具？

報表

客戶使用情況的報表應如何呈現？是否僅供內部使用？

稽核

系統必須如何稽核使用者的變更以追蹤和報告安全性漏洞或合規性問題？

安全性

如何特別保護資料庫場本身？靜態資料會被加密嗎？如何對其進行管理？對於包括開發層級在內的不同環境的存取要如何管理？

分析

應用程式必須公開哪些資料才能支援業務分析？應該如何公開這些資料以支援分析工具？你會有一個資料湖嗎？如何正確地維護、存取和使用它？

快取策略

快取的需求以及支援快取的位置和技術。它的分佈情形如何？有沒有任何適用於應用程式開發人員的指引？有沒有為實作者和後續使用它的開發人員提供快取的指南？

機器學習

機器學習需要哪些具體的過程？如何支援資料管道？整個子系統的設計是什麼？特徵工程的考量。

基礎架構設計

基礎架構概述聲明。

基礎架構策略

你採用了什麼樣式？是否有部署圖、元件圖和其他 UML ？雲端基礎架構計？你是否需要包括負載平衡器、DNS、應用程式伺服器、網路、CIDR 配額、安全性、資料伺服器、防火牆、儲存設備、佇列等等？

延遲與效能

你的基礎架構如何支援前述的特定應用程式和客戶等級的 SLA ？

基礎架構安全性

如何保護環境？

維護

團隊將如何執行修補（希望不需要補丁）？作業系統（OS）升級、更換等相關策略。

標準、指南、慣例

參照或連結到希望團隊遵循的現有指南。

基礎架構即程式碼（*IaC*）

參考範本、最佳實務、樣本。

環境指南

何時 / 如何使用所保留的實例、自動縮放組、不同團隊對不同環境的 VPN 存取等等。

全球分佈

如何實現並維持在全球分發應用程式的能力？有沒有什麼特別需要注意的問題，比如中國防火牆？有什麼跟全球分佈時的效能和安全性相關的問題？伺服器複製過程和如何自動化？

不可變的基礎架構

描述為何你的基礎架構是不可變的，包括流程自動化。

混合架構

是否有任何必要的混合架構策略（橫跨企業內部架構和雲端架構的解決方案）？

服務層級協議（*SLAs*）

聲明你必須滿足的 SLA。 從客戶的角度，以數學上可測試的術語來描述它們。 必須包括各種層級的客戶，而不僅僅是最終使用者。

撰寫設計定義時的注意事項

這就是全部的範本，每個小節都應該包含 UML 圖、圖片和其他圖形，以幫助你說明你的需求。你是非功能性需求的所有者，這是你陳述它們的機會。

你的文章必須簡單、具有指導性，而且每一個敘述都要能夠被測試。不要讓自己寫出這樣的句子：「在使用最先進資料庫的某某特性時要提高警覺。」這種說法是有問題的，因為它不可能進行測試。開發人員要如何才能知道他們是否在「提高警覺」？一個人要如何才能坐在辦公桌的電腦前「提高警覺」？他們可以透過某個開關來啟用或不啟用這個功能。如果你想撰寫類似這樣的內容，請意識到這點並使用 IETF 關鍵字（「必須」、「可能」、「應該」）來分解，這些關鍵字在上下文中的含義請詳見 IETF 網站（***https://www.ietf.org/rfc/rfc2119.txt***）。

你的文件應該根據你所做的特定工作而有所不同，只需確保使用前述所指定的內容，包括 IETF 關鍵字即可。這將有助於你寫下非常直接、明確、可測試的語句，這樣才不會讓人對於你所指定的內容產生任何疑問，程式設計師也可以藉由閱讀你的文件來把你的設計實作出來，而不會有很多困惑或後續澄清郵件。此外還要確保每個業務、應用程式 / 服務、資料和基礎架構都有其相對應的章節，這將激發你考慮全面的觀點。此外還要確保每個業務、應用程式 / 服務、資料和基礎架構都有其相對應的章節，這將激發你考慮全面的觀點。

像這樣寫一份真正有意義的文件是一項非常累人的工作，比如像招募專家和同事、做研究等，就算你非常瞭解而且喜歡寫作，這些都需要花相當長的時間。對於一個小系統，你的設計文件應該至少 50 頁，我通常是寫 110 或 150 頁，有時數百頁。我與首席架構師一起工作，通常我們會共同製作出一疊 200 張的幻燈片，這基本上就像為每個系統寫一篇碩士論文。如果寫得太短，就說明你沒有涵蓋足夠的內容、挖掘得不夠深、不夠具體和具有針對性，或者你根本不知道答案，因而顯得你工作不夠努力。

有人可能會嘲笑說沒人會真的去讀那麼長的文件，我當然聽過一些人這樣對我說。這裡有一些想法：

- 它不一定要是一個單一的、巨大的整個文件，這裡也可以是一個專門的 Wiki。關鍵不在於讓某個東西變得靜態和龐大，而在於確保你囊括了所有相關的和必要的層面。
- 它是你的概念的形式化，因為它是從相片畫冊發展而來的。它更接近於一個可執行的藍圖。
- 不同的人會閱讀並專注在不同的部分，例如維運團隊從基礎架構那一節所獲得的資訊可能比 UI 人員要多得多。
- 團隊會在不同的時間閱讀特定的部分，因此重要的是具有連貫的整體必須放在同一個地方。文件本身也是一個系統，它應該是高度內聚和鬆散耦合的，這樣就可以很容易針對其中一部分作更深入的透視。
- 當我啟動一個重大關鍵任務的專案時，我會給團隊適當的時間來閱讀設計定義文件並提出問題，我們以前甚至強制就這份文件的內容舉行測驗，並為獲勝者頒發獎品 [2]，因為你不能容許它變成事後諸葛。
- 這份文件應是理解、溝通、清晰、撰寫重要需求、設定預期目標、制定專案計畫以及規畫更可預測或準確時間表的基石，你應該請開發團隊經常參考它。當新的人員進入專案時，他們會發現當目前的團隊沒有時間停下來培訓新的人員時，這份文件就顯得彌足珍貴了。

---

2 對於該專案，團隊依最初的里程碑按時按預算完成並上正上線運行，該軟體後來贏得了行業創新獎。

這裡有另一種觀點：這些幻燈片告訴你的團隊他們應該建構什麼，還有為什麼以及如何建構，如果有人認為閱讀 50 頁、100 頁或 150 頁的幻燈片是愚蠢的，或者不情願甚至抱怨連連，那麼你究竟為什麼要讓他們加入你的團隊？這就等同於一句老話：「如果你認為教育的成本太高，那就去試試無知的代價。」

軟體本身的自動化程度越高越好，這是意料之中的。這份文件沒有內在價值，它遲早會被扔掉，但是團隊一開始如何知道要自動化什麼呢？

建構我們在這裡所說的這種規模的軟體意味著公司可能要花費一年，也可能要三到四年，以及數百萬（或數千萬）元的錢，那是非常嚴肅的事情。如果開發人員或工程負責人沒有認識到這個責任的重要性，並且仍然認為這樣的文件是一個壞主意，那麼我不希望他們進入我的組織。只憑藉著被扭曲到使用者故事範本中斷斷續續的短句就隨心所欲的拼命寫程式，這只是沒有策略的戰術，代表著「被擊敗之前的喧囂。」那些專案經常會失敗，看到失敗離我們越來越近，特別是當我們明明能夠避免失敗時，總是令人沮喪和令人厭煩的。

當然，你的專案仍然不能保證一定會成功，而一個好的設計文件也可能會出現上千個錯誤，但它確實給了你一個更好的成功機會，特別是當你與多個有爭議的利益相關者在一個有許多未知的、非常複雜的專案上工作時，這將有助於你的專案成功。

預先寫一百頁**不是**答案，真正的答案**是**這樣的：

- 建立一個整體的概念以及對它的理解，將其轉化為超越設計師內心想法和對話的外部形式，讓其他人可以看到、閱讀、理解、和使用。
- 根據概念的語意對其進行徹底的、持續的分析和解構。不需要預先完成整個文件，但必須確保我們確實考慮到所有這些問題，並瞭解它們將會發展。
- 根據概念制定清晰、詳實、明確、直接、可測試的設計決策集，並正式記錄在公開記錄中，以供眾多不同的利益相關者使用。

簡而言之，這就是語意設計的方式，這就是答案。事情無疑會隨著專案的進行而改變，這是意料中的。因此，有了這個記錄也有助於「架構衝刺」。你的架構師可以在開發人員之前先進行一次衝刺，並讓他們進行簡短的本地設計。但在沒有預想到整個事情之前不要這樣做，否則後續就需要做很多變動，這表示要浪費時間和金錢來重新做已經完成的事情，這樣會讓專案失敗。

當然，文件本身會有一定的用途，不過它最終將會消失並且被較小的局部文件取代，這是一件好事，它們與概念是一致的。或者，你可以根據專案的需要更新文件、對其進行版本控制並重新發佈。同樣地，這裡的「文件」可能意味著不斷演進的 Wiki 頁面或其他團隊網站，只要它是可共用的正式格式即可。

立場文件

這些是你的架構 / 設計團隊對特定工具、框架、風格或趨勢所做的評論。當區塊鏈觸及到普通開發人員的腦海時，每個人都想要證明一些概念並尋找可以實現它的地方。當資深開發人員、開發經理和主管在大廳裡攔住你，問你關於一項時髦的新技術時，你知道是時候寫一份**立場文件**（*position paper*）了。你需要向整個組織說明你對這項技術的價值的看法，以及你認為它有什麼適用性（如果有的話）。

例如，當你在 Gartner 技術成熟度曲線（*https://www.gartner.com/en/research/methodologies/gartner-hype-cycle*）看到一項技術（例如區塊鏈）正在邁向高峰期時，可能是時候寫一份立場文件了。

我過去也曾因為內部派系鬥爭而不得不這麼做：有些人認為我們應該使用 Python 進行機器學習，而另一些人則認為不應該；有些人認為我們應該使用 JavaSpaces，而有些人則不這麼認為；有些人認為我們應該使用 Hibernate，有些人則不這麼認為；一些人認為我們始終都應使用預存程序，而另一些人則認為永遠不應該使用；有些人認為我們應該使用剖面導向程式設計；等等。或者，考慮這樣一個場景：我們都喜歡某個規則引擎，但人們不知道何時或如何一致地使用它。

立場文件往往圍繞著一個特定的框架，你要為整個組織陳述你的立場，這樣組織才能進一步考慮它，此外也要從人、過程、和技術的視角來考慮立場文件的目標。

在兩種情況下往往需要立場文件：

- 當人們對某些新興技術感到興奮，而你需要進行研究來幫助控制這個熱度，以免開發人員開始隨機下載一些 0.01 版本的工具，並將組織涉及一些可能不安全、沒有支援、授權不當或錯誤的東西，此時你要陳述你的立場來幫助整個組織成長。
- 當你的組織中有兩個敵對的派系，而你需要幫助他們澄清和設定方向。

你可以使用一個 ThoughtWorks 雷達（*https://www.thoughtworks.com/radar*）來幫你看到組織何時可能會出現問題，或者當地盤爭奪戰或宗教戰爭即將爆發時，作為問題解決方案的參考，你的立場文件應該會對解決這類問題大有幫助。

RAID

RAID 文件來自專案管理領域，其名稱代表風險（Risk）、假設（Assumption）、爭議（Issue）和依賴（Dependency）關係。

這份文件是由專案或計畫經理所擁有，並貫穿整個專案的生命週期。但是你必須正確地開始。作為架構師，你是第一個能夠看到和理解風險、假設、問題和依賴關係的人，這些在你開始專案時是最重要的。

我們先定義一下組成 RAID 的單字。

風險

風險是指在專案進行中可能發生的事，萬一發生了，它們將產生不利的影響。首先，考慮風險時必須橫跨人員、流程和技術三個領域。其次，描述事件發生的可能性以及預期的影響或嚴重程度。第三，確保你有諸如所有者、狀態和發生日期之類的中繼資料。

假設

這是一個日誌，記錄了你預期將有助於專題成功的因素。例如，你可能認為 CIO 會接受你在微軟 Azure 雲端上部署的決定，或者你會僱用三個 Scrum 團隊。或者，你可以假設你將跨越專案的第一個里程碑，以便釋出新的資金。

包括提出的日期、簡短的名稱、描述、和做出這個假設的原因，以及驗證這個假設真實性的行動。如果假設被證明是錯誤的，你還可以包含必要的行動或回應來補救，比如包含一個狀態欄，其中的值可以是「開啟」或「關閉」。

爭議

爭議是指當前專案中出現的問題，而這些問題必須被記錄、凸顯和積極管理。RAID 文件的爭議選項標籤將包含 ID、短名稱、描述、影響描述、影響級別（高、中、低）、管理優先順序（高、中、低）、緩解計畫、所有者和狀態等列。不過在一開始，你可能沒有這些資料。RAID 文件的爭議選項卡將包含 ID、短名稱、描述、影響描述、影響級別（高、中、低）、管理優先順序（高、中、低）、緩解計畫、所有者和狀態等列。不過在一開始，你可能沒有這些資料。

依賴關係

這些欄位包括 ID、發生日期、短名稱、描述、它是內部還是外部依賴項、必須解決的日期、優先順序（高、中、低）和狀態（開啟、關閉）。

RAID 工具是一個試算表，其中有四個單獨的選項標籤，分別代表每個字母，每個項目都應該有自己的 ID，以便於參考。

RAID 是一個日誌，因此在解決了某個項目後不會刪除它們；而是將它們的狀態更改為「關閉」，這將有助於你在以後的專案中預測你將看到的問題類型。它還能幫你看出在目前的專案中的進度是多少或是否需要改變你的管理：如果你在關閉某個項目的同時又開啟了那麼多新的項目，這表示你的專案正處於混亂狀態，此時你需要與管理團隊一起評估發生了什麼，為什麼資訊不流通，或如何有效減少不可預期的挑戰，以找出混亂的根源。

RAID 範本

你可以下載一個簡單而直接的 RAID 範本（*https://bit.ly/2DALXOH*），也可以在本書的配套網站 *AletheaStudio.com.* 上找到可供下載的範本。

在你建立架構文件之前，在此階段開始建立這個文件可能不太常見。但是，即使在建構工作開始之前還沒有出現任何有爭議的問題，此時你應該已經能夠預測和識別許多風險、假設和依賴項。

就算你不是開發經理或專案經理，創意架構師也是這項冒險的精神領袖。你幫助構思和創造它，並且應該以一種可操作的、正式的做法來幫助你確定什麼地方可能出錯，這樣你就可以在這些方面加倍努力和關心。

在專案狀態會議上定期檢查 RAID，以確保你積極地管理專案，使其走向成功的正確方向。

簡報與多重觀點

建築設計師有客戶為他們的工作付費，而為你買單的客戶則是公司的高階主管。也許你發現了別人看不到的需求，並提出了一些可行的建議。更常見的情況是，負責人會要求你做一些需要建置架構的事情。不管怎樣，總有人為此買單。最後，他們會想知道他們的錢是怎麼花的，並希望你的建議能幫他們解決問題。

募資銷售簡報（*The Pitch Deck*）

有關如何召開會議，將一系列可擴充和實用的樣式，以令人信服的方式將你的想法傳達給主管和團隊，請參閱本書的配套書籍，歐萊禮於 2018 年所出版的《**技術策略模式**》（*Technology Strategy Patterns*）（*https://oreil.ly/YgqNc*）。

根據定義，架構更改不是小的、簡單的、局部的更改，你必須得到高層的支持：包括首席營運長、總裁，甚至大型專案的首席執行長。

為了幫助你獲得這種支持，你要設身處地為高階主管們著想，對他們的處境、背景和職責感同身受，想想是什麼讓他們痛苦，又是什麼讓他們夜不能寐。你必須做兩件基本的事情：

- 將你的想法與他們的痛苦和擔憂聯繫起來
- 用「愛的語言」來說明這些

我認識一位非常喜歡試算表的高階主管，他熱愛試算表的程度讓他連在聖誕節的時候也為 Excel 準備了一隻裝禮物的襪子掛在他煙囪上。如果你在向他做簡報時，不是用裝飾過的試算表來說明你是如何管理成本的，你會被趕出房間，專案也會被取消。與其說他想聽這些想法，不如說他想讀這些數字。他肯定不想看到任何文字，試算表就是他的「愛的語言」，它們是讓他看到、思考、感覺、理解和解釋工作的方式。

他不會考慮專案的里程碑，也就是你在整個過程中所處的位置。他也不按季度為單位來計算，他只考慮年度預算週期。

為這個客戶工作時，你需要把架構用他愛的語言來表達，並對映到這些問題上。

你不能給他們 200 張有關架構的投影片，因為就算投影片只有 20 張，他們也不會去看，那麼他們就不會對你所做的事情或原因有正確的預期，而困惑、沮喪和心碎將接踵而至。你可以準備一個簡短的介紹，大約 4-8 張投影片即可，根據你的概念畫布大致描繪你的專案，它應該包括你在做什麼，為什麼，時間軸和預算，以及在專案結束時世界的狀態（主管將會獲得什麼價值或新能力），你將有很大的機會贏得他們對你專案的支持。

總結

在本章中，我們回顧了你可以建立哪些文件來表示架構概念和實際設計，以及如何呈現它們。遵循這些規則可以讓你的工作變得很清晰，也可以被不同時區的許多團隊執行。

當你寫這些文件時，請記住以下幾點：

- 你的設計文件也是一個系統。如果你在建構這些書面文件時把它看作是一個系統，那麼你就可以像設計架構本身一樣設計文件本身。
- 使每個一小節和每個元件高度內聚（關於同一個主題）。
- 讓每個小節鬆散耦合，這樣讀者就可以有機會休息一下，知道他們停在哪裡，並將注意力放在他們可能會回頭尋找具體答案的部分，況且你也不可能把所有相互關聯的想法做成一卷長長的圖靈磁帶。
- 設計定義文件必須符合 MECE（互斥且整體詳盡）原則，它必須具有全面性，每一小節都不能在其他地方重複。撰寫時請記住關聯式資料庫中外來鍵的概念，以幫助你解決這個問題。

將你的文件做成一個文件池，以更快速、輕鬆地建立 5 張、10 張、或 15 張的投影片，將來你會需要向各種不同的高階主管、同事、團隊、和其他的利益相關團體進行長短不一的簡報。

在接下來的章節中，我們將從企業的角度來探討傳統架構的每個主要領域。你的工作對於企業和主管級別之間、以及在本地應用程式級別之間將有所不同。在設計一個系統時，無論是新的應用程式還是修改過的業務流程，都必須考慮業務、應用程式和服務、資料和基礎架構的所有觀點。由於這個原因，接下來的四章都將專門針對這些領域來討論，並且會涉及一些技術性的深入討論。

第六章

業務層面

親愛的讀者，請容許我提出一些有關軟體設計的個人觀點，供您參考：

觀點 *0*

根據定義，任何有目的的物件及其關係的組合都可稱為**系統**。（例如可以包括軟體應用程式、資料中心、業務組織、業務流程、化合物、書面文件、劇本、音樂作品等。）

觀點 *0a*

這些複合元素及其關係是**不是先天的**，而是由系統的設計者提出、社會建構、捕獲、擴充、確定、和過濾的。

觀點 *0b*

任何系統若不是顯式（有目的地）設計，就是隱式設計。如果設計是隱式的，那麼它的設計只有在系統就位之後，由於一系列的事故，才會被重視和理解，而這樣的設計很可能不是最佳的。

觀點 *1*

某些原則適用於設計良好的系統，而這些**相同的原則**可以應用於**任何**系統的設計，儘管它們看起來完全不同。

觀點 *1a*

任何設計良好的系統，其特性至少包括：

符合目標

該系統必須提供其所宣稱的服務，以幫助使用者有效地實現他們的目標。

得體

它必須以最小化摩擦和雜音的方式來達到這個目的，使它易於使用、消費、和參與。

靈活性

有鑑於系統在瞬息萬變的世界中運行，它的設計應該允許根據未來的需要進行修改、更新和擴展。

觀點 *1b*

設計良好的系統（軟體或其他）考慮的額外特性包括：

可維護性

它應該可以很容易除錯、提高效能、並適應多變的環境。

可管理性

你應該要能夠保障系統的安全、可靠，和穩定的運行。

可監控性

你應該能夠調查這個系統，以測量並瞭解其工作方式。

效能

對於系統所要達到的目標必須表現出色。

可攜性

它應該能夠在各種不同的環境中運行。

可擴展性

即使在負載增加的情況下，它也應該保持相同的運行水準。

觀點 *2*

你所設計的軟體系統將在業務環境中運行，因此，為了讓設計最佳化，軟體系統必須設計為支援在此業務環境，或者軟體在其創新過程中可能需要建立的新業務環境中運行。

觀點 *3*

業務是一個系統中的系統（這些業務元素本身也是系統：包括你的服務導向開發組織、銷售交付流程、架構審查委員會、策略資金流程、本地執行指導委員會會議、合資企業策略、專案執行計畫等）。

觀點 *4*

因此，業務可以設計為系統；它也是按照同樣的原則在運作。

觀點 *5*

因為語意設計者（創意架構師）就是最重要的**系統**設計者，角色的範圍包括適當的軟體設計以及業務系統本身的設計。

結論

業務就像應用程式一樣是一個系統，因此你身為創意總監必須根據這些原則幫助將業務本身設計成為一個具有凝聚力和連貫性的系統，以實現更好的整體業務成果。由此所產生的業務（作為軟體的開發環境），將有助於改進軟體本身，並幫助你按時、按預算和根據使用者需求進行開發，他們會互相通知，互相幫助（或傷害），如圖 6-1 所示。

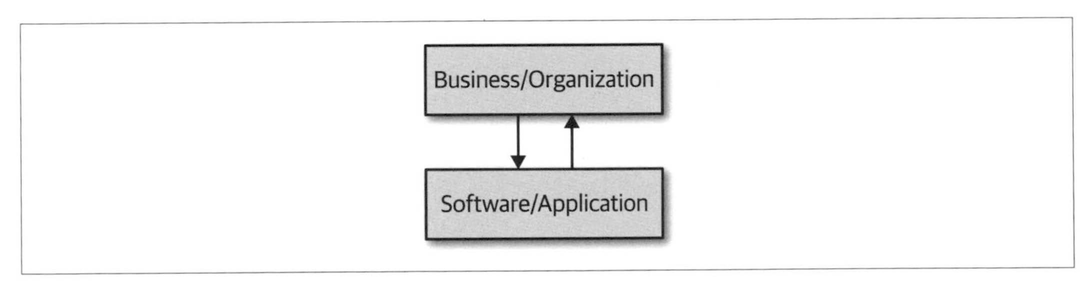

圖 6-1　業務系統和應用程式系統互相通知

因此這裡有兩個重點：

- 你可能從未考慮過它是你職責的一部分，但為了使其更加有效，請根據既定的架構和設計原則，考慮將你視界擴大到包括組織本身的設計和它的流程。
- 在設計特別有效率的軟體時，不僅要考慮應用程式框架和軟體屬性，還要考慮業務對系統的影響，以及系統對業務的影響。

因此，現在我們把注意力轉移到業務本身，具體地問：

- 你如何將你的組織和流程視為需要被理解和針對特定目的而設計的**系統本身**？
- 當你開始從系統的角度來看待你的組織之後，你如何才能將組織和流程**最佳化**以實現最大的效率？

- 你如何決定你的新興系統對業務可能產生的影響？
- 業務要如何與你正在創建的系統**密切合作**？當系統上式上線時，它能得到應有的支持嗎？

到本章的最後，你將能夠使用我們所介紹的實用工具來回答這些問題。

掌握業務策略

我們所定義的業務架構是指業務設計的正式表示法和活動管理。在此業務中運行的系統，都將透過此業務的環境獲得大量資訊（無論好壞）。

業務環境包括策略、組織設計、業務流程、文化、適用的法律和法規，以及我們稍後將討論的其他元素。

在這個關頭，我們感興趣的是文件形式（通常是一疊）的策略層級。 諸如「讓我們公司成為撒上糖粉的甜甜圈界的領導者」之類的更廣泛說法在這裡並沒有用。這類文件或許可以勾勒出商界領袖打算如何回答三個關鍵問題：

- 我們要如何**創造**價值？你需要瞭解你的目標市場，預期市場將如何變化，以及你的產品和服務如何具體滿足市場需求。
- 我們要如何**捕獲**價值？ 你可以有效競爭的方式有哪些？你要如何管理技術來符合這些目標？
- 我們要如何**交付**價值？ 你需要加強、精簡、擴展、和改進的哪些流程和功能才能滿足市場上的客戶需求？

物件管理群組（Object Management Group, OMG）的業務架構工作組將業務架構描述為「提供對組織的共同理解，並用於調整策略目標和戰術所需的企業藍圖。」我不太喜歡「藍圖」這個比喻，原因現在應該很明顯了。但是 OMG 在我們的行業中指定了許多流行的東西，所以讓我們在此基礎上再稍作討論。

達成共識

瞭解公司的組織結構圖是很重要的，對於一個初創公司，或一個較小的組織，這似乎是顯而易見的，根本不值得一提。在這個組織裡每個人都可能互相認識，而且他們都有一個工作頭銜：「把事情做完」。

但許多規模更大的全球性企業集團擁有數千或數萬名員工，其中包括針對不同地區、不同業務部門或職能的多位資訊長。

在這樣的公司裡，要知道誰在做什麼和怎麼做將很有挑戰性。

這是您正在做的事情：

- 親自瞭解組織本身
- 在一些文件中明確表述，以捕捉這種理解
- 與他人分享，使理解成為共識

為了幫助你明確地、有目的、並根據前面提到的系統設計原則來設計組織，你必須先定義什麼是「組織」。這是一個難以捉摸的術語。對於我們來說，如果我們知道以下所有問題的答案，我們就會對組織有一定程度的瞭解：

- 組織的職責是什麼？它的功能是什麼？
- 哪些組織執行這些功能？
- 誰負責支援每個功能？什麼是人才層次、全職員工與承包商的比例、典型的服務年資？
- 使用哪些軟體系統和服務來輔助每個功能？
- 這些函式中哪些是**價值創造者**，哪些是**支援**函式？
- 為了誰？誰是公司內外的關鍵客戶？誰是價值鏈上的利益相關者？
- 它們是如何被執行的？也就是說，他們參與的業務流程是什麼？
- 他們為什麼要執行這些任務？他們希望創造的價值是什麼？他們能有效地創造價值嗎？
- 資金如何進入組織（收入）？
- 資金如何離開組織（成本）？
- **表面上**是誰負責對哪些領域進行決策？
- **實際上**誰是這些決策的關鍵貢獻者或影響者？
- 是否存在重疊或差距，導致決策困難或充滿摩擦、緩慢和低效？
- 「意外的組織」在哪裡？就是那些多年來各種重組留下的附屬或不合時宜的組織？

- 企業文化是什麼？人們的特權、福利、態度是什麼？領導者們說他們重視什麼？這些話有多真實、多容易被理解和分享？如何培訓、發展和培養人才？員工如何獲得獎勵和晉升？他們什麼時候以及為什麼會受到懲戒或赦免？
- 所有員工的地理位置在哪裡？這背後的目的是什麼？團隊之間的依賴關係在哪裡？

以這些問題為一般背景，你的目標是確定以下幾點：

- 對於企業的**目前狀態**，這些問題的答案相當準確。
- 隨著組織的發展，**未來**的策略目標和戰術代表什麼意義？
- 如何幫助組織中的其他領導者建立一個通往未來的進化地圖。

調整策略目標和戰術需求

OMG 業務架構定義的第二個構成要件是策略目標和戰術需求之間的一致性。

這裡的任務是制定一套策略目標，並建立直接、有效地支援這些目標的實踐和流程，所以讓我們從業務策略開始吧。

需要說明的是，這裡我們討論的是整體業務的策略，是由 CEO 概述，並由總裁和策略官討論的結果。如果你有一個技術策略，那麼最好能與這個業務策略一致，不過事實可能並非如此。在這種情況下，你可能有兩個層面的工作要做。但首要任務是拿到一到兩份已核准的策略文件：包括業務層面和技術層面。這可能比聽起來要困難得多。

你的企業可能有一個或多或少明確的策略。為了幫助我們說明，讓我們來描繪兩種類型的公司：一種是領導者是新人（比如，在過去的兩年裡成立的公司），另一種是領導者已經擔任該職務很長一段時間。

在領導者是新人的公司，董事會希望他們擬定一個計畫，說明他們將如何把事情做得更好[1]，所以人們會期待一個新的策略（通常伴隨新的組織模式）將被推出。這可能會引起巨大的變化，以及對新想法的渴望、興奮和恐懼。保守派離開了，改革派出頭並引起了新老闆的注意。有些人為了地位而不擇手段，而另一些人則失去了承諾、信心和信念。新的和奇怪的聯盟消散、成立和改造。宮廷陰謀、政治和混亂接踵而至。不過事情終究會得到解決，至少可以維持到下次新的領導人出現。

1 請注意，在這種情況下，「更好」通常意味著「與上一任所做的事情是相反的」。

在領導層有一段時間沒有變化的公司，長期的關係已經形成。多年前制定的最後一項策略牽就於有長期密切關係的人們之間的流程、習慣和文化。那些合作愉快和彼此理解的人幾乎是用代碼來交流，而那些無法和睦相處的人也已經找到了解決問題的方法，因此策略可能不會被寫下來，而預期成果更不明顯。人們雇用員工是以能夠融入公司文化者為考量。這些曾經明確的計畫已經深入到標準操作程序的根基，在這些程序中，領導者們不再像以前那樣迫切地需要記錄、發佈和傳播策略，因為人們可以在本地完成更多的工作。在這種情況下，你面臨的是另一種挑戰。

如果你發現自己屬於前一種組織，你的工作在某些方面會比較輕鬆。一方面，人們可能期望現在必須以不同的方式做事，你遇到的反對可能會比較少，並且可以乘著變化的浪潮，讓你的新想法很容易被接受。

根據你目前所處的環境類型，你可以修改你的解釋並相應地調整你對框架的使用。

無論是哪一種方式，在這種情況下將策略目標與戰術需求結合起來，意味你必須知道實際的策略是什麼。如果不能馬上就能得知，可以問問你的經理或其他負責人，這樣你就知道是什麼了。然後你做的任何工作都可以遵循它。如果你所在的組織允許或希望能這麼做，你甚至可以自行推動技術和 / 或業務策略的創建[2]。

這種調整的一般方法如下：

- 首先你必須發現並審視業務策略，它建議要採取什麼行動？
- 檢視目前的操作程序、業務流程以及工作進入和離開組織的方式。請參考前述「達成共識」一節中的問題，並將重點放在是為誰而作以及如何訂購和出貨。在此範圍內，工作是如何完成的？
- 然後決定設計目標的優先順序。

框架介紹

為了有助於你改進業務，可將業務系統視為設計物件。這些年來，我發現、借用、改造或發明了各種實用工具來協助回答這些問題，然後再細心的安排如何使用這些工具一起充當你的業務系統設計框架。這些年來，我發現、借用、改造或發明了各種實用工具來協助回答這些問題，然後再細心的安排如何使用這些工具一起充當你的業務系統設計框架。

2 有關建立你自己的策略，請參閱本書的配套書籍：歐萊禮於 2018 年出版的《**技術策略樣式**》。

現在讓我們來探討一下這個框架。

框架的範疇

您可以在個主要範圍內以本章的工具作為指南：

- 更廣泛的業務設計
- 本地業務設計

第一個種情況的範圍非常廣泛，通常是在非常高級的領導人的職權範圍內進行的，這可能發生在以下幾個情況：

- 在重組的情況下
- 如果你正在考慮收購一家公司
- 如果你正在考慮策略方向上的重大改變，比如進入一個新市場
- 在新的高階領導者進入組織後

根據你組織的設置方式，你可能會發現這種業務設計在最高管理階層、策略辦公室、企業架構或它們的某些組合中都能起作用。

在第二種情況下（這種情況可能會更頻繁地發生），你可能處於以下情況之一：

- 你可能已經認識到自己的架構必須針對部門和流程或其他單一流程進行微調。
- 你可能被要求協助或領導流程再造工作。
- 你的部門可能會受到一些定期、特殊、嚴重的影響，例如在品質或準時交付方面，你需要幫助修復這個問題。這樣的修復將不僅僅是一個經理站在程式設計師身後，用一根橡皮管打他們，同時命令他們更聰明地工作所能解決的；它將涉及對共同造成這種局面的組織力量的審查。

有了描述業務組織、流程和功能的公共文件集，你將能夠共享所有的共識，以便在這些情況下提供協助。

建立業務詞彙表

業務詞彙表跟其他任何詞彙表一樣：列出與你的業務相關的關鍵術語並對其加以定義，目的是因為我們使用的詞彙定義了我們所創建的系統，如果定義不明確而且沒有共通性，將會影響到你的系統、客戶、和員工。

每個行業都有自己的行話，所謂**行話**（*term of art*）是一個在特定行業、領域或公司中具有特定意義的單字或片語。例如，航空公司的行話「PNR」，指的是「旅客姓名記錄」（Passenger Name Record）。在旅館業，ARI 表示客房的可用性、價格和盤點（Availability, Rates, Inventory）。而在金融領域，用 EBITDA 代表息稅折舊攤銷前利潤（Earnings Before Interest, Taxes, Depreciation and Amortization）。在每一種情況下，都有可能出現偏差的解釋。這很難追蹤，但是從這個看似無害的誤解開始，許多軟體專案都被送往出錯道路。你的詞彙表不但能幫助新加入的人員，也將奇蹟似的幫助你的分析師和那些撰寫需求、構想、和設計系統的人員。令人驚訝的是，很少有人對商業中最常見的術語有清晰和共同的理解。

明確而果斷地定義你的行話，收錄到單一文件中，將其發佈到架構 Wiki 中，並在本地文件中連結到它，此後你並不需要經常更新它。

建立組織結構圖

你可能有一個像 WorkDay 這樣的 HR 應用程式，讓你可以查看組織結構圖（org chart），其中顯示了誰應該向誰報告工作，以及每個人的頭銜是什麼。你在設計業務系統時會經常需要用到它。

這樣的線上工具是一個很好的起點，但是你可能需要將其轉換為一個更靈活的工具，以便在你自己的相關工作文件中使用該工具來進行分析。

匯出組織結構圖

檢查一下看你的線上工具是否能夠讓你將組織結構圖匯出為逗號分隔值（CSV）檔或其他可用的格式，以幫助你將其當作一個系統來分析，這可能會節省一些時間。

你需要知道以下幾點：

- 主要業務單位有哪些？
- 各有哪些部門？
- 用一句話來說明，對客戶而言最重要的功能是什麼？
- 這些業務單位的負責人是誰？
- 誰參與了你在能力模型（Capability Model）中所對映的每一種能力？

你不需要列出每個部門的工作人員，只需要列出關鍵的負責人和決策者，這比較不會變動，而且更容易更新。在業務流程、業務能力和總體效率層面上，你對這裡的個別貢獻者都不感興趣。

此外，不要只考慮與技術相關的部門，你正在執行企業級分析，所以請記住要包括產品管理、開發、培訓、支援、交付、客戶管理、銷售、策略、行政和支援功能。

從線上工具獲取資料的另一個原因是，你需要對如何支援你的功能有一個真實而完整的瞭解。包括任何協力廠商，例如管理你的資料中心的廠商，以及供應商，如勞務承包公司等，要找出這些依賴關係所在的位置。

你將能夠用它來在本地架構文件中快速確定涉眾。

建立業務功能模型

業務**功能**是業務必須能夠成功完成的事情，以便執行為客戶創造和交付價值的業務模型。它不代表價值（產品或服務）本身，也不代表執行創造或交付該價值的業務流程，它是你的公司為了實現目標而擅長（或需要擅長）做的一系列工作。

以寫書為例：書就是產品。要創建它，你需要與出版商一起參與撰寫過程。但是所涉及的能力可能包括特定領域的主題專業知識、研究和收集資料的能力、創建概念的能力、清晰書寫的能力等等，這些都會被應用在創作一本書的過程中的各個階段。

功能模型捕獲了完整的業務功能所成的集合。有了這個目錄之後，可以用它來**評估**當前狀態和所需的未來狀態之間的**落差**，考慮他們目前是如何為你的客戶創造和交付有價值的產品和服務的，你還可以檢查它們與其他進程之間的冗餘之處，以及它們之間的差距。

在這個階段，你可以做一個快速的評分，看看你真正擅長什麼，以及你需要改進的地方，這表示你可以在專案計畫中放入應執行的操作清單。

它還可以幫你撰寫軟體架構文件，幫你執行更準確的評估，並在建構軟體、遷移資料中心、和執行其他技術工作時查看架構需要考慮哪些因素。

因此，你需要在文件中捕獲您的業務、組織或部門（取決於你當前工作的範圍）將向市場公開的創建和交付價值的業務功能清單。一開始我喜歡用一個簡單的試算表，列出部門層級的功能，這個試算表可能包含表 6-1 中所示的欄位。

表 6-1　業務功能試算表

編號	部門	功能名稱	描述	系統	產品	服務

這不是一個完整的資料庫，但它是快速入門的一種簡單而直接的方法。

首先列出你自己知道的，因為你最容易做到。但是，通常你只能得到一張非常不完整的輪廓。然後你可以採訪其他人，檢視組織結構圖，看看誰可能涉及到你已建立的一系列功能中，他們通常會提到其所屬價值鏈中的其他人。

現在可以繼續進行這個流程一段時間，但不用詳盡無遺地做這件事，因為沒有「詳盡無遺」這回事：不是所有的涉眾都同意這個離散集到底是什麼。所以只要做得足夠多，直到你已經合理地涵蓋了它為止。要做到這一點，最好的方法是從你的業務中所服務的客戶和客戶群開始，透過找出你為他們所提供的產品和服務來進行內部作業。找到這些領域的產品經理，聯繫服務交付和其他支援組織，看看他們都在做些什麼。

業務功能並非流程

業務功能不是業務流程，而是由應用程式所實現的功能。

現在可以啟動另一個選項標籤來進行分析，哪裡有差距？

根據良好系統設計的標準對每項功能進行評分：

效能

　它的效率如何？產生的廢物量是多少？它的執行速度有多快？哪些地方可以加強溝通？建議和決策職責有多明確？

可縮放性

這個功能是否能滿足 10 倍的客戶需求？

穩定性

在清楚地瞭解角色和明確的期望的情況下，功能是否可靠地、可重複地交付？

可監控性

在客戶眼中，度量標準與實際交付的價值的一致性程度如何？系統中沒有人知道發生了什麼，或者當前的狀態是什麼的「黑盒子」在哪裡？

可擴展性

隨著業務的變化，在不發生重大中斷的情況下，如何準備好擴展或調整此功能？

安全性

在正式環境中此功能所建立的資料是否安全？

根據這些標準對每項功能進行評分，評分範圍為 1 到 5 分，如圖 6-2 所。

	效能	可縮放性	穩定性	可監控性	可擴展性	安全性
功能 1	4	4	3	5	5	2
功能 2	5	2		2	2	3
功能 3	2	2		2	3	4
功能 4	2	1	3	1	4	2

圖 6-2　評分你的功能圖

現在，為了著眼於未來的狀態要來改進它，可以將列出的功能與指定的業務目標交互參照。例如，你的業務策略是在歐洲擴張嗎？你需要在那裡建立前哨站嗎？你是否需要將主要團隊成員調往法國六個月，以發展關鍵的業務聯繫或與重要客戶合作，因為你的競爭對手已經在法國站穩了腳跟？

現在可以進行更複雜的分析了，你可以檢查你的功能圖，並考慮如何開發或利用你真正擅長的功能。你可以圍繞這些產品或服務創建一套新的產品或服務嗎？你可以圍繞它們創建新的業務範圍嗎？ 該分析將包括以下內容：

1. 看著得分高的項目。
2. 想想看你為什麼你擅長它們。

3. 想像一下，透過以新的方式組合、擴展或增強產品和服務，你能創造出什麼樣的產品和服務。
4. 與高階主管、軍師和其他領導者進行交流，看看他們如何為你的想法做出貢獻並重塑它們。是否有任何可行的、有趣的建議可以轉化為更正式的提案？

這個分析應該會產生一個行動清單，你可以把它放在一個專案計畫中，以改進這些能力，實現你的既定目標。

建立流程映射圖

流程映射圖的基本結構是定義誰在什麼時候做什麼，它基上是由箱子所成的集合，每個箱子描述一個離散的任務，箭頭指向下一個任務，最終產生一些有意義的結果。常見的高階業務流程包括銷售流程、產品開發、訂單到現金、交付和客戶服務流程等。

首先，必須確定要對映的流程。這麼做最終可以導致其他相關流程和子流程的發現。一開始我們把注意力放在輸出，因這通常都是對某人來說很重要、有價值的東西。從輸出開始，然後倒回去找出讓「口香糖」從機器中彈出來的整個供應鏈中所方生的事件。這是將流程範圍縮小到可行範圍最好的方法，同時也確保你能繪製出一幅可用來改進的輪廓。

業務流程映射的一個典型目標是發現資訊在組織中如何流動，這提供了一個視窗，讓你瞭解在流動的過程中接觸了哪些系統，進而提供了一個機會來提高流程的效率（流程再造），並合理化和簡化你的系統所成的集合。

流程再造

通常，僅僅繪製一個當前狀態的流程來說明今天的事情實際上如何運作，也會是一個巨大的啟示。僅這一點就足以吸引高階主管的注意力，讓他們關心如何改進流程。有時，故障、重疊、空白和效率低下的問題非常明顯，可以透過對話的方式解決。

在其他情況下，將需要更正式或更微妙的工作來重新設計流程，使其更為有效。而這需要時間，並且取決於組織的規模和複雜度，可能需要數週或數個月的時間來確定目前真正的狀態流程，並創建一個改進的未來狀態流程。在這種情況下，你可能需要獲得管理階層的批准，才能將流程再造的設計當作一個完整的專案來啟動。

當你在這個過程中採訪利益相關者時，你會發現人們的看法並不一致。每個參與者將有不同的角色，不同程度的影響或包容程度，以及對他們工作的不同水準的自我理解，因而對整個系統有不同的看法。人們對於完成某件事的方式或原因會有不同的理解，他們可能不確定誰真正為最終產品做出了貢獻。因此，你會希望盡可能從不同的角度來看待流程的相同部分。不要只問銷售人員銷售流程是如何運作的，他們實際上無法傳達整個情況，獲得許多不同的觀點將會揭示真正的流程，而不是社會上可接受或想像的流程。

要改進這個流程，請考慮 Unix 管道和過濾程式的簡單性。每個程式都以最最佳方式執行一項操作，並具有清晰的輸入介面和輸出格式，因此可將此作為流程的模型。

我們並不常看到業務流程定義得這麼好。例如，你客戶的缺陷吸收流程是什麼？在一個典型的大型產品組織中，這將很難定義，主要取決於個人關係、升級到經理的威脅等等。缺陷可能直接進入開發階段，而開發過程也會提供支援。這就產生了問題，因為產品管理將被排除在迴圈之外，從而產生模糊的資源可用性和路線圖的爭論。

在選擇重新設計的候選流程時，詢問故障在哪裡，以及客戶在哪裡不滿意。選擇一個對利益相關者有明確價值的項目，這樣你就知道你正在做的事情是重要的，可以很好地定義，並順勢對其進行追蹤。

首先考慮價值流，價值流（*http://bit.ly/2mnvaX4*）的視角定義了向外部和內部涉眾交付價值的點對點活動集。

接下來可以用業務流程建模表示法（Business Process Modeling Notation, BPMN）的建模語言來表示流程。這是一種用前後一致的方式表示所有主要流程的好方法，並且不會在創建自己訂做的表示風格時出現溝通混亂的現象。BPMN 具有泳道、啟動任務、結束任務、分叉 / 連接、決策點、計時器和表示任何流程所需的標準基本工具。如果你有在用 Visio，請花點時間安裝 BPMN 外掛程式。如果你正在與他人合作，你可以使用像 Lucid chart 這樣的工具也很好用。

如果你對流程表示法和流程再造非常感興趣，你可以學習六西格瑪技術來幫助你徹底地完成工作，皮茲德·凱勒（Pyzdek Keller）撰寫的《六西格瑪手冊》（The Six Sigma Handbook）是一本有關這方面的全方位著作。

系統盤點

令人驚訝的是，許多組織並不知道他們擁有什麼系統。他們看到成本上升，但不確定原因。他們看到的是混亂和糟糕的設計，因為他們根本沒有系統實際庫存的清單。一些業務系統設計工作可能對你有幫助，盤點一下你的系統，能讓你的團隊確實知道你真正擁有什麼。

有了這個系統清單文件，你可以列出你所擁有的系統，並訪談不同角色的人員。它們應該與流程映射圖中的系統清單完全匹配。想像組織中某個無所不知的人對你的所有流程有一個完美而完整的瞭解，那麼就不會有任何系統是未知的：每個系統至少在一個流程中都佔有一席之地。

為這個清單中的系統命名，判斷每個系統支援哪些功能。誰是該系統所指定業務端或產品端的所有者？誰是指定的開發端或工程端的所有者？誰是與該系統相關的架構師？誰是企業運營端或基礎架構系統所有者？

你肯定會有過期的項目，例如證書、資料庫供應商支援契約、DNS、網域、功能帳號密碼和其他過期的項目，把這些加到這個庫存試算表也會有些用處。

瞭解這些問題的答案將有助你以整體和協調的方式解決開發、企業運營和基礎架構、甚至是採購方面的問題。你可以使用此清單來判斷是否存在著差距或重疊，以幫助你合理化目錄、簡化治理和所有權，並降低成本。

定義衡量指標

俗話說，如果你不知道你要去哪裡，你永遠也到不了那裡。定義真正能夠告訴你流程在關鍵涉眾眼中是否成功的衡量標準是至關重要的，在進行流程再造之前，請先定義好成功與否的衡量標準是什麼。

這些可以在與客戶、同行和主管的交談中決定，以下是一些關鍵的注意事項：

- 看看現有的記分卡，問問自己這些記分卡是否最能反映出對客戶有什麼影響。不要僅僅使用現有的度量標準集，認為它們是理所當然的，它們可能是有人以由下往上的方式發明的，或者是那些只是想要展示自己的持續活動，而不管成果是否對客戶有意義的人所發明的，即使如此，還是要把它們納入考量。

- 你需要能夠**明確地測量和溝通**。語言是不可靠的，你有報告正常運作時間嗎？這是不是因為你有很多計畫中的停機時間會影響客戶，所以總是用牆上的時鐘來衡量時間？你只測量了計畫內的停機時間，還是也包括計畫外的停機時間？你只根據 1 或 2 個優先事件來衡量嗎？如果你宣稱系統運作正常，就算有兩個小時的停機也不會影響正常運作，因為即使客戶無法存取你的系統，這也是防火牆的問題，這樣真的恰當嗎？如果你的組織將「客戶引起的」事件分開衡量，並慶倖自己不是造成問題原因，那麼你確定這就是你想要的嗎？這似乎是我所看到的官僚們為了推卸責任而做的重新分類。這意味著您將失去通過考慮和學習來提高系統彈性的機會。何況，如果你給顧客足夠的繩子讓他們上吊，這真的是他們的錯嗎？
- 意識到**指標驅動行為**，問問自己是否選擇了能達到你想要的行為標準的衡量指標。在我所管理的開發組織中，我禁止談論任何有關使用者的故事點。開發人員傾向於認為完成 13 個點比完成 8 個點更好，這會導致不必要的負擔。在我看來，這是一個不必要的抽象概念，因為人們可以從費氏數列中估算出天數和無意義的數字，而且他們也很可能是錯誤的，那麼為什麼要進一步模糊事情的焦點呢？

指標是很重要的，好好的定義它們，以便團隊能夠準確、一致地用真正能傳達客戶成功的方式（而不是團隊自己的活動）來衡量它們。

確立適當的治理

僅僅捕獲當前狀態流程，然後對價值流進行分析，以確定什麼是最佳的未來狀態流程是不夠的。沒有適當的治理，它就不會成功。治理是一個中繼過程。在你的價值流中，搞清楚決策是如何做出的、當局是誰、他們扮演什麼角色、以及相關的審查委員會是什麼。誰可以啟動流程？誰能阻止它？他們為什麼要做那些事呢？什麼理由可以拒絕一個產品？在流程中的什麼時間點？成功完成一個流程會給誰帶來好處？如果不成功或延遲完成，又會給誰帶來損失？

流程治理是對這些問題的正式回答。很多時候，人們憑直覺知道這些，或者知道這些是因為他們已經在公司工作很長時間了，或者他們不理解這些，這是在浪費時間。為流程的治理而定義一組標準、指南和已發佈的流程所做的一點額外工作，將對使其成功和在你的再造工作中創造更多價值大有幫助。

確保適當治理的一種絕妙方法是透過營運記分卡，我們將在第十章再詳細討論。

應用程式中的業務架構

到目前為止，我們已經討論了業務架構和業務系統設計的宏觀層次：流程和組織層次。在我看來，這是一個系統思考者有待加強的業務領域。我希望你能夠將你的設計敏感性和我們在這裡介紹的實踐用於改進整個組織，並將業務本身作為你的設計目標。

然而，很多時候我們被要求架構或設計一個特定的系統，在這種情況下，業務方面通常沒有得到架構師充分重視。在本節中，我們將以系統的層次來探討業務架構 / 設計的含義。

當你被要求為一個新的軟體產品或專案提供一個架構時，你的應用程式或軟體產品設計不僅應該涵蓋軟體的特定方面，而且要真正有效，還應該考慮業務方面。

你在單一系統 / 應用程式層次的業務架構方面的工作是記錄一組假設和需求，為進一步的技術決策建立環境。這種環境通常是開發團隊所缺少的，但是當他們瞭解他們在做什麼以及為什麼它很重要時，他們可以更有效地參與其中，並以擁有真正推動人們去做偉大事情的工作為榮。你不需要在這裡明確地激勵任何人，只要簡單明瞭地回答某些特定的問題：

- 這個架構支援和對應到什麼業務策略？你是否可以引用一些內部策略文件來界定某些策略目標，並說明其適用範圍？
- 為什麼這個專案對業務很重要？它究竟為什麼存在？企業的目標是什麼？專案結束時的預期狀態是什麼？
- 你將為市場帶來哪些新功能？
- 軟體必須執行的主要使用案例是什麼？
- 觀眾是誰？
- 軟體必須何時交付？不要在這裡討論專案管理的細節，但只有在對未來沒有如期交付時要支付巨額罰款時，或由於其他原因（如假期高峰或納稅日期等）無法改變的日期時，才說明這一點。

在回答這些問題時，你可能會覺得這些都是顯而易見的話，但是開發人員或工程師通常不知道這些答案。如果他們關心他們正在做的事情，你就會有更好的軟體，更符合他們的目標。作為一名設計師，你正在為其他人的成功創造環境，而業務架構是實現這一點的關鍵。

你也正在為專案的適當計畫管理做準備，這意味著你必須說明架構需求、已知的限制和有效執行專案的指南：

組織和業務需求

- 成功執行專案所需的變更。你是否引進了任何可能影響其他團隊的新流程？專案經理需要知道這一點：在你的文件中把這一點講清楚會讓你更容易完成。例如，你可能正在引進 DevSecOps 或啟動混沌工程，或者以一種可能影響企業營運或「經營」團隊的新方式使用容器。通常，像這樣的技術變化意味著其他人可能需要提前準備和持續的協調，考慮由於該專案的性質而對現有流程對組織可能造成的所有潛在影響。
- 系統正式上線之前必須完成哪些「掛號」文件？也就是說，你的團隊可以正確而出色地輸入所有程式碼，但是卻不能滿足組織執行 / 營運的期望而無法發佈。確保已注意到任何像這樣必需的文件，這是完整解決方案成功交付的一部分：不要只專注在軟體工程師，真正有效的架構師是設計並幫助管理整個解決方案及其所有相關部分。
- 財務：可以將其中一部分資本化嗎？你所做的工作能用來申請研發稅收抵免嗎？
- 誰是幫助你管理專案的關係人？這些包括產品管理、市場行銷、營運、採購、已知和相關工程負責人、專案執行發起人、業務涉眾、專案管理團隊等。在這裡列出他們的聯絡方式。

團隊需求

- 由於專案的創新性，你有什麼特殊的業務需求？也許你正在著手你的第一個機器學習專案，需要特殊的培訓，需要具有特定技能的承包商，或者需要為資料科學家成立一個新的部門。
- 是否會有來自其他團隊的離岸外包、近岸外包或「內包」？這些會產生什麼風險？
- 採購部門需要哪些改變或產生什麼影響？在簽訂任何新的團隊契約（例如，如果你計畫聘請一家專業的外部開發公司）或購買軟體時，你是否需要採購部門幫忙？
- 你的專案所提出的業務連續性計畫變更是否需要與 HR 討論？

法律和法規的要求

- 是否需要律師協助處理執行特定契約或法律從屬關係的依據？
- 專利或即將 / 潛在訴訟的風險。

- 與一般資料保護條例（General Data Protection Regulation, GDPR）、資料隱私和業務安全相關的風險。如果你所在的國家不允許在叢集中移動資料，則不要計劃在叢集中移動資料。你是否與中國或俄羅斯合作，還是在那裡有客戶？這些國家需要專門的處理方式，通常需要一個獨特的解決方案，因此請特別註明這些注意事項。

- 你的應用程式是否需要符合美國身心障礙法（Americans with Disabilities Act, ADA）？確保你的 UI 符合 ADA 標準不僅是法律上的要求，而且通常會有助於設計出更好的使用者介面。如果你事先沒有考慮到這點，之後可能會面臨痛苦的大修過程，但是如果你事先想到這點，實作起來通常會相當簡單，關於這點可參考適用於公開網站的 ADA 檢查器工具（*https://www.webaccessibility.com/*）。雖然完整的討論超出了我們的範圍，但是請記住，內部應用程式也可能需要 ADA，所以一定要熟悉這些規則。我以前用過的另一個工具叫做 Pally（*http://pally.org/*）在這裡很有用。有些律師只是搜尋網站改版後的公告，檢查網站是否符合一種快速的小工具，並將針對破產公司的訴訟信函發送出去。作為一名架構師 / 設計師，你的工作之一就是確保你正在開發符合法律的軟體，這與一名建築設計師確保遵循分區法沒有什麼不同。

- 有什麼需要認證的稽核標準（SOC 2, SOX），或有效地顯示符合法規的能力？確保開發人員記錄他們的時程表並適當標記他們的故事也很重要。同樣，這看起來像而且也的確是專案管理的一部分，而你應該諮詢 PMO，並在架構文件的這個位置順便預先說明這些問題。你所做的是讓所有的內容變得可被檢視，把人們要做的所有工作都考慮進去，將有助於做出更好的評估，通常開發本身只是成功專案的一小部分（可能是 15%）。

你可能需要考慮在本節中包含一些對業務有影響的更專業的技術細節。

舉例來說，如果你要遷移到雲端，或者建構一個原生雲端系統，你可能會記載你想要保留實例，以便獲得更好的價格。保留實例可以為你的帳單帶來 40% 到 60% 的差異，這是件大事，但如果讓團隊自行決定，他們可能只會啟動伺服器，並以高得多的費率支付每小時的費用。當注意到這一點並它們引導到這裡時，保留的實例就成為 DevOps 或管道團隊的非功能性需求，這樣他們就可以利用保留的實例並節省大量的資金。這是一個很好的例子，說明了作為一個設計師，你可以對技術團隊所建立的業務和實作產生真實而有意義的影響。這是有效的企業架構師最佳的平衡點。

最重要的是，這些無數的業務考量似乎與開發人員的工作相距甚遠。然而，作為真正有效的企業架構師，你的工作是考慮所有這些問題，而不是簡單地監督開發人員。

這些業務上的考量可以而且應該限制軟體和應用程式的設計。明確說明它們，並幫助制定團隊如何支援這些需求的路徑，這將使你的專案大有作為，而其他人往往忽略了這一點，以致對他們的專案產生了不利的影響。考慮並闡明業務架構問題上的明確立場對你來說是一個非常好的工具。這經常被誤解或忽視，但是它使用起來，其實很容易做到而且功能強大。透過這種方式，你可以說明架構師或設計專案本身的業務方面，從而使其能夠成功。

總結

在本章中，你學到了如何在設計軟體系統時考慮業務層面，以及如何將業務本身視為設計物件。你研究了如何發現和設計業務流程、創建功能模型、使用指標衡量重新設計的成功程度，以及考慮治理。

關於業務架構這個主題，你可以進一步閱讀由 TM 論壇所發佈的業務流程框架（eTOM（*https://www. tmforum.org/business-processframework/*）），它描述了電信行業服務提供者所需的全部業務流程，並定義了關鍵要素及其互動模式。

由 APQC 所發佈的流程分類框架（PCP（*https://www.apqc.org/pcj*））為組織創建了一種沒有冗餘的通用語言來全面地溝通和定義工作流程，組織可用它來支援基準測試、管理內容和執行其他重要的績效管理活動。

第七章

應用程式層面

現在大多數應用程式都是（或應該是）服務導向的，把軟體產品或應用程式的核心建構為服務，將獲得清晰性、高內聚性、可伸縮性和可攜性，並且可提供平臺的基礎。

我並不會因為一些社群（例如 REST 狂熱信徒）嚴格要求事情應該以特定的方式來完成而熱衷於此，而是寧願在一些經典案例中尋找真正的、具體的優點，如果它有實用價值，我會選擇遵循它。例如，如果我堅持讓你教條式地遵循 HATEOAS（超媒體作為應用狀態的引擎）信條，只因為這很重要，而你在任何方面都不受制於我，這樣對你並沒有什麼好處。很多時候，在超媒體上使用動詞而不是名詞，或者使用 ProtoBuf 或 Avro 是非常有意義，但這不是靈丹妙藥，也不是什麼完美的方法，只有你和你團隊的限制、工具、知識和目標才是最重要的，所以在這一章中請記住這一點。

在本章中，我們將介紹我在工程團隊中使用的良好服務設計的基本準則，雖然你可以提供其他有用的指導，但我認為這些是最實用和有用的，照這麼做會讓你走得更遠。

擁抱限制

> 用大理石做你不相信的東西是不值得的，但用煤渣做你相信的東西是值得的。
>
> —路易士‧卡恩（Louis Kahn）

通常領導者對開發團隊表達的限制越多，開發團隊抱怨的就越多。他們說，他們沒有時間遵守所有這些要求。

在我看來，設計限制就像開會，大家都說他們不喜歡開會，他們希望少開一些會妨礙他們一天工作和浪費時間的會議。我認為他們真正的意思是他們不喜歡會議的目標或事由不明確、邀請了錯誤的與會者（或沒有邀請）、沒有議程、沒有明確的結果、沒有明確的決策權的**無效**會議。如果你做了這些事情，你的會議將是有效的，人們將會喜歡它們，因為它們將是有用、有意義，並且有助於推進你的專案並使其順利完成。

同理，我認為設計限制也是是類似的情況，如果你正在監督開發人員，指定他們應該將每個分號放在什麼地方，喋喋不休地談論那些並不能真正產生實質性影響的事情，並且沒有讓產品組織對你所聲明的限制產生共識，那麼沒有人遵守這一點。但是，如果你能以一種他們能夠自信地執行的方式，向團隊表達出那些能產生實質性影響的事情，不管他們是否喜歡，你的限制都將是有效的。

限制實際上是具有正面意義的，也是我在設計初期階段積極尋找的東西。他們可以為你打下基礎，為你的工作畫出一個界限，就像從拼圖的角落和邊緣開始填滿缺塊一樣，它們提供了你可以信賴的東西、可以指引你的方向、可以作為其他設計決策的參考，以作出更好的判斷或品味。

限制可能以截止日期、資料隱私法、法規符合性、或特定客戶要求的形式出現。如果你以開放的心態，就可以利用這些優點來改進你的設計。例如，在我和我的團隊設計的一個專案中，贊助商的主管擅自對我們施加了 6 個月的限制，並指出：「不管是什麼東西，你們必須在 6 個月內將可用的東西上市。」（這種情況在我身上已經發生過三次了，所以我不覺得意外）。

這對工程團隊來說是個非常不受歡迎的消息。該專案歷時三年，是我們整個系統的核心。我們希望在完成所有使用者介面工作和客戶要求的其他工作之前，先從基礎方面著手，並確保結構基礎絕對牢固，因此這在我們的眼中造成了相當大的干擾。我們發牢騷是因為我們認為這意味著我們將永遠無法回到使系統如此強大的關鍵抽象概念。

因此，我們決定以一種正面的態度來解釋這個限制，而不是完全出於固執的堅持：我們不想放棄這個強制而不切實際的最後期限，因此我們必須以一種不同的方式建構子系統來完成我們為一個最小可行產品（minimum viable product, MVP）所選擇的使用案例，但是仍然要在整個子結構上取得進展，而這也是這個專案的初衷。最後，我們沒有做任何妥協，在最後期限之前改進了設計並進行了全面的測試。我們被迫建立從專案開始到系統上線的全面測試管道，結果令人非常滿意。

用限制來充分利用一切。

解耦使用者介面

你的軟體產品和應用程式應該被視為一系列的服務之上的簡易使用者介面。

確保使用者介面具有響應式設計；也就是說，你不應該假設你已經知道應用程式所需的使用者介面。儘管目前大多數的 UI JavaScript 框架（例如 Angular、Ember、React）都很簡單易懂，但一定要確保網頁 UI 至少能跨行動裝置、平板、和桌機執行。

如果在設計時沒有考慮到使用者的目標，可能會讓使用者感到沮喪。因此，應用第四章所討論的設計思維和概念模型是勢在必行的。然而，訣竅在於，儘管要使它們易於使用甚至讓人用起來很愉快，必須花大量的心思，但你也必須考慮要將它們視為一次性的。通常，UI 的變化比應用程式的其他部分更頻繁：市場行銷部門可能會提出一個新的配色方案，商務主管將提出新的零售和銷售計畫以及 A /B 測試，產品經理可能要創建新的業務夥伴關係，這表示你的業務應用程式可能突然需要出現在遊戲控制台、汽車控制台、語音代理、手錶、物聯網（IoT）產品等。這些都是與同一組業務服務但卻完全不同的互動方式，你的業務服務不應該僅僅因為 UI 需要更改而需要做太多或太頻繁的修改。

因此，你必須確保將 UI 與業務服務保持高度獨立。不要假設你知道介面是什麼，而要假設會有許多介面。UI 應該只完成顯示結果的工作，而不是執行「工作本身」。這個道理看似很簡單，但令人驚訝的是它卻經常被違反。

UI 套件

按照我們的解構方法，你可以創建「UI 套件」：在專案設計工作開始時，不要假設只有一個 UI，這種語意上的錯誤會讓你停止思考，做出一個未經考慮的隱含性假設而走上一條錯誤的道路。它可能是「行動優先」或「網頁」或任何其他的東西。當然你必須解決目前所要支援的一到三個 UI 的實作，但關鍵是要進入市場。只要確保你意識到隱含的和未受到質疑的假設不會變成最後的決策，並且意識到你把錨定和優先的部分當作「中央伍」，進而將整個系統其餘的可能性投射為次要的、附屬的、邊緣的、次要的事項。你可以只花幾分鐘就做這項工作，只是不要跳過它。

在專案剛開始時，不管產品經理說什麼是唯一的「需求」，都應該認真地考慮你所知道的所有 UI 的可能性。這些可能是網頁、桌面、行動裝置、遊戲控制台、汽車控制台、無痕式介面，以及各式各樣的物聯網應用。然後，只根據你當前的需求為 UI 套件命名。也就是說，你不需要將「UI 程式碼」分成一組（就好像只有一個），而是簡單地將其命名為「web-mobile-xxx」，以便對該 UI 進行響應式設計，將其作為眾多可能性中的一個。這在你的概念中為其他 UI 套件（如 “xbox-xxx”）留出了預留位置的空間，這些套件可能需要用 C# 程式碼來顯示 UI，此時可交由另一個具有不同技能的團隊來撰編寫。

這樣做可以用最快的時間上市和最佳的並行工作能力，同時保持工作的井然有序，防止工程團隊之間的重疊。它還允許這些 UI 根據自己的時間軸進行更新和退役，並為你現在可能不需要的 UI 套件留下一個通路，但如果你為它留出了語意空間，則將來可以打開新的收入來源。

考慮哪些元素只是顯示和互動，不要在 UI 套件中放入任何其他內容，並利用 UI 來呼用服務 API。

這樣做的另一個好處是，你可以創建模擬物件，以設計思維的方式在客戶面前展示 UI，獲得有價值的回饋，並在不費吹灰之力的情況下快速改進它。

關於平臺設計

> 你老是用那個字，我不認為它的意思是你想的那樣。
>
> —伊尼戈·蒙托亞（Inigo Montoya），《公主新娘》

很多軟體人員老是喜歡提到「平臺」一詞，事實上現在企業所做的事情，很難找到什麼東西不叫做「平臺」（平臺通常也是具有「顛覆性」的技術）。對我而言，「平臺」這個詞很清楚，它是讓人站在上面的東西。如果有人能以你的軟體為基礎建構一個新的有用的應用程式，做一些原來的系統沒有做的事情，那麼你的軟體就是一個**平臺**。如果他們能做到這一點而不必打電話給你，那麼這就是一個 *SaaS* **平臺**。否則，它就不是平臺，而是一個應用程式。平臺隨處可見：Amazon Web Services（AWS）是一個平臺、Google 雲端平臺（GCP）是一個平臺、SalesForce 是一個平臺、Facebook 是一個平臺，他們創造了令人難以置信的商機。他們提供了有用的現成產品，能夠很快客制化而不需要招聘一群 Scrum 團隊，用為期六個月的開發專案來把一堆特定客戶行為的可怕條件邏輯加到主程式庫中。

2002 年，傑夫·貝佐斯（Jeff Bezos）給他的團隊寫了一份著名的備忘錄，你可以很容易地在網上找到相關討論（*http://bit.ly/2kIxLul*）。基本上他是這麼說：「我不在乎你用什麼語言實作，但請確保你所寫的是一項服務，只能透過服務 API 與其他團隊的產品進行溝通，如果你不這樣做，你就會被解雇。祝你有美好的一天。」據說這個簡短的備忘錄讓一個儲存引擎成為亞馬遜簡單儲存服務（Amazon Simple Storage Service; Amazon

S3），並且讓 Dynamo 成為分散式資料服務。事實上，它在短短三年內創建了 AWS 所有各式和樣建構塊的內容。而在僅僅十年間，AWS 的營收從 0 美元增長到 260 億美元。更明確地說，世界上只有大約 400 家公司的收入超過這個數字，其中許多公司花了一個 10 倍的時間才創造出這樣的營收。服務是擴大規模的方式，也是創建平臺的途徑。

如果將軟體作為一個統一的平臺，可為企業及其客戶提供最豐富的可能性。平臺不是你向外部世界公開的兩三個服務中的一個，而是以 API 形式提供整個企業服務的完整目錄。不要像有些人那樣認為「已經有一個建構服務的團隊，所以我不用建構**他們**。

與使用者介面一樣，核心業務服務和公開的面對外部服務應該分開。就像 UI 一樣，面對客戶的服務也應該不起作用。事實上，這些外部 API 只是另一個 UI，應該行相對應的設計和管理。

你的工程團隊必須先建構服務，任何可能對其他人有用的東西都應該被視為 API，然後以這種方式公開。你的團隊應該做的第一件事就是在白板或 Excel 或其他任何小工具中考慮你的應用程式可以並且應該提供的基本服務清單。每個團隊對於所構建的一切，應將其視為服務來建構，而不是後知後覺的事後再來追加。

有些人對於用什麼語言實作有如宗教般的虔誠，無論企業的種類或規模大小，這都不是一個成熟的觀點。用什麼語言實作其實越來越不重要，尤其是對於公開的服務更是如此。關於執行緒模型、效能、可伸縮性和可攜性，以及 Java 如何成為一種教學用的語言，以及 Go 之類的話題，有許多有趣的爭論。但是我覺得這些談話簡直無聊透頂，作為一名站在業務人員角度思考的設計師，會在乎平臺工作中使用什麼程式設計語言主要有一個原因：人的資質。

協定也是我們解構方法中要考慮的另一個因素。在從事這個行業 20 多年之後，我們技術人員都明白有多少時間是浪費在重新安排設備來適應當月的口味上。在 SOAP 流行的時候，每個人都必須把一切都換成 SOAP。然後忽然人們不再喜歡 SOAP 了，因此不得不把所有東西都轉換成 XML。不久之後人們厭倦了 XML，又不得不把所有東西都換成 JSON 格式。少數聰明的人吹捧著 ProtoBuf。像 Cassandra 這樣的受歡迎的產品都使用了 Avro，因此出現了一群支持者，不過很快就會有別的事情發生。

重點是，跟 UI 一樣，透過一個或多個協定公開的 API 必須與執行工作的引擎分開。利用少數協定提供公開的外部服務是一個好主意。至少要假設你會更改它們，並將語意分離的接縫放在合適的位置。可以將協定（跟 UI 一樣）視為是將訊息傳遞給使用者的特定表示法；協定本身不是訊息，當然也不是執行數學運算以產生成訊息的輔助引擎。我把協定看成跟故事中不同場合有不同的呈現方式一樣。你可能知道灰姑娘的故事。這個故事可以在書中讀到，可以在百老匯劇場中演出，也可以在卡通電影中上演，但故事是一樣的。故事就是那個真正在起作用的服務引擎，而這些不同的場合就是你的協定。如果某個主管說，你應該使用具有 RESTful 介面的服務來交換 JSON 格式的資料，那不是問題。但就像 UI 一樣，它是免費的，只需要幾秒鐘就能以實作方式為協定套件命名（"rest-json-xxx"），然後在程式庫中為 "protobuf-xxx" 留出空間，進而提醒自己和團隊中每個人都對於隔離的重要性保持關注（協定僅僅是訊息傳遞機制，而服務則負責底層的工作）。

服務資源與代表

不用說，服務必須經過深思熟慮的設計。因為你已經有了服務的基本結構思想，你需要考慮它們如何協同工作來安排工作流程、它們如何能夠獨立地擴展和延伸，以及它們如何能夠以最安全和最快速的方式支援使用者目標的實現。

有了以服務來劃分語意的領域這一基本概念，你該如何進行社區劃分呢？

從一個簡單的字（通常是名詞）開始，來描述你的想法。這個想法可能是「儲存」、「分散式資料庫」、「客戶檔案」、「產品」，或者你正在設計的系統中的其他主要想法。從對話中捕捉這些關鍵字；主要的觀點會一直出現。

然後考慮動詞，人們想對這些名詞做什麼？此時，你不需要寫任何程式，也不需要使用一些可怕而沉重的「企業架構」軟體工具，在這裡用筆和紙或白板就可以了。

在這個層次上，如何命名非常重要。在你的設計中，最重要的事情之一就是決定要幫系統中的物件取什麼名字，以及給什麼想法取名字。要確保你給一個概念起的名字不會佔用太多語意空間。如果你將你的服務命名為 HotelShopping，這意味著可以創建一個不同的服務來執行 VacationRentalShopping 或 MerchandiseShopping。仔細考慮這些服務名稱，並與你的同事討論，以確保你確實說出了名稱中的含義，而名稱所佔用的空間實際上也會得到服務的支援。將一項服務稱為「購物」（Shopping）意味著使用者可以購買所有的東西，但這可能不是你真正想要的。

在你離開筆和紙的階段之前，從大師那裡獲得靈感和學習，就當作是一種測試，看看你的想法相較之下是什麼樣子。回顧一下流行的 API，比如 Twitter、AWS、Google、Microsoft 或 Amazon 上的 API，看看它們是如何建構的。Google API explorer（*https://developers.google.com/apis-explorer/*）是對你的工作進行建模的一個很好的資源，它列出了 Gmail、雲端服務、Android 等許多產品可用的 API。你也可以研究一下如何在 AWS （*https://amzn.to/2kQslgA*）中設置 API。多年來，這些方法一直非常受歡迎、可擴展、並且非常成功。

儘管 REST 教我們要以資源和表示法為導向，這表示你的應用程式中的名詞（例如客戶、旅館、航班路線、產品或其他你所擁有的東西）有時候是表示一種功能。你可能有一個計算貨幣匯率的函式，或者一個購物服務。「購物」服務的挑戰在於它已經結合了一些概念，例如客戶、產品、購物車等。所以，如果你不小心的話，這可能會變成一塊巨石，或者只是一個名義上的服務而不代表真正的意義。

但是在你考慮了你要用的名詞之後，考慮它可能會做什麼，可能會採取什麼行動，以及可能對它做什麼。使用前面提到的 AWS API, Amazon Elastic Compute Cloud（Amazon EC2）允許「重啟實例」或「建立標籤」，依此類推。

對於 Twitter，該 API 包括 tweet 的發佈、刪除、搜尋和過濾，上傳媒體內容、接收 tweet 串流等功能。tweets 的概念是一個獨特的想法，它的 API 有一系列相關的動作。廣告的概念是分隔與獨特性，我們之所以知道這一點，是因為在概念世界中，tweet 可以（在它剛開始出現時確實如此）不需要廣告的概念，反之亦然。所以他們有不同的概念和不同的使用者。如果你用使用案例圖中的棒狀圖來想，我們現在有兩個：普通的 Twitter 使用者和廣告客戶。他們想要做不同的事情。因此，我們可以預期他們的產品經理可能會獨立地發展他們的業務。利用了 Conway 法則在系統中建立這些不同的 API，這是確保你的團隊能夠並行、高效地工作的好方法，同時將參與任何特定決策的決策者和溝通者的數量降到最低，進而加快的行動的速度。

Conway 法則

1967 年，梅爾文·康威（Melvin Conway）寫了一篇分析委員會工作原理的論文。他總結道：「設計系統的架構……受限於產生這些設計的組織的溝通結構。」簡而言之，**你的軟體將按照團隊被組織的方式而建立其架構**。我可以在許多不同的組織中證明 Conway 法則的準確性。因此，如果你有意地按照你希望的方式組織你的產品，那麼它可以使你的生活更輕鬆，並且使你的軟體更簡潔。為了讓你的架構更容易工作，你可以定期和你的老闆談談你的團隊的組織方式，以及它與產品路線圖的一致性。

REST 的宗旨是將表示法和資源分開。在服務 API 中，這通常意味著協定沒有被寫死在應用程式碼裡面。你可能有一個產品 API，在這種情況下，產品就是資源。但是你可以把該資源的各種不同表示法傳回給最終使用者，例如 XML、JSON、HTML 或一系統的影像。因此請確保在程式碼中將表示法和資源分開，以保持靈活性。

領域語言

在這個階段，你不是在寫程式，而是在建立基本類別的清單，以查看它們如何互動。你在把城市分成不同的區域：這是機場、這是火車站、這是公園、這是購物中心、這是社區。在這個層次上停留一會兒，以確保你有正確的想法，這樣可以防止以後還要重新做一遍。

最重要的是你的用語要非常清楚。適用於 EC2 的 AWS API 具有許多「分離」（detach-）的函式（例如「分離卷」、「分離 VPN 閘道」等）。它還具有許多「禁用」（disable-）和「斷開」（disassociate-）函式。務必非常仔細地定義術語，盡可能地重複使用它們，並嚴格保持其一致性。

如果兩個 API 要做的事情大致相同，而它們之間的區別並不明顯，那麼千萬不要在你的 API 的一個部分說「查找」，而在另一個部分卻說「搜尋」。

在這裡，你正在確定你的領域語言，這非常重要。無論是 "detach-"、"disable-" 還是什麼，都為它們建立關鍵 API 詞彙表。以一個想像中的新進員工的角度來做這件事，這個新員工剛剛加入你的團隊，需要快速跟上進度。寫下這些關鍵字，明確定義它們，並規定它們的一致用法。例如，"get-" 可能總是意味著你必須在請求中傳遞唯一的識別字，並且該操作預期將傳回一個或零個結果。而 "find-" 運算可能會接受一些搜尋條件並總是傳回一個集合。

API 指南

有些團隊堅持要制定自己的指南，以作為工程師在製作 API 時遵循的依據。我鼓勵你制定一套簡短的慣例，並要求團隊在兩個方向上遵守這些慣例：

- 你要確保人們以相同的方式使用哪些特定於你的業務的名稱、想法或行話？
- 由於 IT 團隊處理跨領域問題的特定機制，你有哪些供內部使用的具體指南？這些可能包括基於客戶層、安全閘道等的節流閥。這些不是特定於你的領域，而是特定於你的組織。

除此之外，重新發明輪子並沒有什麼意義。對於圍繞開發服務的一般指導原則，其他人已經這樣做了。這可能會有關於程式碼的可讀性的學術爭論，程式碼是否應該把大括號放在新的一行，但是我建議你把這些留給發佈平臺，讓人們參考由專家製定並公開發佈，經過深思熟慮的 API 指南，然後就不要再花心思在這上面，以下是一些你可以參考並採納的建議：

- 微軟 API 設計（*http://bit.ly/2miIQCt*）
- IBM Watson 指南（*http://bit.ly/2ktn2nm*）：這個指南非常棒，因為它包含了多語言慣例、寫程式和儲存庫指南

重點不在於哪一種寫大括號的方式受到萬能天神的祝福；重要的是每個人都或多或少地以相同的方式來寫，無論哪種方式。

對於某些情況，擁有明確的指導確實會對你的業務產生實質性的影響，例如你如何說明版本控管，遵循這些指導非常重要，而在我剛剛列出的公共指導中已經說明了這一點。

遵循這些指南的主要目的是：在考慮 API 輪廓時，問問自己是否建立了可快取的 URI。如果這些 URI 是可以快取的，而且不違反帶外（out-of-band）規定（例如使用 cookie）或建立一個裂腦（split-brain）情境，在該情境中，你對某些必需元素的實作過於草率，以致於你需要所有元素來完成一個操作，你應該比大多數人有個更好的開始。

解構版本控管

正確控管服務的版本非常重要，天真的開發團隊認為，小變更和大變更的區別在於所需的工作量：他們熬夜幾個晚上或者喝了多少咖啡來完成這個版本的發佈。這是主觀的，它是關於你而不是你的客戶，而且這樣的計算方式太靠不住了，僅僅因為你有四個團隊在某件事情上工作了 6 個月，並且付出了極大的努力，在最後得到的卻是蛋糕和高階主管口頭上的回報，並不能使其成為一個主要的版本。主要版本和次要版本的組成應該非常清楚，因為它對你的客戶有很大的影響。作為解構主義設計師，我們要以同理心來關心客戶的觀點。

有一種極強的論述認為，軟體中並沒有「版本」這個概念，新的主要「版本」必須是一個新的、獨特的可部署工件。這是服務版本控管的解構方式，非常簡單而直接。

通常，如果你的 API 有以下這些變更，表示你將進行有一個*次要版本變更*，這些應該被視為非中斷的（指的是，實作和測試）、向後相容的變更：

- 增加輸出欄位。
- 增加（可選）輸入參數。

- 基礎模型和演算法的變更，導致結果和值可能不同。
- 改變字串值，具有特殊結構重要性的字串值除外。日期算是結構上很重要的字串；名稱則不是。
- 一般的擴展，如增加欄位大小限制，但要依你的遺留系統而定，這一點需要小心。

Foursquare 在這方面做得很好，IBM 也仿效 Watson 做了同樣的事情。服務的主要版本應該包含了路徑（`/v1/`），而次要版本則必需包含查詢所需的日期參數：`?version=2019-3-27.`

一般來說，如果你需要中斷客戶端，表示你有一個**主要版本變更**。這意味著你不是向後相容的，而客戶端將需要更新，當你切換到新的 API 以保持其業務繼續運轉時，他們不可能同時完成所有的更新。因此，你將需要同時運行目前版本和新版本一段時間（可能是幾周、幾個月甚至幾年）。因此，主要版本必須單獨建構和部署，必須與上一個版本分開運行，並且必須可被分別找到，它必須在 URI 中明確聲明主要版本編號。因此，這些版本編號只是名稱的一部分，應該算是不同的軟體，而不是真正的「版本」。但這在某種程度上是學術性的做法，實際的做法是在路徑中包含主要版本編號，為以後在新版本中進行重大變更留出空間。

重大變更包括以下事項：

- 刪除想法 / 刪除輸出欄位
- 增加所需的輸入參數
- 參數預設值的變化
- 更改欄位名稱
- 更改狀態碼

即使某些欄位在你的 API 中是非必需的可選項，在你的 API 上建構軟體的用戶端可能會認為在他們的使用案例中需要這些欄位，因此刪除可選的輸出欄位會被認為是重大的變更。改變結構化資料是一件大事，用戶端使用結構化資料進行索引、報告和其他內建功能，也因此刪除可選項也被視為重大變更。

這裡的明顯區別是，優秀的團隊從客戶的角度考慮什麼是主要的，什麼是次要的；較差的從業者考慮在他們自己的開發經驗中什麼是主要的或次要的。

如果在你要將 API 強加給客戶（無論是內部的還是外部的）之前，不用清楚地、反復地傳達 API 的任何中斷和非中斷的變更，那就皆大歡喜了。可惜，事實並非如此。

可快取性和冪等性

在設計服務時，我喜歡用一個簡單的測試，以確保它們具有適當的關注點分離（separation of concerns）：確保你的 URI 都可以按照 cUrl 所規範的方式存取和使用。這是一個很好的測試，可以確保你將業務邏輯排除在 UI 之外，並且不會將連線階段的邏輯和所假設的狀態放入不屬於它們的協定機制中（例如放入 cookie 中，但你永遠不會這樣做，不是嗎？）我知道如果你使用特殊的協定，比如 ProtoBuf 或 Avro，你將無法用 cUrl 來檢驗這一點，但那是完全不同的事情，因為你會有一個完整的用戶端 SDK 來進行測試。

如果你依照這個想法，總是檢查你的服務是否可以從 cUrl 正確地存取和使用，那麼你就有充分的理由相信你的服務可以被用戶端快取，而這正是 REST 的主要宗旨。

如果它是可快取的，那麼它也會是可加入書簽並且很容易讀取的，這對客戶端來說很方便，有助於提高流量，並使你的 API 工作更容易和更明確。如果用戶端可以加入書簽，你可以自己加入書簽並非常輕鬆地進行「已保存的搜尋」之類的功能。你還可以輕鬆地執行生產者端快取，以減輕資料庫的壓力並提供快速的性能。

cUrl 測試並不能證明這一點，但是你需要確保你的服務是**冪等的**（*idenpotent*）。如果重複調用一個函式所產生的結果和一次調用的結果是一樣的，而且沒有副作用，那麼該函式就具有冪等性。除了「創建」的功能之外，它們應該是冪等的。也就是說，PUT 運算不具有冪等性。你創建了一個「客戶」列，它傳回一個 `200 OK`，但後續嘗試創建相同的客戶應該傳回一個該資源已經存在的錯誤狀態。否則，`GET`、`PUT`、`DELETE`、`HEAD`、`OPTIONS` 和 `TRACE` 的調用在 HTTP 中是冪等的，也應該在你的 API 中。

這很容易做到。同樣，由於我們的解構主義設計強調了多樣性，所以在回歸測試中永遠不要調用你的非創建服務，而總是至少使用相同的參數調用兩次。這可以確保你在設計時能夠為將來的客戶提供最大的靈活性，使你最能適應變更，並在不產生分歧的情況下將依賴項放到它們所屬的位置。

確保你的 REST API 是由超媒體驅動的，以便它們遵守 HATEOAS 原則。

以超媒體作為引擎⋯

有關 RESTful HATEOAS 原則的詳細介紹，請參閱有關該主題的 Spring 網頁（*http://bit.ly/2lWkzC8*），或者閱讀 Roy T. Fielding 的原始論文（*http://bit.ly/2lUEphg*），這是我所極力推薦的。

REST 的這個原則是我看到的最經常被違反的原則，也因此接下來必須創建了各種人為的限制來補救，使得以後的可擴展性、靈活性、重複使用、變更或移植變得非常困難。

可獨立建造的

你應該能夠獨立於其他服務建構、測試和部署每個服務。建構服務應該是透過像 Jenkins 這樣的工具進行的自動化工作，結果應該是可部署的成品。

重新建構用戶端應用程式或 UI 套件應用程式應該不需要重新構建服務，否則它們就不是真正的服務，而是應用程式的一部分。

如果你做了重大的變更，那麼能需要重新建構 UI 應用程式和一個或多個服務，但是這項工作應該與整個公司的應用程式建構分開定義。

給自己一個總是能夠做到以下幾點的選項：

- 一次性重建所有東西
- 僅重建一個特定面向（UI 套件面向、服務、協作等）。

這樣一來，你就可以定義任意的服務和 UI 套件，以便在進行任何更新時根據需要重新建構它們。這是保持事情快速和容易理解的最佳交集。如果你因為改變了一件事而不得不重建很多東西，那麼你可能會得不償失。服務很少被提及的優點之一是，重新建構和隨後重新部署應用程式只佔用整個空間的一小部分，這意味著建構、測試、部署、和複製都可以更快的進行。而這也表示你可能造成的任何新問題都可以侷限在一個很小的範圍，或者至少也能更快地識別出來。

策略和可配置服務

有時，團隊試圖設想使用者所有的需求，並創建包含所有這些功能的服務。但這很難做到。當然，你已經知道有些客戶需要設置一些不同的功能，此時應允許使用者透過 UI

或 API 進行配置。雖然使用者沒有改變服務的行為| 他們只是指定了他們希望以某種方式完成的某些事情，而你則提供了他們能夠正確調整的轉盤。

這種方式的可配置性很好，但仍然需要你能夠敏銳地預測使用者的需求，並以相當細緻的方式更改所有的內容。

你還可以用另一種方式考慮可配置性。傳統的「四人幫」策略樣式應該是實現任何業務邏輯的預設解決方案，讓我們快速複習一下策略樣式。

解構主義設計師認為他們當前的實作方式只是眾多可能方式中的一種，所以他們並不僅僅是直接實作需求的內容，而是根據通路、用戶類型、客戶或任何東西的行為變化和併發差異鋪平了前進的道路。

策略樣式允許你定義一系列演算法，這些演算法可以用不同的方式實現結果，並允許用戶端選擇他們在執行時希望使用什麼演算法。這將產生更加靈活和可重複使用的軟體。舉一個簡單的例子，假設你有一個排序函式，電腦科學家已經編寫了幾種不同各具優點排序演算法來對串列進行排序，例如 BubbleSort、MergeSort、和 QuickSort，而不是透過嘗試事先知道最好要使用哪種排序函式再來放棄其他的方法。策略樣式總是產生一個排序的清單，但允許客戶指定如何排序，如圖 7-1 所示。

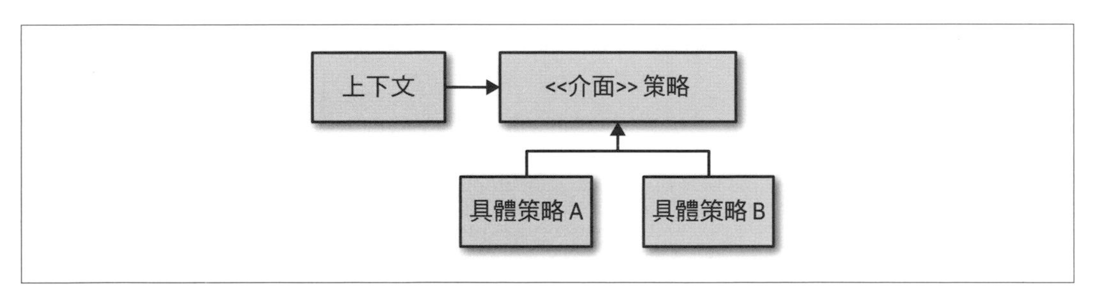

圖 7-1　「四人幫」策略樣式

這是解構主義和語意設計的一種重要樣式，也是整個系統設計方法的一種範式或核心。首先定義一個上下文，它呼叫策略介面來取得結果，而上下文則獨立於實現結果時所使用的特定策略。

策略樣式代表了物件導向的組合優先於繼承的原則。繼承常常與解構軟體設計背道而馳，軟體中的繼承創建了嚴格的層次結構，這些層次結構幾乎總是可以簡化為任意的差別，而這些差別在受到挑戰時就會瓦解，從而創建了脆弱的、不可維護的軟體。有時你的領域是專門針對層次結構的，比如在系譜模型或軍事指揮系統中，那麼它就不會那麼麻煩而且更自然。但是一般來說，我儘量避免在我的資料模型中設計假定的層次結構的類型，因為我已經多次看到以後更改它們是多麼困難、昂貴和耗時。與其使用層次結構，不如嘗試使用帶有標籤之類的關聯組合。透過標籤而不是類型來安排你的產品清單通常可以達到同樣明顯的效果和功能，並且可以節省你在一個錯誤的世界表示法中設計一些東西所花費的時間。

策略樣式非常簡單，但也非常強大。通常，你的服務應該將其業務邏輯當作策略來實作。即使你定義的第一個策略是你實際使用的唯一策略，你也只增加了大約 5 分鐘的時間寫程式來進行分離。但是，如果組織內外的某些人在同一時間改變了他們的想法或有不同的需求，你將節省無數的開發時間，並保持程式碼非常整潔、易於溝通、易於閱讀和理解。

另一種支援配置的好方法是透過 Lightbend 這樣的函式庫（*https://github.com/lightbend/config*）。它允許你從本地檔或 URL 讀取配置設定。如果你從一開始就將其設定為允許許多可配置的應用程式功能，那麼你可以讓不同的用戶端載入它們自己的設置，從而創建一個非常動態的平臺。

特定應用程式服務

一般來說，不要讓「特定於應用程式」的服務潛入你的詞彙表或工程組織，我曾多次看到團隊一開始假設某服務只會被特定應用程式或產品使用，最後卻導致了整個服務的撰寫。

定義像特定應用程式的服務這樣的東西，除了帶來一種即時便利的幻覺之外，並沒有任何真正的好處。在巴黎有一家美麗而有藝術感的 Molitor 大飯店，它一開始並不是一家大飯店，而是一個社區游泳池。大飯店是後來圍繞著它建造的，但是社區今天仍然在使用游泳池，並沒有打算入住酒店。因為酒店和泳池這兩項服務是獨立構想的，可以分開管理，單獨確認收入，也可以匯總在一起，商業模式更加靈活。這是觀察世界如何反映而不做太多假設的好處之一。

解構主義設計的一個核心原則是，我們知道我們無從得知事物將如何變化，也不知道人們將如何在一個不斷變化的世界中使用它們。要使軟體變得靈活、可重複使用和易於維護，最簡單的方法就是不要對事物如何結合做任何不必要的假設。當你聽到有人說，「我們知道沒有人會希望在這個特定應用程式的背景之外調用這個函式」，這應該會給你發出警告。老實說，我不明白為什麼人們有時會堅持這種「特定於應用程式的服務」的想法，這想必是一種任意而無益的區別。

如果你從更一般性的角度考量，按照前面討論的原則，你將發現你的產品團隊對你隨時提供的業務功能的許多選項非常滿意。

透過服務溝通

正如貝佐斯在 2002 年著名的備忘錄中所說，實現一個出色平臺的方法是確保所有溝通都只透過服務介面進行。服務必須擁有自己的資料。其他應用程式或服務都不能「走後門」。任何團隊都不能直接讀取另一個團隊（服務）所儲存的資料，而是應該透過服務介面。因此好的設計絕不能允許團隊透過直接連結、資料庫等級的擴展查詢、共用記憶體、或特定供應商的資料乳化擴展來獲取另一個服務的資料。

服務擁有並負責它們所擁有的資料：在我們的領域中所代表的名詞或功能。當一個服務準備就緒時，所有其他應用程式都應該重複使用它，而不是建構自己的服務來完成相同的工作，或者稍做變動。這意味著在我們的領域中沒有兩個服務應該重疊並做相同的工作。

預期外部化

本書一直期許我們少做假設，以便開發出更好的軟體。然而，在一種情況下，做一個假設，或者至少有一個模糊的期望，將對強化你設計的彈性、性能和可伸縮性產生奇妙的效果。也就是說，你撰寫的任何服務都應該是公開可用的，從你自己的組織和應用程式外部化，由其他業務單元使用，並在開放的網際網路上面公開。

當然這裡有一個平衡點；如果短期內你沒有打算將你的服務外部化，而且你又有一個緊迫而艱鉅的截止期限，那麼可能不適合花額外的時間為你的服務創建一個新的公共介面，這將（正如我們前面所討論的）需要分別建構和部署，並且要經歷繁瑣的變更請求流程，還需要建立 DMZ 空間，從而產生計算和儲存的成本，而且可能沒有人會去使用它。關鍵不是要做這些所有的事，而是要想像很快有人會要求你做這些事，這會讓你先做一些預防措施：

- 確保你擁有完整的安全掃描集，比如使用 Veracode 之類的工具。執行靜態掃描並從報告中瞭解你可能不小心違反開放網頁應用程式安全專案（Open Web Application Security Project，OWASP）限制的情況，這是一個豐富的資料來源，可以幫助你對軟體中隱藏的安全性錯誤進行優先排序，並立即修復它們。

- 確保你已經正確地設計了可擴展的軟體。透過定期在自動化環境中執行負載測試來獲取資料，可為你提供一條清晰的路徑，告訴你距離公開你的服務還有多遠的路要走。如果你預先設想了這個情況，則可能需要花一些時間對其進行更深入的設計。只需使用一些基本的擴展技術，例如非同步調用、事件處理、鬆散耦合、無狀態性和水平可延展性，就可以真正地挽救你的業務，並幫助它繁榮發展。軟體規模的可擴展性也意味著業務規模可以隨之擴展，如果你忽略了考慮擴展到公開層面的規模，它會變得非常昂貴。我曾見過一些企業，由於服務的設計沒有考慮到擴展性，當更多的大客戶加入之後，實際上反而損失了更多的錢，這與擴大業務規模正好是背道而馳。你不需要做不必要的事情；只要從一開始就考慮這些可擴展性的技術，就可以更容易地實現公開甚至全球範圍的擴展你的服務，這主要是有沒認真考慮如何管理狀態的問題。
- 仔細選擇如何處理網路的功能，但這主要的意思是說你的設計要考慮到回復性。

可回復設計

我們在設計服務時，通常只會考慮最理想的情況。這是很自然的，因為產品團隊已經描述了他們想要它做什麼，所以我們就照著去實作它。但是我們知道事情有時會出錯，所以我們進行日誌記錄、異常處理和監控。

只做這些事情的問題是它們對呼叫者沒有幫助。在日誌記錄和監控方面，我們只在某些事情發生之後才知道它已經發生了，然後我們匆忙地執行一個 crit-sit 呼叫（或者如果不太嚴重，我們就把它放在優先順序清單中，以便將來再修復錯誤）。但我們可以做得更好：馬上就給客戶一個答覆。如果我們輸入了錯誤的 URL，我們都習慣於看到 404 頁面。雖然這樣總比沒有好，但是如果一個 404 頁面能提供一個搜尋欄位和一個說明主題清單就更好了。但是如果發生 HTTP 500 的內部伺服器錯誤（Internal Server Error）、502 的閘道錯誤（Bad Gateway）、請求超時或違反速率限制的情況下，那麼改進的回應就沒有那麼清楚了。不過我們還是必須考慮這些可能的錯誤並為之設計，就像我們設計最理想的情況一樣。

第二點是，這裡有一個爭議：在我看來，很多時候系統並不像沿著頻譜那樣完全上升或完全下降，而我們總是習慣於跳過難以解決的硬著陸問題。但是許多使用者都會因為種種原因體驗到與我們的軟體合作非常令人沮喪，包括很長的回應時間，或者意想不到的行為，這些事情很難像人們在大廳裡尖叫著跑來跑去一樣容易辨認，因為整個網站都是「硬著陸」的。

預先想到你的服務在整個生命週期中正常的降級。Hystrix 是 Netflix 幾年前一個開放源碼的工具，也是處理回復功能的好方法。但它需要大量的預先配置，這違反了解構主義的原則，即不要試圖用一個水晶球來想像各種各樣的失敗，以及它將如何發生，其影響將是什麼。因此，Hystrix 目前只是處於維護模式，不再處於積極的開發。在撰寫本文時，Netflix 本身正在向一個更新的、更動態的、更羽量級的框架發展，這個框架適合於函數式程式設計，稱為 Resilience4j。

你可以使用類似這樣的函式庫，也可以使用自己的函式庫，但是無論哪種方式，你都必須針對回復性進行設計，也就是適當的降級、補償和恢復。你的服務功能和工程團隊應該對你的服務中的每一項都有一個答案：

- 你將在哪裡使用斷路？你將如何實現它？本質上，斷路器樣式（Circuit Breaker pattern）基本上是是舊的四人幫裝飾樣式（Decorator）再加上一個可觀察樣式（Observable）的實作。關鍵不在於實作斷路器，而在於確定要委託給函式的下一個最佳狀態是什麼。
- 你將如何允許速率限制？例如，允許你將呼叫某些方法的速率限制為每秒不超過兩個請求。這是任何服務中的一個重要元素。如果你認為你的服務只是供內部客戶使用，所以你不需要考慮速率限制，我勸你再考慮一下。兩個小隔間之外的年輕同事就算沒有什麼惡意，如果使用了一些不適當的迴圈邏輯，也可能會不小心發起阻斷服務攻擊，進而讓服務遭受洪水攻擊而中斷。如果你沒有為服務設置速率限制，你就無法對正常使用、未來供應、和成本進行負責任的計畫。
- 船艙隔板。這與速率限制有關，但主要是用來限制並行呼叫一個函式的個數。
- 自動重試。如果某一個請求失敗，可以自動重試嗎？
- 補償。可以換成執行其他動作嗎？
- 回應快取。我們傾向於將快取嚴格地視為一種提高性能的機制，但這也可以提高系統的回復能力。對於同一請求進行快取來重複使用以前的回應可以極大的提升效能，可以減輕資料庫的壓力、減少網路呼叫等。將回應快取應用在系統回復上則是一種允許正常降級的有效方法：考慮你的應用程式如何回答以「不…，但是…」開頭的使用者查詢。例如，「我現在不能完全那樣做，因為有些東西壞了，但是我可以給你一個類似問題的相關回答。」

- 通知。有些公司已經實施了一項不錯的服務，如果你撥打客服電話，而目前需要等待很長時間才能與代表通話，他們可以在系統中記錄你的電話號碼，然後再回撥給你。由於 HTTP/2 和 WebSockets 以及推播通知等技術的進步，網站和行動 App 現在也能做到這一點。你也可以實現這樣的功能，即使沒有好的快取，也沒有好的斷路器，但是你可以在稍後重新啟動時自動回叫用戶端。當然這不是理想的做法，但它讓客戶感覺更受到關心，而不是感覺一直不知道下一步該怎麼做而等著讓問題在他們的大腿上爆炸。

這裡的解構主義原則是不要把異常錯誤當成例外，它們一直都在發生，而失敗的結果顯然可以是讓人感到小小的不開心，也可以是災難性的。如果你把「最理想的狀況」當作最優先考量，並把所有的實作的努力都集中在那裡，把異常錯誤和失敗當作被邊緣化的二等公民，它們最終會把你害慘。

在系統中使用像 Resilience4J 函式庫這樣的功能將使你和你的客戶的日子變得更加輕鬆。

互動式文件

如果你正在使用 RESTful 服務，請發佈 Open API 文件（Swagger（*https://swagger.io/*））。OpenAPI 規範（OpenAPI Specification）於 2015 年捐贈給 Linux 基金會，該規範透過映射與 API 相關的所有資源和運算，為輕鬆地開發和使用 API 創建了一個 RESTful 介面。

這樣做有很多好處：

- 它讓你在撰寫任何程式碼之前撰寫完整的規範。
- 它該視覺化 API 中的運算，並允許內部開發人員和外部消費者快速、自信地採用你的 API。
- 它提供了 SDK 和搭建鷹架。
- 它透過支援回應生成來促進測試案例自動化。

還可以用你的服務來發佈**文件指南**（*documentation guidance*），以便其他人可以在不需要與你交談的情況下使用它。我們一直在網頁上使用服務，然而當我們轉而提供服務時，我們常會忘記了自己的親身經歷，認為當函式的程式碼寫完時，我們的工作就結束了。

回想一下你如何使用 Amazon S3 之類的東西。當你想使用 Amazon S3 時，你不會打電話給 Amazon 並且跟他們開會進行討論；你只需呼叫 API 就可以做到這一點，因為 AWS 提供了文件、範例、自動 API 金鑰和憑證管理，以及其他必要的功能來實現這一點。這就是為什麼它被稱為服務。如果你去一個墨西哥玉米卷的攤位點餐，櫃檯的服務生邀請你回到廚房自己做，那不是餐飲服務，那是外包你的廚房。

通常，你應該自動將 Swagger 文件加到你的服務中，並將它們發佈到展示環境中，以便使用者能夠以互動的方式來試用它們，並瞭解如何在不傷害他們自己或你的情況下使用它們，這也將有助於確保你的內部團隊之間強而有力的協議和有效的溝通。透過在建構時自動發佈文件並將其部署為管道中的一個步驟，可最大限度地減少實現此目的所需的溝通。

至少要使用 GitHub 作為模型，並且與（不在某些遠端 Wiki 上）服務一起發佈描述服務的 Markdown。如果你用的是 Java 和 Maven，則可用 Maven HTML 網站產生器管理每個帶有網站外掛程式的服務就更上一層樓了。這只會把文件放在網站資料夾中，所以一定要包含 Wagon 或其他工具，然後將文件發佈到適當的公開儲存庫中。由於你的服務是可獨立建構和可部署的，這應該很容易而且是自動化的。

服務剖析

有一些基本的服務，我和我的團隊都覺得很有幫助。

最重要的規則是服務必須具有**高內聚性**（*high cohesion*），因此每個服務代表領域中一個重要的名詞，或者只執行一個有意義的運算。一個服務 API 可以有許多函式，但是從領域的角度來看，它們都應該圍繞一個單一的概念來產生關聯。

UI 套件

UI 套件是一個服務，其唯一的任務就是向使用者顯示資訊，並提供輸入以及與使用者互動的方式。這些服務可以與小型 UI 組件或可重複使用 UI 元件的建構塊放在一起，這些 UI 元件可以在自己的流程中調用協作服務。例如，如果你有一個購物服務，傳回一個可以讓客戶從中選擇的優惠清單，則你可能會希望在 JavaScript 框架中使用與購物相對應的小型 UI 組，以便在各種不同的通道中重複使用（例如公開網站或商店員工的現場應用程式以及你的語音代理來電通道應用程式），你的 UI 套件服務可以做成像這種可重複使用的小組件所成的集合。

協作

UI 套件中的小型組件可能會調用服務的第二層，即協作層。協作的唯一目的是表示工作流程和為最終使用者管理狀態，它們應該從業務角度進行設計。這些服務被稱為協作，因為它們就像管弦樂團的指揮，他不演奏樂器，而是把所有不同的演奏者聚集在一起，形成一個連貫的整體，協作只不過是負責把其他實際執行的工作合併在一起而已（我們稱這些為引擎，我們稍後會看到）。

如果你有一個使用者體驗（UX）團隊或經驗豐富的產品經理，請與他們密切合作，以確保特定使用案例的最佳工作流程，並在白板上或用 Balsamiq 之類的工具將其映射出來，以便於更改。使用前面討論的設計思維技術將有助於確保你的工作流程對使用者來說最有意義：由外而內或由上而下設計工作流程非常重要。抵制從程式碼開始（由下而上）的誘惑，這將產生把資料庫轉嫁給使用者的效果。你需要以使用者目標為導向，不斷地問自己使用者想要做的有價值的事情是什麼，以及你如何幫助他們最輕鬆地實現它。

以下是一些考慮如何創建協作服務的準則：

- 從明確定義使用者目標開始。
- 在考慮這個特定工作流程的同時，也要考慮各種相關工作流程，以便從整體的角度來考量，並將任務放在最適合的位置。這不僅是為了實現特定的目標，而且還涉及使用者希望能在應用程式中執行的所有操作。這裡有必要回顧一下我們的主題，即命名的重要性以及在處理概念時選擇正確的抽象層次的重要性。例如，你可以決定你有一個使用者目標是添加產品，第二個使用者目標是編輯產品，你可以創建兩個工作流程。這是顯而易見的，似乎也很合理。但是，如果你決定在更高的抽象層次上，使用者希望「試用產品」，那麼你可能會有一個單一的顯示，讓他們同時完成這兩項操作，這對使用者來說更方便、更明顯、也消耗更少的腦力和時間。這可能會使你的設計工作更複雜，但重點是要讓它對你的使用者而言感覺更為簡單，而不一定是對你自己。
- 協作可能是逐步進行或是規則驅動的，最簡單的方法可能是從逐步的流程開始，然後將其作為第二輪改進的起點或輸入，以確定你是否應該以及如何組合工作流程。這也會揭露出一些複雜性，向你表明可能在這裡比較適合採取規則驅動的工作流程。以 TurboTax 這個稅收應用軟體為例，這是一個規則驅動的工作流程，雖然它的目標是讓你報稅，但它是一個很棒的軟體，因為使用者輸入的值可能會觸發不同的規則，顯示不同的螢幕，這是非線性的。對於工程師來說，用簡單的、線性的、按部就班的流程來思考是很方便的，但這很少是對使用者最有利的。

- 不要在這裡就開始設計 UI，這是一個常見的錯誤。你定義了你的最終目標，以及一個根據使用者開始實現該目標所需的最小資訊量的邏輯起點。然後，填寫兩者之間的必要步驟。天真或草率的方法是將這些步驟中的每一步都變成螢幕畫面。如果你的目標是儘量減少使用者磨合或工作時間，那麼他們會更滿意。所以在你有了明確的目標和一系列步驟之後，才可以跨出以概念化方式設計最佳 UX 的第一步。
- 清楚標示出哪些步驟是必需的，哪些是非必需的。問問自己怎樣才能讓簡單的事情變得更簡單，而困難的事情變為可能，這是良好工作流程設計的標誌。這需要你考慮使用者角色的多樣性，正如我們在解構中所做的那樣：不要只考慮到「**一般使用者**」，而是還要考慮到極端的使用者：三歲小孩和祖母；臨時起義的使用者和任務關鍵型使用者；新手和高級使用者；還有那些短時間內非常需要它，接下來可能幾個月都不會再用的使用者。透過所有這些使用者的視角檢視你的工作流程，以決定實現步驟和螢幕畫面（或語音命令）的最佳方式。
- 強調任何依賴關係：什麼步驟可以在任何時候完成，以及哪些步驟絕對需要先完成？
- 在解構主義設計中，我們總是盡早考慮到相反的問題，使自己擺脫不必要的假設，做一些令人愉快和創新的事情。問問自己，如果你完全沒有這個工作流程，這個世界會是什麼樣子。這有可能嗎？怎樣才能完全消除它呢？你要如何做到這一點並一直保護你的使用者？也許你不能完全消除它，但是讓你的團隊完成這個練習可能會幫助你想出簡化事情的方法。一個顯而易見的答案是利用自動化、以前收集的資料或機器學習推薦引擎來盡可能多的把用戶想要做什麼都預先做好。然後，如果 10 次中有 7 次操作中他們只是確認並直接進入下一步，你就為他們節省了很多時間。
- 確保每個任務都用「動詞 / 名詞」這樣的結構來定義，例如使用者正在做某事或正在使用什麼，這個任務可能是「搜尋歌曲」或「挑選房間」。
- 確保在你的工作流程中包含異常錯誤的處理，而不僅僅是最理想的狀況。

在繪製工作流程時，可以使用 SmartDraw 之類的工具，確保在進入 UI 設計之前，根據使用者目標和任務定義了工作流程；這是兩件不同的事情。

引擎

第三種服務我們稱之為引擎，這些是真正在執行工作的服務。它們負責執行計算、對資料執行演算法、執行搜尋、調用資料服務以保留更改並保存狀態。

當你設計你的引擎時，確保它們只做一件事。該引擎可能表示人物設定檔服務、優惠服務、購物車服務或提交訂單服務。購物和提交訂單是兩碼事，這一點我們可以通過觀察世界來確定。出門逛街，我們可以不買任何東西。我們瀏覽商店時看到喜歡的東西，可以先保存到購物車，改天不用再瀏覽商店就可以提交訂單了。因此，我們可以肯定地說，這是兩種不同的概念，應該算是兩種不同的服務。

以這樣的方式將概念分離會鼓勵你創建強大的介面。我們可以在前面的例子中可以看到，只要我們有一個設計良好的訂單格式，我們就可以在不購物的情況下提交訂單，訂單服務的輸入就可以由各種可能的其他服務或系統產生，訊息可以在典型電子商務流程的結帳期間從購物車服務創建，也可以由協力廠商業務合作夥伴通道或語音代理產生。以這種方式保持良好的定義是使你的服務可移植的最佳方法。因為我們不知道新的業務方向是什麼，所以可攜性很重要。搞不好哪一天來了一位新的高階主管改變了方向，雲端計算被發明了，汽車控制台被發明了，NoSQL 資料庫出現了，這些一開始都非常棒，直到你習慣於使用這些工具之後，你會有不得不轉換壓力，而這些公司就開始要榨乾你的錢。我們都知道這是怎麼回事，確保你的服務具有高內聚性和鬆耦合性，這是保持業務敏捷性和成本效率的最佳方法。

部署無狀態引擎

引擎應該盡可能沒有分狀態。這通常是一個不可能實現的目標，因為任何軟體的目的都是修改某些表示法的狀態。

你可以做的是禁止開發人員向伺服器的本地檔案系統寫入資料。應用程式開發人員不應該實作允許使用者或系統上載或傳輸物件以儲存在任何伺服器的本地檔案系統上的程式碼。這樣做將建立保持狀態且不會自動複製的伺服器。狀態只能由資料庫或指定的物件儲存系統保存，否則將損及整個系統的彈性。

系統設計人員和開發人員應該做出本地選擇，以支持跨使用案例的無狀態互動，並預期網頁和應用程式伺服器將在任何時候隨機的部分或完全失敗；系統的彈性設計應該支援這一點。

引擎規模縮放

設計引擎的主要目標應該是它們的規模可縮放性。最便宜和最快的縮放方法是**水平縮放**，意思是你可以像從傳送帶上複製許多服務的副本，並將它們彼此並排部署。這些節點只是一些彼此無法區分的無人機軍隊，然後有一組負載平衡器將請求發送到具有可用容量的伺服器來完成這項工作。雲端供應商允許我們定義自動縮放群組，這樣我們就可以定義特定閾值的觸發器來部署服務的新副本，將其添加到負載平衡器池中，並讓它開始接受請求。當需求減少時，它們可以再次自動縮小規模，以節省成本。

當**垂直**規模縮放時，就無法在相同的服務實例中增加更多的硬體容量（例如記憶體或處理器能力）。這通常需要經過冗長的供應核可流程、訂購新硬體、將其添加到可用容量中，以及進行許多潛在著危險性的網路更改。因此，你需要在實際需要額外容量之前的幾個月進行垂直規模縮放。簡而言之，垂直規模縮放是不透明而且不如水平規模縮放那麼具有彈性，因此水準縮放更勝一籌。它要求你仔細地設計你的服務，考慮如何保持狀態，讓每個服務做多少工作，以及你在設計中什麼時候該做什麼工作。

你必須將服務設計為能夠在服務層級上水平縮放其規模。也就是說，你不需要一次縮放整個應用程式集。你可能有一群運行得很好的網頁伺服器，但是運行 .NET 程式碼的購物引擎服務所執行的複雜計算需要花費 200 毫秒，此時你只需要向外擴展那些節點，而不需要增加更多的網頁伺服器節點。

然後，你可以允許你的負載平衡器執行最簡單的循理演算法來選擇它將請求指定到哪個服務。當然，根據你的負載平衡硬體或軟體，你可以選擇更複雜的演算法，根據當時的實際伺服器容量來指定請求。

每個引擎都必須有明確的規模目標和明確的當前規模上限。這些度量只能用數學式表示，不能用其他任何方式表示。我曾聽不同組織的資深人士談論過該服務是否具有「規模可縮放性」，或者聲稱他們的服務是「可縮放的」，這完全是胡說八道。說那種話根本沒有任何意義。在表示可伸縮性的情況下，只有數學式能表示當前的上限，而數學的結構與表示可縮放性目標的結構是相同的。可縮放性意味著你可以在增加負載下執行相同的操作，這顯然意味著你需要知道可接受的效能以使用者的回應時間、 以及在什麼樣的負載之下要如何表示，這麼一來，就可以很清楚的表示規模可縮放性；你可以在設計文件中像這樣敘述：

> 當同時處理 500 個使用者時，對於最終使用者代理的回應時間而言，有 80% 在 2 秒以下，19% 在 2 到 4 秒之間，1% 在 4 秒以上。

當然，你可以依業務需要更改數字，但是句子的結構應該是相同的。但是讓我們把這個再分解一下。請注意，我們所聲明的「對於最終使用者代理」可能是指瀏覽器。這是有區別的，因為首先，它是以使用者為導向的，這是我們所要的；其次，有一個問題很明顯，我曾見過副總裁對此激烈爭論，因為他們不清楚這一點：對**哪裡**的回應時間？工程人員會宣稱這符合 SLA 的要求，因為服務在不到兩秒的時間內就回應了負載平衡器，而產品人員會聲稱這對於最終使用者來說並不重要，因為他們在幾秒鐘之後才看到結果。然後，工程師聲稱這是他們無法控制的網路和互聯網的西部蠻荒地帶等。可見的結果是：無論回應到哪裡都不好。因此，如果你選擇定義「終端使用者代理」，你需要知道如何一致地衡量它並儲存該資料來記錄它，這是一個好主意。這還意味著你需要全面地考慮該服務請求堆疊中的所有元件，包括負載平衡器、邊緣快取、網路和資料中心區域。然後你可以重申你的目標是「在歐洲」，並為「在美國」訂定不同的目標。

最好的辦法是，在你的預算和時間範圍內，儘可能讓使用者能把工作做得最好。不要使用這種可伸縮性句子結構來「玩弄系統」，並且把魔鬼般的細節故意寫得很小來讓你的衡量標準看起來很好。人們很快就會看穿這一點，這對你的業務沒有真正的幫助。相反地，應該制定積極的目標，並把它們作為你的工作宣言，來檢查和改進不同的部分。

首先，你需要瞭解你的客戶群。有多少人同時使用它？他們需要的回應時間是多少？什麼樣的回應時間會讓他們感到滿意，同時對你的業務仍然具有成本效益？

然後需要使用 Selenium 等工具進行良好的負載測試。但是你還需要定期運行負載測試，這表示你需要自動化負載測試結果的執行和報告。你希望在整個開發過程中都這樣做，以便能夠快速發現哪些附加特性或實作影響了結果。這也意味著你最好能儘早設置負載測試，甚至在最初的 hello world 引擎上也要啟動負載測試。定義、執行、和報告負載測試結果需要付出很大的努力，所以提前把這項工作完成，而不是放到最後意味著在正式上線之前你要做很多很多次，所以在最需要的時候，你將對應用程式有一個非常清晰的瞭解。定義、執行、和報告負載測試結果需要付出很大的努力，所以提前把這項工作完成，而不是放到最後意味著在正式上線之前你要做很多很多次，所以在最需要的時候，你將對應用程式有一個非常清晰的瞭解。

為了說明你的可縮放性目標，你需要遵循相同的結構，但是要使用未來式的時態。現在，你有了一個可測量和可測試的目標，你可以展示你的成功，並在事情開始走下坡路時做好準備。

高擴展性案例研究

有一個網站已經存在很多年了，它提供不同公司如何擴展系統的案例研究。該網站名為 HighScalability.com，其中有一節是關於「現實生活中的架構」，這篇文章介紹了像 Netflix、Amazon、Twitter 和 Uber 這樣的常見公司如何面對一定的規模挑戰，以及它們如何設計來實現更好地擴展。

另一種擴展引擎的好方法是考慮可以在哪裡執行非同步的工作（稍後討論）。同樣，這對我們來說更困難，因為它使事情變得更複雜，但是它對最終使用者而言，在效能方面較佳。

無伺服器平台

無伺服器（Serverless）平台（例如 AWS Lambda、Microsoft Azure Functions 和 Google Functions）也可以充當某些引擎的骨幹，但是你應該謹慎使用這些平台。記住，天下沒有白吃的午餐，發明船的人也發明了沉船，而無伺服器所提供的便捷性和可縮放性的代價來自監視和權限管理方面的挑戰、普遍的困惑、和團隊開發的困難。

團隊需要進行實驗來嘗試測試事物，這在無伺服器環境下很容易做到，但是你必須確保以這種方式測試一個函式不會無意中導致你在設計過程中放棄考慮無伺服器平台是否真的位於整體設計中最佳位置。

出現這種混淆是因為在無伺服器技術成熟之前，它仍然是堆疊中相當不透明的一部分。你可以使用諸如 AWS 中的 XRay 之類的工具來幫助理解一般的度量標準，但是將這些工具與你的組織的其他監控工具整合成為標準可能會很困難，這使得追蹤拼湊整體行為變得很困難。你可以使用其他工具，如 IO 管道和 Epsagon，它們可能有助於提高你的觀察能力。

目前在無伺服器平台上得到的結論是，它將為你的架構增加相當多的複雜性：一切都是一種折衷的結果，沒有什麼靈丹妙藥。因此，當你增加你的無伺服器足跡時，你將發現大量的衛星工具像雜草一樣爬進你的堆疊，意外地改變了你的體系結構，沒有任何工具可以為你解決所有問題。預先考慮如何處理所有需要考慮的傳統問題（包括可用性、可監視性、可管理性、可縮放性、效能、成本和安全性）是最重要的。

當你使用一個新工具時，請記住你仍然需要考慮所有這些問題，並想像一個記分卡。當一種工具成功，另一種可能失敗，這將幫助你更有目的地進行必要的權衡。

資料存取器

所有資料存取都必須透過服務 API，這些服務稱為資料存取器。資料存取器服務由引擎調用並與資料儲存區互動，以便引擎完成工作。

我們將在第八章中更詳細地討論這些，因為它們本身就是一個大的主題，而在這裡提到它們只是為了完整性。目前只需知道有稱為資料存取器的服務，它們與引擎是不同的服務。

事件通知機制

最基本的非同步處理形式是發佈者 / 訂閱者（簡稱 pub/sub）。一個元件（事件產生器）將事件發佈到佇列或主題。這裡的佇列儲存該事件，並允許單個單獨的第二個元件（訂閱伺服器）非同步讀取該事件。主題就像允許多個訂閱者接收事件的佇列。

將事件發佈到主題的想法是解構設計中的一個重要概念。從根本上說，有多個事件訂閱者，他們可以自由訂閱和取消訂閱某個主題，也可以在自己安排的時間內處理事件，而事件製造者在某種程度上並不知道這一點，這是我們正在處理的許多概念的完美載體。因為我們明白我們無從得知某事會意味著什麼，因為我們知道我們不明白什麼是「正確的」回應（或者假設只有一個回應），因為我們想要設計具有難以置信的可縮放性的系統，所以 pub/sub 事件完全符合要求。這是對世界做出最少假設的架構選擇，它允許你獲得最大的可縮放性、靈活性、可擴展性、鬆耦合和可攜性。

這個樣式的核心是事件，每一個事件都應該用同樣的概念來表示：這個名詞剛剛發生了狀態變化。例如，在旅館業中，你可以認為「客人退房」是一個重要的事件。其他的可能是「下訂單」或「取消預訂」。請注意，任何曾經住過旅館的人都可能知道這些事情。就目前而言這是合適的水準：非技術性、業務導向的，只需要花幾分鐘列出你的領域中一些主要和明顯的事件即可。

正如在本章前面所述，在執行領域分析和表示服務集時，請另外進行遍操作，並從事件的角度來觀察。檢查領域模型中的每個服務和概念，並找出哪些服務可以從事件模式中受益。正如你檢查了領域模型以詢問動詞和名詞如何互動一樣，還要考慮哪些服務與你列出的事件有很強的關聯。這將把你帶到一些清晰的地方，在那裡你可以利用事件來做它們最擅長的事情：鬆散耦合、感知效能、可縮放性、可擴展性和可攜性。

因為管理器運行服務協作，所以最好讓管理器發出重要事件通知。管理器服務將事件放置在發佈 / 訂閱主題上，以便多個訂閱者可以回應，如圖 7-2 所示。

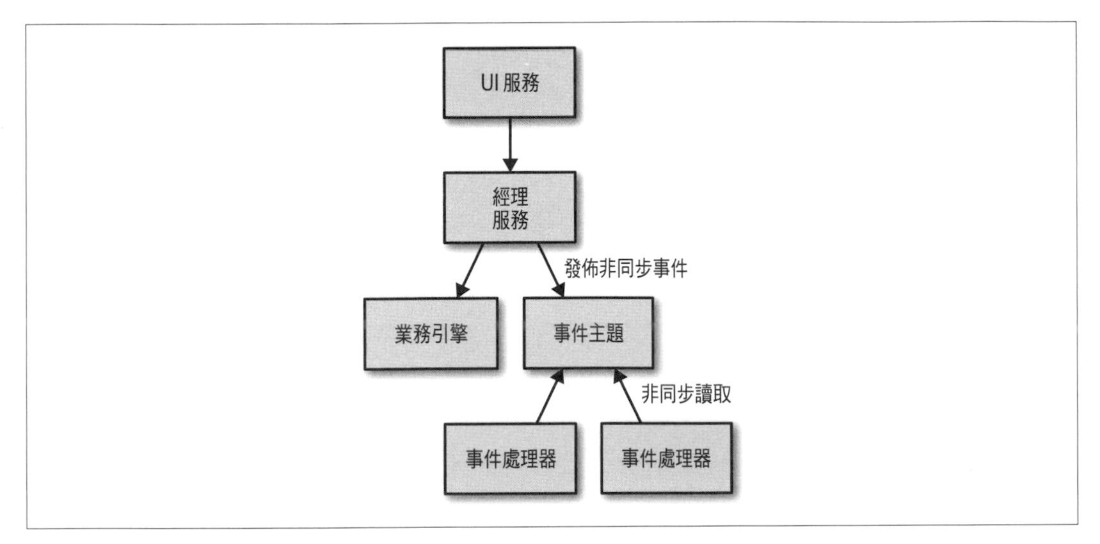

圖 7-2 非同步服務元件的基本剖析

管理器應該擁有自己的事件，這樣其他管理器或子系統就不會產生相同類型的事件。事件處理常式是一個介面，它偵聽主題以讀取訂閱的事件，並根據需要執行篩選。

儘管 pub/sub 在感知效能和可縮放性方面帶來了很多好處，但是在創建了許多事件生產者和訂閱者之後，要確切地瞭解系統的工作方式可能會很困難。因此，在創建太多此類事件之前，最好創建一個所有已知事件類型的主索引檔，以及哪個協作服務發佈它們。這是文件，不一定是中央線上註冊表，這將幫助團隊瞭解已經生成了哪些事件，這樣你就可以透過向現有事件添加另一個訂閱者來輕鬆地為系統添加可擴展性和客戶自訂功能。這就是為什麼最好從允許多個訂閱者的 Java 訊息服務（Java Message Service, JMS）中所謂的主題（Topics）開始，而不是佇列（一對一的發佈者 / 訂閱者機制）開始的原因之一。

事件應該是輕量級訊息，不應該包含完整當前狀態的副本。相反地，事件應該包含它們的標資訊或中繼資料資訊，以及一個參照 ID，以便在需要時用它來存取完整資訊的副本。行李憑證樣式（Claim Check pattern）（*http://bit.ly/2kmeoXy*）有助於從記錄系統獲得當前狀態。使用此模式可防止你無意中將記錄系統「洩漏」到複雜系統的多個不同轄區中，從而維護每個服務的完整性。這也意味著你可以保持一個更嚴格的安全邊界，以幫助你遵守一般資料保護法規（General Data Protection Regulation, GDPR）以及支付卡行業（Payment Card Industry, PCI）、個人身份資訊（Identifiable Information, PII）、服務組織控制 2（Service Organization Control 2, SOC 2）和其他重要的資料隱私和安全限制。

企業整合模式

Gregor Hohpe 和 Bobby Woolf 所著的《企業整合樣式》（*Enterprise Integration Patterns*）（*https://www.enterpriseintegrationpatterns.com*）是一本關於整合模式的非常有用且內容豐富的書。對於更複雜的互動，你將找到執行「分散式收集」或使用「索賠檢查」的地方（書中的這些樣式在網站上進行了概述）。這些樣式已經行之有年，而且較新的工具（例如 Apache Camel 等）已經用這些模式建構好了，因此你不需要從頭實作它們。但這本書的大部分內容仍然很相關。這是一個很好的參考資料來源。

非同步調用很棒，但是要明智地使用它們。你不希望在所有的地方都使用非同步呼叫，原因如下：

- 首先，它們需要付出複雜性的代價。你需要創建更多的基礎架構來支援像發佈 / 訂閱這樣的非同步系統。
- 更多的基礎架構意味著更多的成本。
- 在這些系統就緒後，你將更難透過這些系統監視和追蹤請求。

許多團隊都會簡單地假設一切都是同步的，因為這是迄今為止較容易實作的事情。考慮到使用案例和你的可縮放性需求，請謹慎考慮具體要在哪裡使用同步。如果你的使用案例允許的互動時間很短，那麼幾乎可以肯定你應該使用非同步處理。例如，如果使用者下了訂單，然後需要電子郵件確認，那麼電子郵件系統的通知和電子郵件本身的發送應該分別進行，像這樣的使用案例是相當顯而易見的例子。

有些情況不是那麼明顯。如果你需要擴展到每秒數千個請求，那麼你可能會發現用於購物讀取請求的非同步佇列也很有價值。

事件訊息的結構

系統中的每個事件都應該以相同的方式進行結構化，以確保一致地捕獲所有事件以進行處理，如表 7-1 所示。

表 7-1 事件訊息的結構

屬性	資料型別	必須	描述	範例
事件類型	字串	Y	能識別事件類型的程式碼	ProfileModified, OrderCreated
事件編號	字串	Y	每一個事件的唯一識別碼	[UUID]
相關編號	字串	N	另一個相關事件的識別碼	[UUID]
時間戳記	TS	Y	當事件發生時建立	2020/03/27 17:15:00Z00
事件上下文	Map	N	具有特定事件類型的鍵 / 值對集合	ProfileID: 1148652 開始日期：... 結束日期：...
事件名稱	Structed String	Y	完全符合規定並且可發現的資料名稱	[可發現的地址名稱]

為了服務之間的互通性，使用 UUID 字串而不是本地語言 UUID 類型。在資料庫內外以及 .NET、Java 和 Python 中的各種服務的實作之間進行轉換之後，你會希望它們是字串。

總之，要充分利用事件，但要經過深思熟慮。我們預設使用同步請求 / 回應模型，就好像我們真的知道它的含義一樣，我們自以為知道應該總是會發生什麼，卻強調了非同步性。這改進了系統的可縮放性和描述。但是，它還為你做了一些不需要確定含義的事情：允許事件的「匯入」被延後。這是強大的，因為業務的變化莫測，系統不斷發展，不同的客戶需要不同的東西，不同的受眾對不同的東西有不同的理解。應用程式中的任何反應都不應該硬編碼，而是使用事件處理常式。這有助於將服務建模為上下文代理，而不是靜態的、預先確定的、和固定的本質，這是解構設計的一個關鍵原則。

情境服務與服務摻合

當你在設計時把事件放在第一位的時候，我們往往會使事情變得更靈活而且也更可靠，它把你從明顯的和錯誤的想法中拉出來，這樣就會有一個真正的「客戶簡介」服務來統整它們。

客戶，產品，所有的東西在這個輝煌而富饒的世界裡都是多元和多樣的。當我們試圖鎖定它們時，我們很快就會被迫對於如何在我們的類別中表示它們做出錯誤的陳述，這就是麻煩的開始。

設想你是一個熱愛旅行的人，你一生中可能因為很多原因去過很多地方。我們可以考慮和所愛的人一起去度假，也可以和同事一起去出差。如果身為服務設計師的我們決定一個人只有一個簡介，我們就會陷入困境。例如，如果你在週二為一個人預訂了兩個晚上的房間，我們可以假設這是商務旅行，而我們很可能會假設在週五為兩個人預訂是休閒活動。也許他們是，但在這裡上下文才是王道。同一個旅行者可以（而且經常）預訂這兩次旅行，但原因卻完全不同。

當然，有一個省事的誘惑是不斷地添加到同一個旅行者或客戶資料表，或者是相同的產品資料表，它們的包含服務變得越來越複雜，變成像瑞士軍刀那樣試圖支援所有這些不同的使用案例。在這個模型中，不同的服務都會對同一個瓶頸施加壓力，並且會讓人迷惑於處理只有在少數使用案中才會用到的幾十個可選輸入和輸出欄位。你最終將需要一個非常複雜的規則才能理解如何正確地請求這樣的服務。相反，我們希望將該規則作為中繼資料或文件，並將其分解為獨立服務實作時的實際功能。為了接受這個概念，我們可以將這種撰寫服務的方式稱為「服務混合」或「上下文服務」。

我們並沒有按照統一的整體敘事概念來定義服務（*https://en.wikipedia.org/wiki/metanar*）。這樣做可能意味著參與其中並不完全是一個幻想，而是一個有限的觀點，它將對可擴展性和可攜性產生嚴重而代價高昂的影響。

反倒是詢問該實體參與哪些使用案例，以及在什麼上下文中該實體可能需要儲存或共用資訊，我們可能會發現更小、更具體的相關人物角色服務，其中具有一個稅號的單身人士在世界上有許多不同的相關模式，並且在不同上下文的情況下，出現在你的系統中的方式也不盡相同。為這種多樣性進行設計將匯總細微差別，進而提高系統的豐富性。

例如，你可能沒有擁有一個統一的旅行者服務，而是分別擁有商務旅行者、休閒旅行者，和半商務旅行者服務，它們都與具有相同識別碼的同一個人有關，但在不同的情境之下，能夠識別出同一個人對於交流、通知、和推薦的相關內容會有不同的需求和期望。

你公司的產品組合中可能有各種各樣的品牌，以迎合經濟型和豪華型的需求。你可能有客戶根據收入水準（從低到高）和支出水準（從低到高）的 2x2 矩陣進行繪圖。

例如，考慮非監督式機器學習系統，會根據執行時或歷史行為來決定客戶叢集的方式。你可以利用這些概念，甚至實際的叢集結果來幫助通知服務的設計。

叢集

叢集是一種非監督式的機器學習技術。沒有定義固定資料的從屬變數和獨立變數。而是將資料中觀察到的模式用於識別相似的資料點，然後將它們分組到叢集中。

透過這種方式，我們可以設計出更豐富、更有針對性、更有用的業務系統。如果你正在進行現代化或數位轉換工作，在此過程中，你可以對你的業務、客戶和系統的歷使有深入的瞭解，請考慮使用諸如此類的機器學習原則來幫助定義你的現代化系統，你可以稱之為機器學習驅動的設計。

效能改進檢查表

你可以做一些簡單的事情來提高網頁應用程式的效能。希望你已經都做到了，這對每個人來說都是顯而易見的。我把它們列在這裡，希望能作為一個有用的清單。這些是你應該經常遵循的一般經驗法則；確保它們符合你的使用者故事的接受標準。

1. 在網頁 API 上，集合必須提供篩選、排序、欄位選擇、和分頁，以保持良好的效能。
2. 使用 GZip 壓縮。將此配置添加到你的網頁伺服器以啟用它，以及那些宣稱在請求標頭中接受 GZip 編碼的瀏覽器中。這可以節省高達 70% 的回應檔大小，減少了回應的傳回時間，並減少了網路開銷。
3. 合併和最小化 CSS 和 JavaScript 檔。不要強迫流覽器向許多 CSS 檔和 JavaScript 檔發出多個網路請求，而是使用一個工具將你的 JavaScript 合併到一個檔中，然後將其最小化。查看 JSCompress、Gulp、Webpack、Blendid（*https://github.com/vigetlabs/blendid*），或其他可能最適合你目標的其他工具。
4. 確保影像檔的大小與 <div> 顯示容器的大小相同。不要依賴瀏覽器裁剪大的影像，同時也不必要發送和處理很多將被丟棄的位元組。
5. 優化你的資料庫。首先是使用索引，如果你使用的是關聯式資料庫，並且在 WHERE、ORDER BY 或 GROUP BY 查詢中列出了欄位，那麼應該將它們全部編入索引，並且應該定期在計畫的作業中重新建構這些索引。其次，運行 EXPLAIN 來瞭解資料庫查詢中的瓶頸所在。第三，確保沒有很長的查詢和有很多的合併查詢。如果你有很多合併表格，並且頻繁地執行該查詢，那麼你應該重新考慮該設計。第四，根據需要對資料進行去正規化，使資料充當「記錄系統」表格的輔助工具。最後，將內容移到分散式快取中。

6. 使用像 Akamai 或 AWS CloudFront 這樣的內容交付網路（Content Delivery Network, CDN）來交付你的媒體。反應最快的系統是那些從未真正受到考驗的系統，對於網頁伺服器和資料庫來說都是如此。

同樣，我們並沒有試圖捕獲所有你可以為效能優化所做的事情。那可以寫一整本很長的書。當然，你需要正確地設計系統，使用正確的硬體層級和類型等。如果你不做這些事情，僅僅添加 CSS 最小化肯定也救不了你。這些只是一些簡單、明顯、容易、容易實現的事情。如果你做了這些，並且在其他扎實的設計基礎上再做一點其他的，那麼它們會讓你有一個很好的開始。

將 API 與實作分開

通常，團隊知道他們應該將 API 從實現中分離出來。為了趕時間，他們可能只是創建一個介面，然後在同一個套件的類別中實作它。這也成為一種習慣，因為如果你使用 .NET 或 Java，這些語言提供的介面與實作在同一個套件中。例如，`List`（介面）和 `Arraylist`（`List` 的實作）都在 `java.util` 中。當然，我們可以在自己的套件中自由地建立自己的 `List` 實作，因此在這裡非常有意義。但是，這就像一個沉默的老師，可以封鎖我們看到實際的可擴展性和可攜性優勢，我們可以透過更乾淨地分離它們來獲得這些優勢。

在設計系統時，請將子系統的介面放在一個套件中，然後使其成為自己的可構建 JAR 或二進位檔。然後，建立第二個單獨的專案，將該二進位檔作為依賴項並將實作放在那裡。你所做的不是假設你的第一個實作是唯一真神的光和道路。相反，你假設這是多種實作中的一種。如果你在專案開始時就這麼做，那麼實際上只需要 5 分鐘。它為客戶和其他團隊打開了不可思議的可擴展性之門。你的服務程式碼大部分仍然是空的，很少有真正實作的「業務邏輯」，你的程式碼成為一個空容器，可以用來執行業務邏輯。

這裡的模型是一組支援 Java 資料庫連接（Java Database Connectivity, JDBC）的介面，這些隨 Java 一起提供，但不沒實作真正的工作。Oracle、Microsoft 和開放源碼專案等資料庫供應商將創建自己的資料庫驅動程式，這些驅動程式知道如何與特定的資料庫溝通。但是它們允許開發人員在資料庫供應商之間切換，而不需要更改介面。因此，你必須在類別路徑上有類別實作的二進位檔，並且該二進位檔應該是一個獨立的工件。我建議在你的引擎實作上再進一步做同樣的事情。

遵循這種模式將被證明是一個令人難以置信的節省時間後，客戶想做它自己的方式，當另一個團隊想要重複使用系統的外殼為他們自己的目的，當你需要港口到另一個平臺或提供者，或當你需要做出重大版本升級。它將支持出色的可擴展性，說明將常規應用程式轉換為支援多種實現的真正平臺。

當客戶想要以自己的方式進行操作，另一個團隊想要出於自己的目的重複使用系統外殼，需要移植到另一個平臺或提供商時，或者何時移植此模型，事實證明，遵循這種模型可以節省大量時間。 你需要進行重大的版本升級。它將具有出色的可擴展性，有助於將你的常規應用程式變成支援多種實現的真正平臺。

如果你使用的是解譯語言（如 Python），你仍然可以這樣做。Python 有所謂的鴨子型別（duck typing）（你可以把海象傳遞給鴨子，只要它是嘎嘎叫的海象），從 Python 3 開始，你可以使用 `@abc.abstractmethod` 註解，並將這些定義放在與實作不同的資料夾和套件中。然後，客戶或其他團隊可以遵循相同的介面提供實作。

語言

你在歐洲的客戶可能比北美多，而亞太地區可能是你增長最快的地區。你也可能在南美有一個強大的客戶群，或者你可能完全在倫敦經營，沒有擴張到布萊頓以外的計畫，但考慮一下世界上各式各樣的語言、文化和人種，英語只是眾多語言中的一種。當我們的應用程式預設為英語，然後我們的首席策略長想要進入古巴市場，我們必須花費數百萬美元創建一個本可以是免費的專案。以下是一些應用程式和服務的簡單設計規則：

- 將所有字串從程式碼中外部化，讓國際化和當地語系化變得更容易。你可能會將已記錄的字串從中刪除，因為它會變得很霸道，希望除了你以外沒有人會讀你的日誌。這些字串可以外部化到資源套件、資料庫或文字檔中。
- 對於多種語言，你可以使用外部服務，例如 *translations.com*。這可能會變得很昂貴，取決於你使用它的多少。你可以用很棒的 *translate.google.com* 服務來做一個窮人版本的翻譯，開始來瞭解你的鍵 / 值翻譯並測試它，以確保它正常運作。在最基本的層面上，你要尋找一些基本的東西：
  - 當你指定另一種語言時，它會出現嗎？
  - 你是否在應用程式碼、資料庫和 accept 標頭檔中使用 UTF-8，以便正確顯示非拉丁字元，比如需要表示德文“Straßenbahn”或法文“ça va”？
  - 你能完全表示雙位元組字元集，如中文、日文和韓文？
  - 你能表示從右到左的語言，如希伯來文和阿拉伯文嗎？

- 你是否正確處理貨幣轉換？你可以很容易地每天從彭博或 xe.com 下載一次當前貨幣兌換率，你還必須正確地處理貨幣的顯示（為不同的地區正確地使用點和逗號等）。

使用 Google 翻譯服務獲得上面列出的每種類型的字串，並使用不同的地區測試使用者介面標籤。

每個服務應該有三個明確的、命名的所有者：當你在服務目錄中列出服務時，將業務所有者（該領域的產品管理副總裁）、工程負責人和相關的架構師專家聯繫起來，維護這樣的服務目錄對照將是很有價值的。

如果你真的沒有來自世界其他地方的客戶（除了你的社區），也沒有任何計畫去獲得客戶，那就不要走極端。但是，現在做這幾件事會讓你建立起一個設計良好的系統，在日益全球化的商業世界裡很好地為你服務。

固有不變性

當我們在開發環境中創建軟體時，我們必須確保所有東西都能編譯並且可以執行，因此參照了開發中可行和允許的工作方式。這些變數包括資料庫連接字串、快取位置、服務端點、密碼、檔案系統參照、依賴性等等。在最壞的情況下，我們將所有這些參照直接寫到程式碼中，然後讓它變成發佈工程或發佈管理團隊的問題。

然後，他們可能會有工具在重寫這些字串之後重建你的軟體，這可以是一個手動或自動的過程。如果你曾經看到過像我這樣災難性地失敗的過程，那麼請退一步考慮一下這是如何發生的。真正的問題是，儘管所有的變數和環境中存在者相當大的差異，我們都假裝相同，為什麼這種情況不常發生呢？

我們自我安慰的認為我們已經將加密的密碼和端點 URL 外部化，並在部署到認證、用戶接受度測試和正式環境的過程中使用自動化工具來重寫這些檔。我們假設或希望在這些環境中移動的二進位工件（每次都要重新建構）在某種程度上是相同的，事實上並非如此。

這個過程充滿了失敗的機會，這裡可以用熵的概念來說明。有一些小的、幾乎不會引起注意的變化可以抵消環境的影響，總的來說，創建了一個與我們測試時完全不同的執行環境，這就是開發人員最常用的藉口「這在我的機器上明明就沒有問題」的由來。

在我從事這個行業 20 多年的時間裡，我聽到許多開發人員語帶諷刺的說這些話，就好像這樣就解決了問題一樣。因此，這個公式是這樣的：它在我的機器上沒問題 == 它沒問題 == 沒問題 || 別人的問題。

我們希望避免這種衝突，避免認證和用戶接受度測試（User Acceptance Testing, UAT）和正式環境中的問題，並對我們工件的可預測性有更多的保證。顯然當你測試和認證某樣東西，然後重新做它，你的測試和認證都是無效的。然而，我們經常表現得好像這是完全正常的，或者是可以接受的，或者我們可能意識到這不夠完美，但最後聳聳肩說，「那麼開發人員該怎麼做呢？」

盡可能在設計中尋求不變性，你可以在進行設計時最小化必須變更的東西。與其把問題一直拖延到最後，不如把系統設計成一系列對外界各式各樣狂野事物的參照。

你建構的二進位工件必須盡可能地接近測試、認證和部署到正式環境中的工件。要做到這一點的方法是永遠不要重新建構它：你在開發中所建構的跟正式環境中所部署的是相同的二進位檔。實現這一點的唯一方法是將每個參照外部化。你的軟體將變得更小、做的更少、並且變得更像一個外部參照的一覽表。這意味著你的軟體不能想要把所有的工作都做完；這很像是提貨單或是包裹的收據的概念，它幾乎沒有做什麼事，而且看起來更像是一個參照到它幾乎不瞭解的事物清單。透過將依賴項注入的概念擴展到更積極、更激進的領域來反轉你的軟體。

一種方法是將開發環境盡可能與正式環境匹配起來，使用像 Docker 之類的容器或 Vagrant 之類的虛擬環境有助於實現這一點。

這個過程中的一個重要元素是使用一個通用的套件管理器，不要把你自己的程式碼當作是帶有輔助依賴項的宇宙中心，而是一個元素，與依賴項平起平坐，你的程式碼作用是將它們組合在一起。以下是一些你可能會從中受益的商用和開放源碼的工具：

- Apache Archiva（*https://archiva.apache.org/*）（這個版本已經有一段時間沒有更新了，但是它很受歡迎，並且是免費的）
- Sonatype Nexus（*https://www.sonatype.com/nexus-repository-sonatype*）
- JFrog（*https://jfrog.com/artifactory/*）

當然，這也意味著你必須使用相同的流程來跨所有環境部署軟體。你不能使用不同的部署管道，就像你的部署管道也是軟體一樣，你也要確保將字串和相關參照外部化。這麼一來，將它們部署到 QA 環境和預備環境的差別只是單純的更改目標名稱即可。

這種激進的可配置性的另一個好處是提高了可攜性。例如，從一個雲端供應商轉移到另一個雲端供應商會更容易。

如果你在運行時遇到問題，會很容易看到它們，並且不需要重新建構和重新部署流程就可以輕鬆更新它們。

詳細規格

馬丁·福勒（Martin Fowler）和艾瑞克·伊文斯（Eric Evans）發明了一種絕妙的方法來實作經常需要的使用案例：從符合特定條件的目錄中搜尋物件。例如，在電子商務應用程式中，你可能需要允許使用者聲明他們的篩選或搜尋條件，而你的程式碼需要一種快速且鬆散耦合的方式來回應查詢。你可能還需要驗證一個候選物件清單，以確保它們適合手頭上的任務。這就是規格樣式（Specification pattern）的用處，它基於現實世界中的貨物運輸理念，並將從承包商那裡挑選的物件分離出來。

原始規格書

你可以閱讀 ACM 所發佈的原始規格樣式論文（*https://www.martinfowler.com/apsupp/spec.pdf*），這種樣式（和許多好東西一樣）是建立在四人幫（Gang of Four, GoF）策略樣式的基礎之上。還一個更動態、更複雜、但更慢的版本依賴於策略樣式（Strategy）和解譯器樣式（Interpreter）的組合（*https://en.wikipedia.org/wiki/explter_pattern*）。這篇文章比我們在這裡說明的更為詳細，更多樣化，也更為廣泛。

經過考慮，你可以看到，除了電子商務產品篩選 / 標準搜尋之外，還有許多應用程式適用於此樣式。這些可能包括一組候選航線，航空公司可能會建議讓旅客從一個城市轉機到另一個城市，或者根據產品的大小、是否容易變質或易碎等，為某些產品提供合適的集裝箱。雖然它有點抽象，但我喜歡將規格樣式看作是與更數學的背包問題（*http://bit.ly/2lYfJ7p*）有關。

要實現該樣式，你需要創建一個規範，這個規範能夠確定候選物件（例如目錄中的產品）是否符合某些條件。該規範的一個功能是 `isSatisfiedBy(someObject): Boolean`，如果所有條件都符合 `someObject` 則傳回 `true`。規格樣式中的重要步驟是將規格作為一個獨立的物件，與使用它的候選域物件分開。你可以獨立地創建搜尋條件，並讓領域物件通知你是否滿足這些條件。

和往常一樣，我們希望由外而內開始設計。我們想要撰寫我們希望擁有的理想客戶端，然後填入實作該客戶端的程式碼。

考慮一個來自旅遊領域的使用案例，客人希望根據她指定的標準搜尋飯店客房，她想要一間價格低於 800 美元、面積至少 22 平方英尺、能看到海景的飯店房間。我們需要一個可讀的、可維護的、靈活的、業務導向的客房發現器服務的客戶端，它可能看起來像範例 7-1。

範例 7-1　客戶搜尋標準

```
Criteria criteria = new RoomSearchCriteriaBuilder()
.withPrice().being(lessThan).value(800).and()
.withSquareMeters().being(largerThan).value(22).and()
.withView().being(View.OCEAN).build();

List<HotelRoom> allRooms = ProductRepository.getRooms();
List<HotelRoom> matchingRooms = new ArrayList<HotelRoom>();
for (HotelRoom room : allRooms) if room.satisfies(criteria);
matchingRooms.add(room);
```

這段程式碼根據提供的使用者參數建構一個標準，然後在飯店中搜尋符合這三個標準的房間，然後將匹配項添加到結果清單中，並將其傳給使用者。

因此，我們需要一些類別來滿足這個理想中的客戶。如範例 7-2 所示，首先我們將創建一個 `Product` 介面和一個 `HotelRoom` 實作（這只是一個封閉／虛擬碼，可以讓你瞭解實作的想法，並不表示它是完美的）。

範例 7-2　產品基礎

```
class Product {
    double price;
    public boolean satisfies(SearchCriteria criteria){
        return criteria.isSatisifiedBy(this);
    }
}

class HotelRoom extends Product {
    int squareFeet;
    View view;
}

enum View { GARDEN, CITY, OCEAN }
```

然後，我們還必須定義我們的 `Criteria` 類別，如範例 7-3 所示。

範例 *7-3* 搜尋判斷依據清單

```
public interface SearchCriteria {
    boolean isSatisfiedBy(Product product);
}

public class Criteria implements SearchCriteria {
    private List<SearchCriteria> criteria;
    public Criteria(List<SearchCriterion> criteria) {
        this.criteria = criteria;
    }

    public boolean isSatisfiedBy(Product product)() {
        Iterator<Criteria> it = criteria.iterator();
        while(it.hasNext()) {
            if(!it.next().isSatisfiedBy(product))
            return false;
        }
        return true:
    }
}

public class PriceCriterion implements SearchCriteria {
    public PriceCriterion(Operator operator, double target){
    //
    }
    public boolean isSatisfiedBy (Product product){
        //do price check
    }
}
```

現在我們需要填入建構器和連接器，它們類似於任何遵循建構器樣式的流暢應用程式介面（Fluent API）的一部分，如範例 7-4 所示。

範例 *7-4* 建構器

```
public class SearchCriteriaBuilder {
    List<SearchCriteron> criteria = new ArrayList<>();
    private PriceCriteriaBuilder priceCriteriaBuilder;
    public PriceCriteriaBuilder withPrice() {
        if(priceCriteriaBuilder == null)
            priceCriteriaBuilder = new PriceCriteriaBuilder();
        return priceCriteriaBuilder;
}

public PriceCriteriaBuilder and() {
    return this;
```

```
    }

    public SearchCritera build() {
        return new Criteria(criteria);
    }

    public PriceCriteriaBuilder {
        Operator operator;
        double desiredPrice;
        public enum Operator { lessThan, equal, largerThan }
    }

    public PriceCriteriaBuilder being(Operator operator) {
        this.operator = operator;
        return this;
    }
    public PriceCriteriaBuilder value(double desiredPrice) {
        this.desiredPrice = desiredPrice;
        PriceCriteriaBuilder.this.criteria.add(
            new PriceCriterion(operator, desiredPrice));
        return PriceCriteriaBuilder.this;
        }
    }
```

然後，你可以用相同的方式為其他條件添加程式碼。

結果是一個非常靈活的系統，允許你以整潔和相容的方式開發和添加到設計中。事物是鬆散耦合的，並遵循有助於程式碼溝通和保持可維護性的模式。

測試自動化的說明

在現代系統中，我們必須從積極地將測試自動化。

有時我們需要進行手動測試，但是不應該把它作為測試部門的主要方式，我們不應該把測試工程師看成是二等應用工程師，而是與他們一起編寫自動化測試。我們不應該把測試工程師看成是二等應用工程師，而是與他們一起編寫自動化測試。

正如程式設計師將編寫單元測試放在測試驅動開發（Test-Driven Development, TDD）的首位一樣，測試工程師應該在編寫故事時與業務分析師坐在一起，並提供驗收標準（Acceptance Criteria）的意見，以確保它是可測試的。驗收標準應該是具體的、可測量的和可驗證的。

測試並不應以二進位執行檔邊緣項的形式附屬於程式碼庫；它們是用程式碼編寫的，提交到程式碼儲存庫中，享受自動化的管道，進行版本控管，而且不僅可以在程式碼之前編寫（例如測試驅動開發（Test-Driven Development, TDD）），還可以通知建構的故事本身。

正如我們所討論的，你的測試套件拓撲結構應該包括以下內容：

- 由開發人員編寫的單元測試
- 金絲雀 / 冒煙測試
- 整合測試
- 迴歸測試
- 負載測試
- 安全性滲透測試

那是個大工程，而且他們都需要被隔離、自動化，並被當作一等公民對待。

有關註解的說明

鼓勵你的開發團隊（實際上要求他們）編寫關於他們程式碼的註解。使他們有意義和有幫助，而不是敷衍或只是重申明顯的部分。

任何簽入到程式碼儲存庫的東西，包括 YAML、CFTs、Python、Java、JS、CSS、RunwayDB 腳本、流水線腳本、機器學習程式碼，任何人需要閱讀、理解和使用的任何東西，都應該有有意義的註解。

無論如何，想辦法偷偷地讓開發人員根本不用寫註解，讓他們的程式碼具有非常高的內聚性，並且以非常清晰和明顯的方式運行，以至於他們寫入註解的任何內容都是多餘的。在他們寫完註解之後，鼓勵他們仔細讀一遍，看看他們是否可以對程式碼做一些調整，而不光是寫註解，應該要嘗試將註解放入工作程式碼中，使其變得更好。

以下是一些來自 Java API 本身的好例子，作為一些有啟發性的註解範例，這些概念也適用於任何語言：

Enum（*http://bit.ly/2VijfJm*）

這雖然很短，但卻提供了特定興趣點的連結，並向讀者指在 JLS 中相當詳細的資訊。

UUID（*http://bit.ly/2m2e Vyd*）

這篇文章也很簡短，而且切中要點，而且清楚地指出了會對程式師產生影響的界限，並為使用者出了一個額外的相關類別和一個 RFC，以進一步瞭解其用法。

TimeUnit（*http://bit.ly/2knF2PN*）

這個頁面確切地告訴你如何在類別中定義內容，提供正確用法的範例，並說明哪些內容是保證的，哪些是不保證的。

PhantomReference（*http://bit.ly/2mnim2T*）

同前，這個頁面很棒，內容不多也不少，長度適中。

List<E>（*http://bit.ly/2kTinep*） *and Set<E>*（*http://bit.ly/2miJArf*）

這兩個都很好。兩者分別針對不同的介面，也提供了介面的概述，因此你不需要閱讀程式碼就可以了解；對於介面以外的實作部分並沒有說得太多（這畢竟是其目的）。它有型別參數（<E>）的說明，討論了列表（List）/ 集合（Set）應該存在的理由，它們與收藏型別（Collection）中的其他項目有何區別，以及如何使用它。

String（*http://bit.ly/2m190ti*）

關於用法、含義和等價的明確的指引和範例。

Formatter（*http://bit.ly/2lXuYgS*）

這是一個有趣的例子，我之所以提出來是了一個特殊的原因。單是 JavaDoc 就花了整整一周的時間來編寫；通常如果你必須像這樣花一周的時間編寫 JavaDoc 來解釋其用法，那麼你可能以一種非物件導向的方式設計了一個糟糕的類別。但是，在本例中，這樣做是完全合理的，因為 Formatter 是專門用來複製 1970 年代的 C printf 函式的，所以程式碼看起來像是故意的，因此編寫 JavaDoc 才會需要一周的時間。這是一個罕見的例子，說明較長的時間並不總是意味著更好，但在這種情況下，它是適當的。希望你的開發人員不會寫出這樣的註解，也不會編寫需要他們這樣做的類別。

這些都是有關如何撰寫註解的好方法，其中大多數都不需要花很長時間來編寫，並且有助於將來的開發人員提高可維護性、清晰度和效率。

總結

在本章中，我們涵蓋了重要的基礎，我們研究了如何發現你所在領域中的服務、服務的結構、如何以及何時添加事件，以及如何使用機器學習從可插拔性擴展到根本的可擴展性。

在第八章中，我們將更具體地研究資料層面。

第八章

資料層面

我們不吃棒棒糖，是嗎，媽咪？他們不是真的。

—愛麗森‧布朗（Alison Brown），《恐懼，真相，寫作》

API 和資料模型是在軟體中實際上能夠實現你的概念最直截了當的方式。

本章將研究語意設計人員在建立資料服務時需要牢記的一些原則。遵循這些想法，我們可以創建非常有彈性、可伸縮、可用、可管理、可移植和可擴展的系統。

我們不能跳過關鍵的步驟，這是軟體的成功和失敗之間的一個真正的區別：首先，我們要先確定什麼想法將填滿我們的世界，以及它們代表什麼意思。

業務面詞彙

定義你的詞彙。

這是說明你的軟體和業務最有效的方法。

識別你的業務中的關鍵術語，做一個試算表，放到維基百科上，分辨清楚「庫存」（Inventory）和「可供貨量」（Availability）之間的差別。

要非常清楚術語之間的區別，不能留下任何歧義，讓它們相互沒有交集，也不允許模稜兩可。

有時詞彙表又叫做是「資料字典」，不管它叫做什麼，對我們來說並沒有什麼差別，你喜歡叫它什麼名稱都可以，但是在定義其組成元素時必須嚴格要求。

在定義了它們之後，當需要建立資料模型或 API 時，請按照它們的定義使用。

語意資料建模策略

本書從頭到尾故意有時候務實但有時又抽象，這是因為我想激發你的想像力和思路。而這也是因為語意設計方法，從定義上來說，不是一個強制性的方法。它是全盤考量的，也是一種心態，一種思維模式的轉變，並伴隨著支援它的過程、實踐和範本，有時候用實例來說明會很有幫助。

這裡有一些原則，或間接的策略，你可以問自己一些問題來確保你的資料模型是豐富、穩固和正確的。在本書第三章有關集合的討論中，已經介紹過什麼是語境，也就是對語意思維模式的描述。

有了語意思維，我們在建立資料模型時就可以提出以下這些問題。

你代表的是著整個*世界*，而你的工作是對*現實世界*的真實情況做出清晰的描述，這主要意味著思考細微的區別和理解關係和屬性。

你的第一項任務是問道：什麼是*真的*？每件事的實際情況是怎樣的，它們的構成要素是什麼，以及它們之間的關係又是什麼？

然後問道，關於所有這些事情的*重要性*是什麼？所參與的語言中有什麼是*明顯而有意義的*，按照字面上的意思是*這裡有什麼能製造明顯的號誌*？

然後再問，要交付給誰？這為你提供了一個視角的方向。

所有這些總結起來主要的教訓是：*要清楚你的語意領域的邊界在哪裡*。

這裡有一個例子。你的餐廳可能供應各種葡萄酒、啤酒和汽水。葡萄酒和啤酒有不同的規定，分別是按照整瓶和一杯一杯的方式來賣。因此，在一種情況下很容易記錄庫存，而在另一種情況下就很難。從庫存的角度來看，你可能非常在乎追蹤每一種葡萄酒的具體銷售瓶數，並將它們列印在帳單上，這樣客戶就知道，2012 年的蛋糕麵包納帕酒莊的葡萄酒（Cakebread Napa Cab）每瓶 25 美元，而梅格葡萄酒（Merlot）每瓶是 18 美元。但你對記錄自己賣的是可口可樂還是健怡可樂並不感興趣，因為它是自助式的，而且你是按照免洗紙杯來賣而不是按瓶來點的：你在如何點和如何賣之間差別很大。對於你的顧客可以免費續杯的飲料，你可以稱之為「飲水機飲料」，並且所有品牌的汽水都叫做這個名字。

從那一刻起，你把「飲水機飲料」的名字放在你的世界裡，這樣你就能模糊你的視野並繼續處理生活中其他事情，而不用一個個地去追蹤那些仍然存在於現實世界裡的細節。你在這一刻變得沒有那麼真實。這個想法對顧客來說並不重要，對庫存管理員來說也不重要。但是由於電腦只能辨別真或假，因此你故意製造一個模糊性，以便你可以交付軟體。「可口可樂」和「健怡可樂」現在已經超越了界限：它們不再具有身份，也不在庫存的領域之內。然而在現實世界的無限的結合中，可口可樂和健怡可樂還是繼續快樂的存在著。在這裡我不能說飲水機飲料的說法是對還是錯，我只是想說，清楚和目的明確才是你創造語意邊界的重點所在。因為這是表示要停止與現實世界匹配的地方，而我們的語意會變得不正確或不一致，因此這就是軟體開始出錯的地方。我們必須要劃出這條界限，因為我們最後總是要交貨。要知道，這就是我們要說的；有時你必須冒一些險才能獲得成就。

在這種背景下，這裡有一些問題和簡易的指導原則：

- 接下來轉到你的業務詞彙表。這會是一個簡單的錨點，你要和它保持一致。詞彙表中的「可供貨量」應該反映出資料模型中的含義，否則就改用別的名稱。
- 如果你很難理解一個詞彙，就把它分成兩個詞。這樣做有沒有更好？
- 這個資料庫表的**視角**是什麼？也就是說，誰是使用案例的幕後推手？誰把資料輸入這個表？為什麼？也許你正在看著「訂單」表和「供應商」表，而它們都指向一組「訂單參照」。
- 你能將這個表或欄位完全從語意領域（即詞彙表）中刪除嗎？如果你那樣做會有什麼損失？你又會獲得什麼好處？
- 儘量讓所有的內容都不為空值（NOT NULL）。資料模型中任何容易是 NULL 的欄位都可能放錯了表格。任何想要被允許擁有空值的物件都必須因為有一個非常明確的理由而努力拼搏來換取這個空值。如果你的訂單表中有一欄是「積點支付」，而你的理由是顧客可以用現金或積點支付，但是這兩種支付方式是不同的，所以你需要為每一種方式設置一個欄位，而沒有用到的那個欄位將總是為空值，這樣是很懶的做法。允許空值欄位的情況應該非常罕見，因此請將任何具有空值限制的欄位標示紅色警告，並思考是否能將欄位進一步分解到不同的表格中？
- 對所謂的「型別」（Type）保持懷疑的態度：「型別」並沒有任何意義，而是程式設計師強加上去的。經常使用「型別」的建模者也會大量使用「列舉」（enum）。如果在「任何型別」欄位中的有效值是「其他」，其實也就等於沒有類型，因為沒有「**其他**」這樣的東西，所以最好是分開放在另一個參考清單中。

- 避免錯誤劃分。錯誤劃分與型別問題有很大的關係。這是當你把在一個範圍內的東西分成多個類別時的反樣式：例如像「兒童，成人」這樣的分類，可以用「年齡」的概念來區分，而幼兒和老人也可以適用這個分類。不過到底什麼樣的標準才算「兒童」要講清楚，是指 5 歲到 12 歲的人嗎？還是 3 歲到 17 歲呢？如果一個供應商以第一種方式定義兒童，而另一個供應商以第二種方式定義兒童，結果會怎樣呢？你是否在你的資料模型中為他們提供了要怎麼做的方法，還是假設通常這種區分的想法是錯誤的？直到 250 年前，童年這個詞才被發明出來。那嬰兒呢？未成年人呢？「未成年人」在美國不同的州或世界各地的意思是不一樣的。當你要劃分範圍時，這個標準總是人為覆蓋上去的。而覆蓋幾乎總是錯誤的。這就是語意可能會失敗的地方，於是程式維護工程師就需要建構大量耗時、昂貴的變通辦法來解決問題，而這些變通辦法將會破壞模型的完整性，也因此而造成了系統的失序。

- 考慮誰將輸入這些資料？為什麼要輸入這些資料？資料存在後誰會使用它？為什麼他們會在乎這些資料？什麼時候他們不會再關心了？你能說這是跨越所有時間、空間和維度的普遍真理嗎？要對文化敏感，以便第一時間就做對。這通常意味著將以前的二分法轉換為一個清單，並將其拆分為另一個參照用的表。如果你現在就把它做好，可能只需要 30 秒就可以完成，而且還是免費的，但是如果三年後才想到要這樣做，可能就要花費 100 萬美元和 6 個月的時間才能完成。

- 經常檢驗、質問和挑戰常用詞彙。如果你有一個「貨幣型別」（CurrencyType）的欄位，那裡面到底包括了什麼：有考慮到比特幣嗎？在你的語意空間裡，比特幣和美元、日元一樣嗎？如果忠誠會員可以用積點支付呢？這個欄位的有效值是否為「比特幣、美元、日元（等等）和點數」？如果你有多個客戶，每個客戶都有自己的忠誠方案，那又該怎麼辦？因此要分解任何假設使其趨於完善。

- 「顧客」和「使用者」或「訪客」是不一樣的。如果我買了兩份霜淇淋，把一份給了愛麗森，賣方會看到一個顧客有一個訂單，信用卡上有一個名字，還有兩個訂購的項目，但事實上卻有兩位訪客。所以除非你是故意的，不要把事情混為一談，因為你知道那是你的界限。還有一種情況是在餐廳裡，你可能只點了一份餐（「帳單」），而餐桌上的人可能想對半拆分帳單，或者依哪位顧客點了什麼來結帳：此時就是一張桌子，兩位顧客，兩份帳單的情況。

- 盡可能縮小單一資料項目的範圍，直到它讓你覺得你正在考慮最明顯無用的細節。然後，開始將你的範圍慢慢擴大，直到你覺得它仍然很嚴密但也很有用為止，這有助於確保重要性。再做一遍同樣的事情，但是要注意哪些人是重要的以及他們的軌跡，還有哪些人是使用案例的幕後推手。

- 不要做出模糊的區分。世界上不存在所謂的「短描述」和「長描述」，根據它們能用來把真實世界的情境表達得更好為標準來指派更強的型別。因此要記住，真實世界的描述沒有長短之分。
- 當你寫下「主要通道」和「次要通道」時要小心：它們有什麼區別？從誰的觀點？這是一個常見的軟體人員覆加上去的層次結構。在現實世界中，根本沒有分主要和次兩種通道，他們都是通道。那有沒有「第三通道」呢？這跟「短描述」和「長描述」問題是堂兄弟的關係。
- 宇宙中只有三個數字：0、1 和許多。
- 「價格」這個欄位真的要放在「商品表格」內嗎？看起來若只輸入到商品表格，我們似乎沒有足夠的資訊：我們還需要「供應商」，因為同樣的軟管在愛麗絲的店裡賣 30 美元，而鮑勃的店裡只賣 25 美元。這是因為，儘管我們通俗上總認為商品會有一個價格，但這種對世界的表達方式卻是錯的。當商品抵達供應商的倉庫時，「庫存項目」會有一個價格，所以它更真實，因此更不易出錯。除此之外，一個商品通常沒有一個固定的價格，而是有不同的價格，像是「官方價格」或「基礎價格」，還有「軍事價格」，或「教育折扣價」，依此類推。關鍵是，事情幾乎總是比你想像的還要複雜。因此檢查一下複雜性的清單，這樣你就可以做出最真實的陳述，這對你所做的事情最有意義。
- 當你透過兩層以上的參照來引用某事物時，你的大腦就會無法負荷。考慮誰是使用案例的驅動者，以及他們如何輸入資料模型，然後如果可以的話，僅在該參與者的最底層進行引用。有時，同一個表格上有多個有效的層面，你需要學會適應它們，才不會有傷透腦筋的感覺。

以上這些就是在建立資料模型時，你要問自己的問題。

跨資料庫持久性儲存

以 1970 年 E.F.Codd 博士發明的關聯式資料庫為例，在關聯式資料庫中，可以將實體定義為表格中的名詞：例如「客戶」（Customer）、「商品」（Product）、「商品群組」（ProductGroup）等等。在我看來，「關聯式」總是有點用詞不當的感覺，因為這些關係甚至沒有在模型中定義為一等公民，而只有在 SQL 程式碼的合併路由中出現。即使所謂的「合併表格」提供了多對多的定義（例如學生與課程的關係（StudentsToClasses）），在模型中定義也與其他表格也沒有什麼不一樣的地方。也就是說，這些關係通常是次要的，因此，我們可以有一個原始的資料模型，其中包含完美的實體和查詢，這些實體和查詢需要 10 或 15 個合併或相當多的處理邏輯才能完成工作，而這樣的查詢可能也會很慢。

關聯式模型已經成為業界**實際上的**標準，許多團隊直接跳到關聯式模型中思考，而沒有首先考慮它是否是其設計的最佳模型。然而，在過去的十年中，NoSQL 概念的推動已經看到了幾十種非常不同的持久性模型，每種模型都有自己的優點和非常適合的使用案例。

在這裡，我希望你能全面研究可用的持久性儲存的概況，看看它們擅長什麼，並仔細地選擇最適合你的使用案例的儲存方式。

請注意，我並沒有說要選擇**一個**，或最適合你的**應用程式**的那一個。相反地，我們認識到資料實際上是任何現代應用的火箭燃料，資料也是機器學習和人工智慧（artificial intelligence，AI）的基礎，資料更是任何應用程式的關鍵。

對於所有圍繞著應用程式的戲劇性事件而言，應用程式實際上只是對資料的粉飾。應用程式和服務通常不會只用一種語言：我們經常且毫無疑問地使用 HTML、CSS、JavaScript、Java、Python、JSON 和無數的框架來支援我們的應用程式碼中的一切。沒有人會將 HTML 的語法硬寫到 Java servlet 中來進行顯示，更糟糕的是，把 Java applet 用於顯示層，只因為這是你為應用程式所選擇的唯一語言，這太荒謬了。然而，我們通常仍然認為只有一個真正的資料儲存區可以管理全部的資料。為什麼應用程式應該享受所有這些非常適合它們執行特定任務的工具，而代表任何應用程式的真正目的的資料卻應該被塞到一個只適合做好一項工作的儲存中，這超出了我的理解。

我們有像 Vertica 這樣以欄位為基礎的柱狀資料庫、像 Cassandra 這樣的時間序列和以列為導向的資料庫、像 MongoDB 和 Couchbase 這樣以文件為基礎的儲存、像 Dynamo 這樣以鍵值對為基礎的儲存、像 Postgres 這樣的物件資料庫、像 Neo4J 這樣的圖形資料庫、像 Google Spanner 這樣的混合型“NewSQL”資料庫等等。他們都於擅長不同的事情，選擇適合你使用案例的資料庫將有助於讓你以最佳和最具成本效益的方式擴展系統。

你的託管服務中可能有一組表格用的是 Oracle 資料庫。但是，你一個地方來儲存每次確認或更新訂單時用來表示訂單的非正結構化 BLOB 資料，或者需要一個稽核表，以便知道什麼時候發生了更改。它們可以是獨立的，如果要針對寫入進行優化，而很少讀取的動作，Cassandra 就非常適合這樣的工作。使用你能負擔得起的、你的團隊知道的或者你能雇用到適當人選的最佳工具來完成你的工作。

持久性記分卡

在考慮適當的持久性實作時，你可以建立自己的記分卡或網格來說明不同實作的優缺點。表 8-1 可以幫助你開始思考如何建立使用這樣的記分卡。

表 8-1　持久性計分卡

工具	主機類型	儲存型式	複製	套用模型	交易支援	縮放模型	主 / 從式架構
Mongo Atlas	僅限雲端	文件	良好	簡單	文件層級	水平	是
Cassanda	雲端 / 辦公室	寬列	最佳	最差	記錄層級	水平	點對點
Neo4J	自我管理	圖形	良好	最佳	良好	水平	是

當然，你可以用更科學的方法，在實驗室中進行測試，比較不同工具的優劣，並用更多的數值和更多的標準來評分。這裡的想法只是讓你考慮**混合式持久性**（*polyglot persistence*），並根據你的實際需要，用適合不同服務的評估標準來判斷。

使用混合式持久性，你將獲得更好的可伸縮性、效能和適用性，並促使你遵照「每個服務用一種資料庫」的箴言。你還將在可管理性（處理多個供應商）和可維護性（讓開發團隊需要學習多個系統和模型）方面遇到額外的挑戰，不過架構總是需要做些權衡取捨，所以要確保你所選擇的是適合你業務的架構。

多元建模

將混合式持久性的概念延伸到建模領域。在這裡，我們並不是指在 Embarcadero 之類的工具中進行建模的日常工作。但是，如果你沉迷於你的工具，並假設你也只能使用現有的工具建模，那麼這將會是一個讓你付出代價的範疇錯誤（category mistake）。出於這個原因，我通常避免使用資料建模工具，而是故意使用錯誤的工具。我使用白板、紙和鉛筆、試算表、純文字檔和繪圖程式。我喜歡用這些工具來為資料建模，因為它們迫使我永遠不要把工具誤認為是我要表達的概念。

身為資料建模師，你要建立資料以及資料之間關係的概念，而不是在原本就預定好的工具中填寫一些表單，這樣可能會限制甚至嚴重破壞你對資料的想像力和自由程度。

不要把你的資料看作是一成不變的，並且都放到同一個資料庫中（尤其是關聯式資料庫會強烈要求我們這樣做）。我們要為進化、為改變、為流動性而設計。為此，我們要考慮資料將會變成什麼，以及隨著時間的推移，它將如何發展、擴展和改變。所以請考慮資料的時間向量，我指的不是寫入一筆資料的時間戳記，我的意思是指資料生命週期各階段的演變。

你的應用程式可能有 20 個服務，每個服務都有自己的資料庫，也可能有三個不同的資料庫用於發揮一組服務裡可能的不同主要好處：寬列、圖形和文件儲存。每個服務都需要不同的資料模型，並且需要根據每種資料庫類型建立非常不同的模型。

因為我們首先珍惜我們資料的概念，把它視為一個整體，還包括了典型的邊緣化資料方面，而不是被工具所牽制，所以我們可以建立以下模型：

- 每個資料庫實作、每個執行應用程式的服務都有不同的資料模型。
- 根據執行時的時間軌跡為每個服務的資料建立一個模型：資料將如何進入軟體的世界，如何以及何時進行清理、儲存、轉移到長期儲存並清除。批次處理的資料來源是什麼？資料的來源、目的和用途是什麼？
- 每個服務的安全資料模型：包括個人身份資訊（PII）、支付卡行業（PCI）和第 2 代服務組織控制（SOC 2）所控制的系統在哪裡？如何加密資料？這些模型用於報告、稽核、合法性檢查或機器學習時在 API 中要如何呈現？
- 以日誌為資料的模型。必須教導開發人員不要將日誌視為應用程式被迫提供的可拋棄式徑流或殘餘物，反而是要考慮日誌的生命週期。它們在追蹤模式、除錯模式、資訊模式分別要提供什麼訊息？它們將如何被輪換、輸送、匯總、儲存和移除？它們的價值受到什麼監管限制？
- 以時間軌跡作為路線圖，為每個服務的資料建立模型。我們一直在為我們的產品制定路線圖，宣稱我們大致上將在這個時間表上的什麼時點釋出這組功能。我們也可以為我們的資料制定路線圖，說明我們可以在服務演進的什麼階段添加什麼資料，以及我們可以為它獲得哪些新的資料來源。
- 為每個機器學習的使用案例建立一個服務模型，將機器學習使用案例對映到支援特徵工程所需的資料。
- 快取的模型。我們通常不會對快取本身進行建模，因為我們認為它僅僅是在記憶體中反映我們已經建模的內容。Coherence 這個舊的應用程式（由非常聰明的 Cameron Purdy 創建，最後賣給了 Oracle）以一種絕妙的解構方式反轉了資料庫，將「主要」儲存移到記憶體中，而原本儲存持久性資料的磁碟機則變成是次要的。這還可以包括如何創建索引、具體化視圖、反正規化策略等。

- 事件模型。發佈了哪些事件，哪些服務需要取貨單來滿足事件訂閱方的需求，它們將在何處檢索這些資料？複雜的事件處理系統也會反轉資料庫：它們基本上會儲存查詢並讓資料在其上流動，當發現查詢條件與資料匹配時，就會執行事件處理函式。
- 串流資料模型。我們將在下面單獨討論這個問題，因為它可能對你來說比較新。

建模工作不能僅止於盡職地列舉出應用程式中的名詞、在似乎彼此相關的表格之間建立合併表格、以及根據欄位命名慣列對開發人員進行監控。

串流資料模型

資料串流允許你對一系列連續不斷的事件執行即時分析，而不必先儲存資料，而資料可能來自各式各樣的來源。

串流資料有幾重種常見的使用案例，包括：

金融

股票行情報價程式提供了不斷變化的金融資料串流。追蹤者可以即時更新和調整投資組合，並進行自動化交易。

媒體串流服務和視訊遊戲

在這裡，資料串流的內容是由音樂、電影或有聲書所構成。透過檢查有關內容使用情況的中繼資料，例如暫停、倒帶、觀看的解析度、接收設備等，以改善你的服務。

網頁電子商務點選流

在電子商務網站，應用程式可以捕獲每一次點選，甚至每一次滑鼠懸停，當作一個事件串流來處理，以瞭解使用者的行為。

社交媒體

你可以即時捕獲來自社交媒體的推文和其他帖子，並對標籤進行過濾，或者用自然語言處理（natural language processing，NLP），以便即時瞭解客戶情緒或當前的新聞更新並採取行動。

電網

網格可以根據位置對使用情況進行串流處理，以改進其規劃並在超過閾值時產生警報。

物聯網（*Internet of Things，IoT*）

舉例來說，一家飯店可以從各種內部部署的來源獲取串流資料來進行管理調整，包括自動溫度調節器、行動金鑰的使用、迷你酒吧和其他訪客活動等。

這就是資料；它通常根本不儲存，或者可能不像應用程式中的典型資料那樣的方式儲存。它需要一種與傳統模型不同的思維方式，傳統模型都是關於已理解的實體和磁碟上持久儲存的資料。

有一些很棒的工具可以幫助你開始進行串流處理。

Apache 卡夫卡（*https://kajka.apache.org/*）

Kafka 最初是由領英公司（Linkedin）所創建的，它是一個整合了應用程式和資料串流的分散式發佈 / 訂閱訊息系統。

Apache 風暴（*http://storm.apache.org/*）

Storm 是一個用 Clojure 所撰寫的分散式即時計算框架，擅長於分散式機器學習和即時分析。它的模型是一個有向無環圖（directed acyclic graph，DAG），圖中的邊表示串流資料，節點表示運算符號，資料從一個節點移動到另一個節點來進行處理。在 Storm 中，資料來源由 spout 代理，把要處理資料傳給負責執行處理的節點（稱為 *bolt*）。總體而言，整個 DAG 圖就是充當一個資料轉換的管線。

Apache Spark 串流（*http://spark.apache.org/*）

Spark 串流重複利用 Spark 的可回復分散式資料集（RDD）元件，對少量批次資料執行即時分析。由於這種少量批次處理，Spark 串流函式庫很容易受到突發性延遲的影響。Spark 串流內建了對於來自 Kafka、Twitter、TCP/IP、Kinesis 和其他資料來源的支援。

Apache Flink（*https://flink.apache.org/*）

Flink 是以 Java 和 Scala 撰寫的高處理能力、低延遲的串流資料流向引擎，同時也支援並行處理、批量 / 批次處理（如提取、轉換和載入（ETL））、和即時事件處理。Flink 支援精確一次（exactly-once）的語意和容錯處理。它本身並不提供儲存系統，而是為 Cassandra、Hadoop 分散式檔案系統（HDFS）、Kinesis、Kafka 等提供資料來源和接收器。

所有這些系統基本上都只是用不同的方法在做同一件事情：它們是接受無界資料串流的資料管線，並以一種獨特的方式將資料傳送給節點，而節點則提供了進行處理、過濾、加值、轉換的機會。它們必須從資料的**來源**開始，並結束於資料的**接收器**，而接收器則是負責儲存經過轉換或處理過的資料。

在你的串流模型中，考慮以下幾點：

- 資料來源和目的地（sink）。
- 資料更新或需要快照的時間間隔。
- 你的短期和長期儲存需求和限制。
- 耐久性的要求。
- 可伸縮性需求：資料量和處理時間 / 回應即時性需求之間的數學關係式是什麼？考慮並行處理和批次處理對伺服器佔用空間、成本、和管理的影響。你選擇的函式庫是否支持橫向擴展？
- 儲存層和處理層的容錯能力。
- 其中許多具有類似 SQL 的語言，允許開發人員表達匹配。考慮為開發人員提供相關的使用指南。

這些工具還相當年輕，因此也在迅速變化，它們的使用和管理也很複雜。但是，不要假設串流資料完全就是你所習慣的將資料看作是藉由應用程式碼儲存在磁碟上的靜態被動元素。透過以自己的方式設計串流架構，並考慮其自身的特殊和單獨的問題，你就可以做出一些讓人感到驚喜的事情。

機器學習的特徵工程

機器學習正成為任何現代應用的一個更典型的方向。瞭解身為資料設計師的你如何幫助資料科學家和具有**特徵工程**基本技能的機器學習工程師是很重要的。它將促使你更傾向於把機器學習視為一種可在整個應用程式中使用的功能，而不是附加到現有應用程式設計上的一個奇特的獨立專案。

當你將資料用於機器學習時，你需要清理這些資料。你需要修復結構錯誤，將值歸入到丟失資料的元素中，並為後續處理做好準備。在資料科學和機器學習領域，大部分時間都花在了特徵工程上。在這方面，你的領域專業知識和對客戶如何使用你的資料（作為資料架構師）的理解可以提供非常好的服務。

在機器學習中，特徵是真實資料的數值表示法。特徵工程的目的是在給定使用案例的情況下，開發對機器學習模型最有用的資料。機器學習的重點在於決定什麼是最相關的，並對模型加以區分以便做出準確的預測。一開始你先獲取原始資料，然後清理它、設計特徵，創建模型，最後獲得其輸出的見解和預測。

如此一來，特徵工程就是一個**創意**的過程。你要發揮你的想像力來找出你的機器學習模型中所需要的特徵，並從原始資料中已有的價值中去開發它們。從這個意義上來說，它更像是應用程式開發。你必須以同樣的想像力、創造力和分析來處理特徵工程。在這裡，身為資料架構師 / 資料設計人員 / 特徵工程師的你是在發明一些東西，而不是去弄清楚東西應該要放在哪裡。

本書主要的論點之一是，你是一個**概念的設計師**，而架構則是用來產生和闡明概念，而製造出更好的軟體最好的方法是藉由**解構**分析來提供心態的轉變，而這正是特徵工程的情況。

如果做得好，特徵工程遠遠超出了資料架構師的典型所關心的範圍，由於對特定資料庫平臺有深入的了解，資料架構師得以改善查詢的效能。沒錯，特徵工程是一個分析的問題，但是如果做得好，你很快就能進入市場行銷、語意、哲學、政治、倫理和偏見的不同領域。

特徵工程的基本步驟概述如下：

1. 從清理過後的原始資料中，判斷出哪些詞彙最為重要，將它們分離並突顯出來，目的是將機器學習演算法集中在這些關鍵字上。

2. 利用你的領域專業知識將資料組合成更有用的輸入。這些被稱為**交互特徵**，因為它們將多個資料點組合成一個新的資料點。在此階段，你將檢查資料，以確定是否可以將兩個特徵組合起來，以便發現一個可能更有用的特徵。例如，在一個房地產模型中，你可以假設學校數量的多寡對預測一個地區的房地產市場價格很重要。但將這一點與各學校的品質評等相結合，可以創造一個學校豐富性（數量和品質）的新概念，而這就是智慧特徵工程。你在做一個區分、一個價值判斷、一個決定，在這個概念的世界裡，不好的學校數量多寡並不重要，這些交互作用將產生數學乘積、總和、或差。

3. 利用你的領域專業知識來組合稀疏的值。也就是說，如果你在資料集的各種類型中沒有足夠的資料點，請確定如何將稀疏值合併成一個抽象的類型，這樣你就有足夠的資料點可以在模型中被視為是相同類型。

4. 刪除未使用的值，如 ID 或會增加資料集大小和雜訊的其他欄位。
5. 使用你的業務知識來建構所有這些特徵工程的框架，方法是永遠將其與這個特定機器學習模型要執行的具體任務的基本問題關聯起來。它的存在是為了回答什麼問題？所有的特徵工程都必須清晰地對映到模型的問題上。你希望透過預測股價來決定投資方向嗎？或者預測哪種產品最能取悅你的客戶？還是外部相關事件所導致的流量和購買模式？

機器學習的特徵工程

有關這一領域的深入和動手實作的探討（包含大量程式碼），請參閱 Amanda Casari 和 Alice Zheng（歐萊禮）合著的優秀書籍《機器學習的特徵工程》（*Feature Engineering For Machine Learning*）（*https://oreil.ly/L8Sr2*）。

特徵工程領域本身就值得整本書的研究，並且需要對機器學習模型所需的數學有深刻的理解。我們在這裡的目的是提供我們對它的特定觀點，並將其添加到你的工具箱中，同時要注意從概念和語言開始，然後再進行數學運算。不要讓特徵工程變成是由數學驅動的，數學只是用來表示一種形式概念的機制，與 JSON 用來作為交換格式並沒有什麼不同。

類別路徑部署和網路代理

資料存取服務應該提供一個網路可達的 API 端點，以便讓你的引擎可以連接到這個端點。透過這種方式，它們可以像其他服務一樣，透過 JSON 或 ProtoBuf（*http://bit.ly/2krrlzu*）交換資料。

但是它們還應該提供一個本機 API，這樣你就可以將資料存取服務編譯成二進位工具，並將它們添加到使用它們的引擎的類別路徑中，或者直接將它們綁定到引擎的部署工具中。提供該選項會增加一些額外的工作，但是如果你需要網路存取的靈活性以及透過避免網路跳轉和轉換而獲得的更快的效能，那麼這可能會有必要。

你可以使用外觀樣式（Façade pattern）來實作這一點。預設選項是簡單地提供本機介面，以便透過類別路徑來直接存取函式庫。然後，再提供一個外觀介面，該介面將資料存取服務與服務端點包裝起來，以交換 JSON 或 ProtoBuf 等資料。

代理樣式（Proxy pattern）（*https://en.wikipedia.orglwiki/Proxypattern*）提供了一種簡單的方法來更改物件的行為，而不會更改到原始物件。為此，請實作原始的資料存取程式，並使用另一個代理來部署它，該代理公開相同的功能，但為了 HTTP 端點添加必要的轉換，以便透過 JSON 訊息來接收請求和發送回應。

點對點持久性儲存

主 / 從模式廣泛應用於資料庫的縮放，因為它有明顯的好處：通常可以看到良好的效能和回應時間，同時還可以複製資料以防止嚴重當機，而且還可以在從屬資料庫執行報告和分析。

除了這個不幸的名稱之外，主 / 從資料庫還存在明顯的單點故障問題，這常常發生在當你有一個明顯的二元對立和一個特權要求的情況。在解構主義設計中，我們質疑底層的結構，以便瞭解如何才能像這樣顛覆權力關係，進而得到一個有希望改進的設計。

顯而易見的解決方法是**點對點資料庫**（*peer-to-peer database*），例如在 Apache Cassandra 中，每個節點在拓撲結構中的功能都是相同的，沒有特權節點。因為資料是跨多個節點分佈和複製的，所以它具有令人難以置信的容錯能力。它還具有可調節的一致性，因此根據你所定義的仲裁標準，依你的使用案例將一致性層級設定為強或弱。

透過 *Cassandra* 權威指南進一步瞭解

想要瞭解更多關於 Cassandra 的資訊，以及如何設置、建模和操作它的細節，請參閱我和 Jeff Carpenter 所撰寫的《*Cassandra* 權威指南（*Cassandra: the Definitive Guide*）》第二版。

由於我們希望在給定服務支援的使用案例的情況下使用適當的資料庫，所以請使用以下檢查表來確定 Cassandra 是否適合你的服務。不要因為資料庫是你已經擁有的或者它看起來是令人興奮的新技術而選擇它，問問你自己你是否有這些需求：

- 高可用性。
- 線性水平縮放。
- 全球分佈（你可以按區域定義叢集）。
- 對於你的使用案例來說，超快的寫入比讀取重要得多。
- 你可以透過主鍵完成大部分或全部的讀取。

- 幾乎不需要任何合併表格：資料表與查詢非常匹配。
- 時間序列和日誌記錄。
- 具有固定生存期的資料；達到生存時間（time-to-live，TTL）閾值後，資料將自動刪除，這是一個很好的特性，只要你清楚它的行為。

由於這些功能，Cassandra 是工作負載的最佳選擇，例如：

- 物聯網更新和事件記錄
- 異動日誌
- 狀態追蹤，如包裹位置，遞送狀態
- 健康狀態追蹤
- 庫存更新追蹤
- 時間序列資料

請記住，如果你希望 Cassandra 支援以下服務需求，那麼 Cassandra 可能是錯誤的選擇：

- 表格中將有多個存取路徑，導致你使用大量的二級索引，這會大大降低效能。
- 打從一開始 Cassandra 就不支援 ACID 的不可分割（Atomic）、一致（Consistent）、獨立（Isolated）、持久（Durable）等資料異動的特性。
- 在 Cassandra 中無法將資料鎖定。
- 頻繁的讀取。Cassandra 在寫入的效能比讀取要好，如果你的資料可能具有非常高的快取讀取命中率，那麼最好使用另一種實作。

當我們發現一項令人興奮的技術時，我們很容易告訴自己一個關於如何將它用於看起來不太合適的使用案例並彌補自身缺陷的故事。例如，我們可以假設我們將在 Cassandra 上撰寫自己的鎖定和異動功能，這通常解決不了問題，因此最好還是依照業務使用案例慎選適當的工具。

當你有一個密集寫入型的應用程式，並且需要大規模的水平擴展、全域分佈、和無與倫比的容錯能力時，Cassandra 會是一個很好的選擇。使用帶有平面點對點設計而不是分層主從式設計的資料庫較能符合我們的整體解構設計範式。

圖形資料庫

圖形資料具有三個主要的概念元件：**節點**（*node*），**邊**（*edge*），**屬性**（*property*）。節點是模型中的實體（例如使用者或產品），邊表示節點之間的關係，關係可以是單向，也可以是雙向，節點之間可以定義多個關係。屬性是可以分配給節點和關係的屬性。節點通常稱為**頂點**（*vertex*），而關係通常稱為**邊**。

底層儲存模型將這些都作為實作中的一階元件保存。圖形資料庫中的查詢可能非常快，因為關係與節點一起儲存為一階物件。這意味著儲存區的資料是根據關係直接連結在一起，因此常常可以透過單一操作進行檢索。

圖形資料庫還允許你方便地視覺化資料模型，因為它可以緊密直觀地反映其表示形式中的實際世界。它們支援甚至提倡對高度相關的資料進行建模。而且，它們非常適合語意查詢。

基於這些原因，圖形資料庫是解構主義設計範式的一個傑出範式。

系統的一個關鍵概念是圖形（或邊或關係），它將儲存的資料項目直接關聯到表示節點之間關係的資料和邊所成的集合。

廣受歡迎的圖形資料庫包括 OrientDB 和 Neo4J 等，我們稍後將介紹它們。

什麼時候可以考慮使用圖形資料庫？如果你有以下任何一個使用案例，它是值得考慮看看的：

- 社交媒體圖（瞭解用戶之間的關係並提出建議）
- 電子商務（理解不同產品和其他資料集之間的關係，並提供更豐富的建議）
- 透過即時識別模式進行欺詐和安全檢測
- 個人化的新聞報導
- 資料治理和主資料管理

檢查授權

在選擇圖形資料庫時，一定要檢查授權。例如，Neo4J 是一個流行的選擇，但是它有一個通用公眾授權條款（General Public Llicense, GPL）許可，並且是「免費增值註冊軟體」。另一方面，OrientDB 有一個更友好的 Apache 授權許可。這兩家公司都的母公司都提供了商業版的支援。

如果圖形資料庫的工作是回答以下問題或執行以下操作，那麼圖形資料庫是為你的服務提供底層支援的極佳選擇：

- 推薦與該產品一起購買的產品排名順序是什麼？
- 該員工與 CEO 之間的所有經理有哪些人？
- 獲得東尼獎（Tony Award）、由這個人製作、並且由那個人作曲的音樂劇名稱是什麼？
- 誰是我朋友的朋友？
- 參與這個專案的人曾經工作過的公司分佈情形如何？
- 對於住在這家酒店的人來說，最受歡迎的推薦活動是什麼？

從某種角度來看，整個宇宙可以看作是一個（很長的）事物清單，每個事物都有一個與其他事物關係的清單，而事物和關係都有一個屬性清單。如果你以這種方式看待宇宙，你可以看到一個圖形資料庫能夠最接近地表示這個世界，並在這樣做時產生最小的阻抗不匹配。因此，它非常適合於任何複雜程度和豐富程度都不高的許多資料建模任務。

OrientDB 和 Gremlin

OrientDB 可能是具有最強大的解構設計知識的資料庫。作為一個多模型資料庫，它在允許你選擇最支援各種工作負載的儲存模型方面非常開放，不僅支援圖形，還支援鍵／值對、物件和文件儲存。

除了多模型之外，OrientDB 還提供以下功能：

- 水平擴展
- 容錯
- 叢集
- 分區化
- 完整的 ACID 異動支援
- 可匯入關聯式資料庫管理系統（RDBMS）
- 使用 SQL 而不是專用語言

它是免費和開源的，還提供了標準的 Java 資料庫連接（JDBC）驅動程式和其他整合選項。

OrientDB 還支援 Apache TinkerPop 所開發的 Gremlin（*https://tinkerpop.apache.org/gremlin.html*），這是一種強大而靈活的圖形遍歷語言和虛擬機。Gremlin 由三個互動元件組成：圖、遍歷和一組遍歷程式。

以下摘錄至 Gremlin 網站：

> Gremlin 是一種功能性的資料流語言，讓使用者能夠簡潔地表達對應用程式屬性圖的複雜遍歷（或查詢）。每個 Gremlin 遍歷都由一系列（可能是巢狀的）步驟組成。每個步驟都對資料流執行不可分割的操作。每一步要麼是**映射步驟**（*map-step*）（轉換資料流中的物件），不然就是**篩選步驟**（*filter-step*）（從資料流中刪除物件），再不然就是**副作用步驟**（*sideeffects-step*）（計算資料流的統計資訊）。由於 Gremlin 具有圖靈完備性（Turing Completeness）（*http://arxiv. org/abs/1508.03843*），Gremlin 步驟庫擴展了這 3 個基本操作，為使用者提供了一系列豐富的步驟所成的集合，使用者可以編寫這些步驟來向 Gremlin 詢問任何他們可能想到的問題。

Gremlin 支援命令式和聲明式查詢、宿主語言不可知論、使用者定義的特定領域語言、可擴展的編譯器 / 優化器、單機和多機執行模型、以及混合式深度和廣度優先評估。

如果想進一步瞭解 Germlin 的工作原理，可參閱 Tinkerpop Gremlin 的入門教程（*http://tinkerpop.apache.org/docs/3.4. 0/tutorials/getting-started/*）。

由於 Gremlin 的強大功能，選擇支援 Gremlin 的圖形資料庫會是一個不錯的選擇。

資料管線

根據過往的經驗來看，開發人員會對他們的工作最終將部署到什麼樣的平臺會有一個概念，並且他們會儘量讓本地環境近似於最終平臺。他們會努力撰寫程式碼，然後在極少數的情況下（主要是一次、通常只有一次）將他們的工作成果轉移到生產環境，這被認為是完全合理的，因為你為什麼要將一些還沒有完全準備好的東西部署到生產環境中呢？

近年來，持續整合 / 持續交付（CI/CD）管線的概念越來越流行。CI/CD 管線是一組端點到端點自動化操作，使用工具來編譯、執行、測試和部署程式碼。因為它是自動化的，所以所有這些步驟都可以透過單一命令來執行。

管線的優點包括：

- 儘早發現程式碼中的問題，團對可對所發生的情況進行反饋，以便快速解決問題。
- 防止程式碼庫中的複合錯誤，使你的專案更具可預測性，全面提升品質。
- 流程自動化使你的程式更易於測試，並減少了組織中知識過於集中的問題。

對於解構設計師而言，你希望儘早預先設計你的管線，以便部署簡單的“Hello World”之類的應用程式。從這個意義上說，應用程式碼庫應充當管線測試的模擬對象。

你希望先設計管線，因為這樣可以提高專案的可預測性和效率。讓你的開發人員用一個命令來執行，用「按一下按鈕」來建構、測試、和部署他們的軟體。如果很容易執行部署，他們會做很多工作。他們做得越多，你對環境和應用程式的瞭解就越多，整個專案就越可靠和穩定。

當然，你的管線也是軟體。當你執行它時，你要確保你的管線工作正常，並覆蓋所有你需要的使用案例。如果你在專案的早期就已經準備好了基本的結構，那麼你可以很容易地向其中添加特殊的專案。這些可能包括使用諸如 Veracode、UI 測試、迴歸測試、部署後的運行狀況檢查等工具進行的安全掃描。

你可能會好幾條管線：

- 一個用基礎架構即程式碼（IaC）模式來建立和拆除基礎架構，如果你使用的是帶有 API 的雲端提供商，可讓你以「軟體定義的資料中心」的方式來完成此工作。
- 一個用於部署要到生產環境的標準應用程式和服務程式碼。
- 一個用於資料庫創建和更新自動化。這點可以用像 FlywayDB（*https://flywaydb.org/*）這樣的工具來實現，這是一個帶有 API 的腳本資料庫遷移工具。它是有 Apache 授權許可的開放原始碼軟體，支援大約 20 個不同的資料庫。
- 一個用於機器學習服務和離線狀態的應用程式。

你所建立的這些工作都將使用自動化工具（如 Jenkins（*https://jenkins.io/*）以獨立步驟執行。

每次將程式碼提交到儲存庫時，都可以自動啟動管線，Jenkins 中的偵聽器掛鉤可以簡單地指向儲存庫。作業啟動後，管線應該創建一個新實例，以便一次只測試一個建構版本。如果作業失敗，可以立即通知開發人員。

下面是一個流程的概要，你可以用它來為你的應用程式碼建構你自己的管線：

1. **提交**：此階段從合併請求或程式碼提交批準時開始起算，它應該執行單元測試，你可能還希望在此階段包括執行 "A/B" 測試。在這裡，你將檢查基本功能是否如所宣稱的那樣運作。

2. **整合**：對於任何大小的應用程式，你都不希望每次都重新創建環境。而利用這個階段將更改的程式碼或新的程式碼晉升到現有已通過的程式碼的環境中。這是一個整合環境。在這裡，你將執行一系列迴歸測試，以確保新功能不會破壞現有功能。在這裡，你還應該執行一系列安全測試和掃描（使用 Veracode 之類的工具）以及滲透測試。為此，你需要將你所建構的內容公開到網際網路。

3. **生產**：如果你準備將這個新的程式碼發佈到生產環境中，則將執行管線的這個階段。在這裡，你可以執行冒煙測試，以確保所建構的版本實際上可以連接到具有生產環境設定的所有適當環境。冒煙測試本質上就是快速驗證測試，你可以透過服務上的網路健康檢查功能來執行它們。

健康檢查功能

克裡斯·理查森（Chris Richardson）撰寫了一篇清晰實用的文章，內容有談到如何在有使用 Spring 的服務上實作健康檢查功能（*http://bit.ly/2lVAMYo*）。

請注意，並不是所有的軟體都可以或應該持續部署。如果你正在為公司營運業務開發大型操作軟體，那麼這將是不可取的，也不負責任的，因此請選擇適合你的業務生產計畫。使用管線的目的是使技術團隊不成為瓶頸，如果業務需要，理論上你**可以**每天發佈 10 次；不過這並不意味著你必須或應該這麼做。

程式碼覆蓋率

你的程式碼審查過程應該包括一個測試覆蓋工具，就像以前的 Java Cobertura（*http://cobertura.github.io/cober*），儘管這個專案已不再積極維護，大多數開發人員也已經開始改用 SonarQube（*https://www.sonarqube.org/*），如果你沒有錢購買完整的版本，也可以使用社區版。這些工具是檢查你的單元測試在程式碼中檢查迴圈複雜度的好方法。這實際上是一種衡量函式有多少種輸入和輸出的方法。你的程式碼可能會拋出一個已檢查的異常或執行時異常（例如空指標）或者它可能會找出業務邏輯中某個條件可以通過或失敗。不要只測試最理想的情況：撰寫真正覆蓋圈複雜度的測試，並監控團隊的測試覆蓋率。SonarQube 不僅能測試覆蓋率和迴圈複雜度感，還具備更豐富的「連續檢查」概念，當它看到程式碼的潛在問題時就會發出警告。使用這個工具，你會看到你的系統回復能力評分一路上升。

你的目標應該是創建一個你只建構一次的工件，然後該工件能完好伙損地通過生產管線的所有階段。如果你在每個階段都重新建構軟體，或者修改它的設置或替換東西，那麼你的測試基本上都是無效的。

機器學習資料管線

作為解構設計師，我們不會將我們宣傳的軟體製作成只適合固定的情況；我們將建立並假設系統將實際上運作或看起來就像那樣。系統是一個概念的表示。我們也不製作被鎖定、固定和預先確定的凍結軟體。這並不是因為我們在追求個人的宗教信仰，而是因為它更適合這個世界，因此是更成功的軟體。我們將解構系統設計成一個更有機、更具生成性的系統。我們找到製作生成式架構的方法，這是一種主動設計，系統可以幫助你自行創建，最明顯的機制就是機器學習。

為了幫助你設計的系統發揮最大的影響力，請設計**貫穿**整個系統的機器學習能力。至少要考慮整個系統，這樣你才能從整體的角度來優先考慮如何應用機器學習。雖然在產品中啟用所有機器學習功能可能不太合適、不理想、或不具有成本效益，但是從頭到尾檢查系統及其使用案例集，並考慮如何在每一個使用案例中利用機器學習是非常重要的。

例如，在一個購物系統中，很明顯可以看出你希望將機器學習作為產品推薦的一部分。但並不是所有機器學習拿手的用途都是以客戶為導向的，有時可供內部使用來提前預測下一次當機的時間。

對於這些使用案例中的任何一個，很快就必須有一個適當的機器學習管線，以允許自動化保持資料和由此產生最新的機器學習預測和調校。因此有必要建立一個資料收集工作流程，幫助你收集和準備機器學習演算法所需的資料，並且可以為你節省以後管理資料的麻煩。

資料收集管線的職責如下：

- 分散資料獲取來源。代理轉接器可以從其原始來源中提取資料。
- 並行處理接收自不同資料來源和不同類型的資料，以便快速執行。每個資料入口都可以通過一個節流機制進行串流處理，也可以利用計時器喚醒或由事件觸發。
- 對資料進行正規化和整理，以備在資料科學使用案例中使用，包括攝入、資料清理、輸入缺失值等。

設計資料管線將使你以後更容易添加新的資料來源，並使你的機器學習更加豐富和健全。圖 8-1 提供了一個流程的範例和一組你可以使用的機器學習資料管線中每個階段的職責。

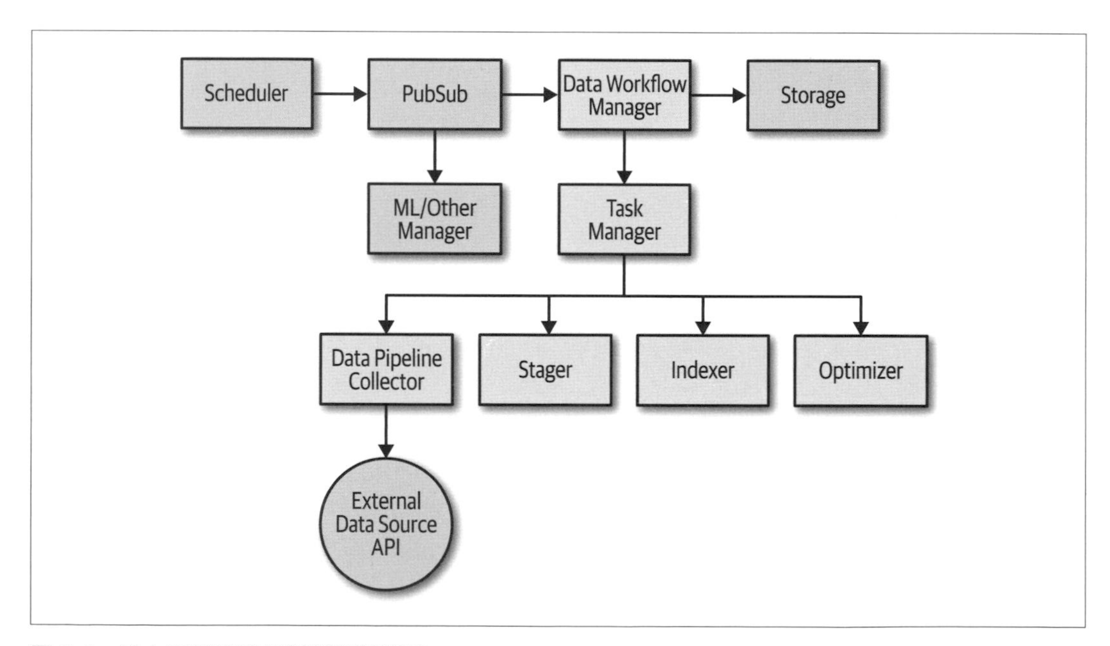

圖 8-1 線上和離線機器學習資料管線

以下是資料管線的基本流程，類似於我們與偉大的建築師霍爾特·霍普金斯（Holt Hopkins）一起設計時使用的流程：

1. 在撰寫程式碼時，為你的資料管線建立一個單獨的專案和套件。建立一組介面，將其部署為 API，與任何特定資料管線有關的類別實作分開。例如，在旅行領域中，你有航班和火車，而你想要利用排程、更改、或取消資料作為機器學習的物件，以便用某種方式優化你的應用程式。你可以創建獨立的實作構件（例如 Java 中的 WAR 或 JAR），並讓它們依附於資料接收介面：一個用於航班，一個用於火車。
    a. 這些介面包括調度器、工作流程管理器、工作管理員、和資料處理引擎。
2. 在執行時期，調度器介面實作決定何時啟動一個任務。這通常是出於以下三個原因之一：排程程式所能識別的事件被發佈、時鐘的某個時間被觸發、或者持續運行或每隔一段時間運行的程式捕獲到串流資料（例如來自推特串流 API）。如果透過發佈者 / 訂閱者（pub/sub）機制通知調度器發生了什麼事，而它決定應該打開管線，那麼調度器將透過其介面調用適當的工作流程管理器來執行。
3. 工作流程管理器與我們討論過的典型管理員服務類似，代表了協調層，並沒有執行其他任何實際工作，而是追蹤所有使用案例的進度狀態直到它們完成，並確保能夠發佈非同步通知訊息，以便任務經理可以執行他們該做的工作。
4. 每個工作管理員接收適合其任務的訊息，包括用於收集、分段、索引和上下文優化等任務，它們中的每一個都可以表示一個長時間運行的流程。
    a. 收集器充當資料處理引擎服務，這是一個知道如何連接到其資料來源（通常透過網路 API）並檢索和保存原始資料以供本機存放的實作（例如，在 Amazon S3 中）。資料應該以其原始形式儲存，就如同來源所儲存的那樣。這麼一來，如果處理過程中出現錯誤，你可以恢復到此步驟，而無需再次檢索它（對於串流來說，這也許是不可能的）。
    b. 分段器將資料放入通用格式中，對其進行清理、正規化，這通常是為使用該資料做準備。分段器執行從欄標分隔到逗號分隔值（CSV）的轉換、為檔案的一致性將欄位重新命名，輸入缺少的值，並在適當的範圍內對數值進行正規化。分段器是特定於其 API 客戶端的。例如可以調用一個工作管理員來刷新「社交媒體」資料，這可能觸發兩個收集器和兩個分段器（一個用於 Facebook，一個用於 Twitter）。

c. 索引器並不知道資料的來源，但是它知道資料將在什麼使用案例中被使用，以及如何使用。它知道如何過濾和查詢資料。對於一個給定的使用案例，可以使用多個索引器。例如，一個可以根據日期建立索引，另一個可以根據使用者建立索引，還有一個可以根據內容種類建立索引。索引器會把大檔案分解成小檔案，這些檔案針對讀取檢索近行了優化、按照適當的順序重寫檔案、更新資料庫和儲存中繼資料（以因應範圍查詢的需要）。

d. 優化器執行最後一個離線步驟，而且只有密集、高流量的系統才需要這麼做。它可以預先編譯好並且加到快取中，以優化購物效能。透過這種方式，它類似於 Facebook 的 HipHop 預編譯器或 Maven 的「有效 POM」（即有效專案物件模型），它可以將資料反正規化以實現快速檢索，準備任何預期的執行時期規則，並在必要時將其加到分散式快取中。"

5. 在每個步驟中，工作管理員應該不時地更新工作流程管理器，以確定完成任務的百分比，或者更新任務的狀態。工作流程管理器接收作業狀態更新並將其記錄在資料庫中，以提供給工具使用。

6. 當作業完成時，管理員服務將通知一個主題。然後，機器學習管理器可以知道資料已被更新，並執行它希望執行的任何程序，例如將資料拉到其儲存中。如果要節省空間、成本或遵守資料隱私的規定，可以刪除原始資料。

這些步驟都是「離線」執行的，並且不在標準使用案例執行時的路徑中。

現在，隨著機器學習演算法被當作服務來執行，正確準備的新鮮資料循環就會像通過噴泉的新鮮水循環一樣源源不絕。

中繼資料及服務衡量標準

定義你的服務將使用的衡量標準時，必須將其視為資料，因為必須對其進行定義、收集、處理並將其轉換為可用的形式。衡量標準必須由資料架構師／資料設計師策劃。表 8-2 顯示了你可能考慮在自己的組織中使用的服務衡量標準的範例。

表 8-2 服務衡量標準樣本

衡量標準名稱	描述
請求次數（總共）	每個服務操作的請求總數，以毫秒、秒、分鐘等為單位
回應時間（平均）	每個服務操作的平均回應時間，以毫秒、秒、分鐘等為單位
失敗次數（總共）	服務請求總共失敗次數，以毫秒、秒、分鐘等為單位
成功率（%）	服務請求成功次數除以總共請求次數 X100%
失敗率（%）	服務請求失敗次數除以總共請求次數 X100%
服務可用性（%）	每個服務操作可用性比率，以小時、天等為單位
故障次數（總共）	每個服務操作所記錄的技術故障次數
交易回應時間（端對端）	兩端系統之間每個服務操作的平均回應時間（毫秒，秒，分鐘）
平均回復時間（MTTR）	從服務發生事故到其完全恢復的平均持續時間（分鐘）

這些絕不是唯一的衡量標準，只是我過去有效使用過的一些。這裡的重點是為你提供一個追蹤服務行為的起點，以便你能夠瞭解它們的工作情況以及如何改進它們。你必須進行設計以確保他們是有意義的；不要僅僅把這個問題留給營運團隊。

稽核

你需要將在你的系統中加入稽核的功能，以便追蹤誰更改了什麼內容以及何時更改。

為了進行稽核，提供配置選項、使用者存取、PII 資料、和 PCI 資料的表格應該維護以下欄位，以支援可稽核性：

- 建立時間
- 誰建立的
- 最後更新時間
- 誰最後更新

當發生入侵事件或未經授權的存取時，一個可以真正幫助你的可靠安全措施，還保留了上次查看的人員和時間。你可以將其實作為前述事件框架的一部分。

符合 ADA 規定

你的各種形式的軟體使用者介面設計（包括桌上型電腦、平板電腦和移動裝置）必須完全符合美國身心障礙法（Americans with Disabilities Act, ADA）。任何消費者導向的網頁應用程式都必須符合網頁內容可存取性指南 2.0（Web Content Accessibility Guidelines, WCAG）（*https://www. w3.org/TR/WCAG20/*），以確保應用程式是可感知、可操作、和可理解的，並且對於身心障礙人士而言足夠健全。

不遵守這個聯邦法規的公司每天將面臨 2.5 萬美元的罰款，每糾正一次違規行為，你的公司將面臨 100 萬美元的罰款。

因此，最好用以下工具定期、頻繁地（在每次發佈之前）測試你的軟體：

- 帶有 JAWS 的 IE 瀏覽器（必需）
- 帶有 NVDA 和縮放文字大小的 Firefox 瀏覽器（必需）

你的軟體也可以使用以下工具進行不太頻繁但仍然定期（每季度）的測試：

- 帶有 IE 模式的的 Edge 瀏覽器
- 帶有 GoogleVox 的 Chrome 瀏覽器
- Totally：一個可存取性視覺化工具套件
- MAGic：螢幕放大工具
- 蘋果（Apple）、安卓（Android）平板電腦和行動裝置的 Voiceover 和 TalkBack

讓你的軟體符合 ADA 不僅是製造更好軟體的一種方式，而且是法律規定。一般大眾皆可使用的消費者軟體尤其容易受此影響，不過儘管設計師們傾向於把注意力放在這方面，但你的內部應用程式也會受到 ADA 的影響。

總結

在本章中，我們探討了思考和實現豐富資料設計的新方法，以支援現代應用程式的新需求。

第九章

基礎架構層面

在本章中，我們將介紹要在基礎架構層創建的服務類型。我們將探討各種與基礎架構相關的概念，這些概念在解構設計領域中非常重要，包括基礎架構即程式碼（Infrastructure as Code, IaC）、機器學習管線、混沌以及更多的工具和方法。

架構師應注意事項

有時，架構師只被視為應用程式開發或產品開發團隊的一部分，他們將自己的規範限制在軟體和服務層。正如我們所看到的，有效率的架構師的範圍還包括業務視角，這個人也必須考慮基礎架構，看到業務、應用程式 / 服務、資料和基礎架構的所有方面一起協同運作。

當你考慮如何設計你的基礎架構時，以下是需要解決的關鍵問題：

- 定義支援專案基礎架構創建的方法，包括容器化和 IaC
- 支援這些的工具集
- 發佈工程和管理
- 持續交付、持續部署和持續整合的流程定義
- 變更控制的流程定義
- 基礎架構的預算和財務管理
- 容量規劃
- 修補規劃

- 災難回復
- 監控
- 日誌和稽核
- 資料庫管理員（DBA）、開發維運師（DevOps）、架構師、應用程式所有者和／或系統所有者的角色和職責定義

這些都是有效率的企業架構師權限之內的重要考慮事項。應該在設計定義文件中明確指出並加以處理。儘管基礎架構的這些方面很重要，但它們將因你特定的業務和專案需求而有所不同。

如果是在雲端環境，那麼其中許多問題的解決方法將與本機有所不同。例如，有句話說，在雲端環境中，基礎架構被視為牲畜，而不是寵物。這指的是雲端環境從不實際修補伺服器的最佳實務。你可以讓雲端伺服器離線，並利用自動化工具將它們完全替換為一個完整升級的伺服器。

災難回復是另一個本機環境與雲端環境有很大差異的領域。從歷史上看，你需要有兩個不同的資料中心，並且勉強地與擁有獨立災難回復資料中心的供應商協商。這裡的應用程式往往沒有相同的容量、相同的設置和相同版本的應用程式和資料。通常會有一些延遲，由於災難並不是每天都發生，因此保持完美同步的緊迫性較低。你希望永遠不要實際使用的東西也會帶來巨大的成本。如果正確地設計服務，使其無狀態地在自動複製對等資料服務的基礎上運行，則可以使應用程式跨多個資料中心運行，甚至在雙主動式（active-active）組態中跨多個大洲運行。這使你的服務更貼近客戶，並使你的適應力和成本／效益最大化。

架構師透過使用雲端提供商成本計算機等工具來評估基礎架構和每月租金成本，進而提供預算和財務規劃方面的幫助。請確保在進行此操作時，根據需要指定不同的開發、測試、整合、使用者接受度測試（UAT）／分段和生產需求。像這樣跨多個環境定義你的基礎架構可能會變得非常昂貴。這就是為什麼透過 IaC 實現自動化非常重要的原因之一：它不僅允許你擴大規模，而且也可以縮小規模。你可以在不需要整個環境時關閉它們，以節省成本。如果你所需要做的只是按下一個按鈕來啟動整個基礎架構和部署的自動創建，那麼你將更有可能仔細地進行管理。

容量規劃還需要對雲端的操作方式進行重大變更。你可以利用自動縮放群組來完成，而不用在要確定任何實際流量模式或負載需要計畫之前，提前幾個月進行猜測。

這些可讓你定義一些規則，以便在滿足觸發器的條件時（例如，當伺服器達到 80% 的 CPU 並在那裡停留一段時間），可以讓雲端自動提供另一台伺服器並將其添加到負載平衡器背後的叢集中。同樣，出於成本管理的原因，你需要定義一些規則，以便在伺服器使用率非常低的情況下刪除伺服器。

這一切都意味著你的基礎架構與業務的關係比以往任何時候都更密切，與應用程式的耦合也可能比以往任何時候都更緊密。在基礎架構與應用程式的錯誤二分法中，我們已經習慣了兩個獨立的水平層面。但是我們解構了這種錯誤的二進位對立，透過雲端計算和 IaC，我們可以看到我們整個伺服器、網路和應用程式都被定義為版本化的純文字和程式碼，並以單一版本的映射實現了自動化，並且幾乎可以即時地一起工作。

無論如何，確保你與組織內企業營運／運行團隊的關係已清楚建構，並且你已經清楚地定義了上述項目。在基礎架構中沒有人喜歡驚喜，你的目標應該是清晰、可預測、透明，並且有成本意識的彈性。

DevOps

另外一個我們在軟體中用來自我安慰的謊言顯然是錯誤的：如果我們使用這個工具，這個框架，這個做法，就可以藉由免除一些努力而「節省時間」。發明船的人也發明了沉船，這提醒我們每一個解決方案都會產生新的問題；與其說我們在解決問題，不如說我們（希望）把問題替換成其他問題。如果我們把注意力集中在「解決問題」和「節省時間」上，我們就會錯過很多東西。同樣，我們必須放棄我們正在消除努力的想法。努力就像問題一樣，通常只是轉移，而不會消除，這是目前 DevOps 面臨的主要困難之一。

DevOps 試圖將開發和營運這兩個工作混為一談。令人鼓舞的是，DevOps 解構了開發和營運之間傳統的二元對立，但這兩項工作的職責並沒有消失。

正如你所期望的那樣，DevOps 的目標是提高生產力、速度、規模、可靠性、協作，以及其他一些在過去半個世紀中一直是我們行業中大多數計畫的目標。

DevOps 有各式各樣的模型，我們在這個行業已經討論和辯論了十多年有關它的實踐、它是什麼、以及如何實現它。出於我們的目的，讓我們快速瀏覽一下以確保我們已經定義了這個詞彙，並強調了一些可能對架構師／設計師產生最大實質性影響的關鍵原則：

- 在 DevOps 中，應用程式開發人員和維運人員不會在計畫／建構／執行之類的模型中被孤立，在傳統模型中，建構人員只是把完成的程式碼丟給維運人員。而 DevOps 模式卻不是這樣，他們在同一個團隊中工作，以獲得更完整的專案生命週期，並共享實踐和職責。發展、基礎架構、和安全性被視為所有人共同關心的整體問題的一部分。
- DevOps 以 IaC 為實踐的重點，要求傳統的基礎架構人員以開發人員身份參與更多工作，但是要具有基礎架構和營運的思維方式。他們不僅需要更加瞭解開發人員的做法，例如敏捷方法、程式碼儲存庫、測試、軟體設計、註解等等，而且還需要非常熟練地掌握這些做法。
- 它代表了思維方式上的哲學轉變，這兩個角色都專注在開發人員的生產力、彈性和可靠性、自動化和安全性。DevOps 工程師沒有將客戶需求序列化到產品管理、然後再到開發、然後再到基礎架構，而是透過和應用程式製造商一起工作來減少與客戶的疏離感。

儘管不同的組織試圖實現 DevOps 的方式可能不同，但是有一些做法在不同的應用程式之間看起來是一致的，並且很重要：

- 小而頻繁的更新，而不是大而不頻繁的重大推送。這需要一個持續整合（continuous integration，CI）管線和一個連續交付（Continuous Delivery，CD）管線。這樣的管線允許你對客戶做出更快速的回應，並提高可靠性，因為更改被隔離到小的批次處理，而不是大型的、不可預測的更新。
- 服務導向的開發。將單一功能與可獨立部署、可伸縮、可版本化的單一服務結合，並將該服務與組織結構圖上的敏捷團隊相結合，還可以幫助提高生產率、可靠性、上市速度和可靠性。
- 其他重要的做法包括 IaC、組態管理、以及將監視和日誌與應用程式開發實踐整合在一起，我們將在本章中對此進行討論。

當你根據組織的位置和需求進一步考慮基礎架構的角度時，這些是與你最相關的原則和概念。

基礎架構即程式碼

IaC 允許你以明文聲明的方式描述希望創建的基礎架構。軟體系統讀取這些聲明，並啟動相對應的基礎架構。IaC 允許你使用組態語法以純文字定義整個資料中心，而不是透過協商契約、爭取採購部門的支持、和提前投入大量資金來以不可重複和難以視覺化的方式定義資料中心。以這種方式提供資料中心的藍圖有很多優點：

- 你可以很容易地理解資料中心的全貌，以及支撐你的應用和服務的所有元件。
- 你還可以透過簡單地更改整個地區或特定區域名稱來重複該資料中心，以便跨多個雲端區域進行部署。
- 此外，基礎架構定義可以和其他團隊共享和重複使用，以便他們快速啟動專案。
- 由於它們是純文字檔，所以可以也應該儲存在程式碼儲存庫中，這意味著 IaC 定義可以進行版本控制。如果出現問題，可以將整個資料中心回復到最後一個已知的良好狀態。
- 你的基礎架構環境變得更易於測試。你可以（並且應該）撰寫一組測試來檢查基礎架構的健康狀況以及合法性。
- 你可以將治理定義為程式碼，檢查資源是否正確組態、標記並符合官方政策。

基於這些原因，IaC 是解構軟體系統設計的一個重要元素。在你的業務商用應用程式領域中，任何可以寫成程式碼的東西都應該要寫成程式碼，這樣就可以用 API 表示它並透過自動化流程調用它。

以下是一些實作 IaC 的常用工具：

- 為本機和遠端系統提供像 Vagrant 這樣的工具（*https://www.vagrantup.com*）。Vagrant 是一個由 HashiCorp 所創建的免費開源工具，可以讓你把一個完整的可攜式環境建構在一個檔案裡（稱為「盒」（box）），然後你可以共享這個檔。由於它定義了跨團隊的完整環境，這樣每個人都有同樣可重複、可正常運作的作業系統，而且所有工具的版本都一樣。這對於消除「在我的機器上明明就可以啊！」的症候群大有幫助。你可以用 Ruby 定義 Vagrant 虛擬機，你還可以搜尋現有的虛擬機來幫你快速進入情況。
- Heroku（*https://www.heroku.com*）是一個常用的平臺即服務（PaaS）工具，透過組態和編排容器（它稱為 “dynos”）來幫你管理和監控其生命週期，以及提供適當的網路組態、HTTP 路由、日誌匯總等。因為它是一個完整的 PaaS 工具，所以平臺定期執行稽核並維護 PCI、HIPAA、ISO 和 SOC 的合規性，從而完成各種必需但通常很繁瑣的任務。有了 Heroku，你可以為 Kafka、Redis、Postgres 等添加擴充套件。Heroku 還支援了 Ruby，Java，Node.js、Scala、Clojure、Python、PHP 和 Go。

- 使用 Chef 或 Puppet 定義、管理和測試自動化系統。這些工具可以幫你執行組態管理，Puppet 要求你先宣告資源之間的依賴關係，然後 Puppet 會幫你滿足這些依賴關係。另一方面，Chef 會依照檔案中所出現的順序滿足來所有資源。
- 用 Jenkins、Ansible 和 Terraform（*https://www.terraform.io/*）來實現建立生產環境基礎架構的自動化。這些工具可以幫助你在包括亞馬遜網頁服務（Amazon Web Services，AWS）、Google 雲端平臺（GCP）、OpenStack 和 Digital Ocean 在內的環境中進行部署。Terraform（也由 HashiCorp 提供）允許你使用 HashiCorp 組態語言（HCL）的高級專用組態語言定義和提供資料中心的基礎架構；你還可以使用 JSON 配合 Terraform 來配置你的企業 GitHub 帳戶、跨多個 IaaS 供應商動態創建伺服器、在另一個 DNS 供應商註冊它們的名稱、從協力廠商監控公司啟用它們的監控，並指定將應用程式日誌發送到彙總服務。

根據你的環境和需求，任何一種組合都可能會對你有所幫助。你可以將它們與 Docker 和 Kubernetes 結合使用，創建一個更可移植的基礎架構。

如果你正在使用 AWS 雲端，那麼你可能會使用 AWS CloudFormation 作為範本系統，以及像 Ansible 或 Jenkins 之類的工具來幫助你執行腳本。AWS CloudFormation 實質上是 YAML。你可以用它來描述 Amazon EC2 伺服器、自動縮放規模群組、安全性群組、資料庫、網路路由和 DNS、邊緣服務，以及你可以在 AWS 中創建的所有東西。

你需要與企業運營團隊協商主要心理上的轉變是：從歷史上看，營運和基礎架構人員不希望有任何改變。任何形式的改變都被視為失敗和不確定的機會，不但會讓人們忙到夜以繼日不得安寧，也犧牲了和家人相處的時間。IaC 要求你接受改變，並提供了一套實踐和輔助工具來支援這種心理轉變。IaC 世界的變化被視為改善的機會，而不是障礙或困難。

你將從組織的角度看到的第二個挑戰是，人們有時不願意放棄他們所知道的，或者不願意學習做事情的新方法。他們可能會感到威脅，或者認為他們的工作將消失或改變，他們將失去權力和控制。不要低估這種阻力的力量，包括那些可能正在運行傳統資料中心的企業營運團隊，或者（更糟的是）將傳統的資料中心營運思維帶到雲端。

衡量標準優先

在我們急於訂定最後期限的過程中，在沒有任何要求為尚未發佈的產品製作衡量指標數字的情況下，我們常常在設計和寫程式時沒有考慮衡量標準。

如果你不事先製定一套關鍵的衡量標準，你不僅會錯過展示你有多成功的機會，而且當截止日期越來越近、預算幾乎用罄、管理階層開始問東問西時，你也會拿不出什麼東西可以用來彙報。

預先定義整個專案成功的衡量標準，然後在實際記錄任何值之前，與高階主管核對一下，看看這些指標（如果你追蹤了它們並且賦予它們真實的值）實際上能不能提供他們所需的資訊，以確定你努力的方向是否正確。這是我們作為解構主義設計師與眾不同的關鍵。它有點像測試驅動開發（Test-Driven Development，TDD），在 TDD 中，你從客戶端的角度建立測試，但由於沒有程式碼可以完成測試，於是你就填入自己的程式碼以使測試順利通過。你最好能在組織 / 專案層級上這樣做，並且就像為專案定義你自己的測試集一樣，預先定義衡量標準。

如果你在最後才定義它們，這就如同你在做「德州兩步（Texas Two Step）」一樣：就在你正精疲力盡地交付一個重大專案的那一刻，你手上還有另外一個小專案需要找出正確的衡量標準是什麼。此時你會希望有適當的工具來完成它們，然而你卻不得不在當你沒有這些工具和流程時被迫塞一些東西到專案中，然後再花幾週（甚至幾個月），在最差的時間點想辦法補救你的產品性能或安全性。

對於廣泛的基礎架構，你應該考慮以下成功的衡量標準：

- 每項服務都有健康檢查嗎？如果想要快速在服務中添加健康檢查，可以查看 Netflix 執行時期健康檢查函式庫（*https://github.com/Netflix/runtime-health*）。
- 你是否對基礎架構本身進行了一系列的自動化測試，以顯示所有正確的服務都已提供，並且已經正確的連接到網路？
- 你是否定期執行 Veracode 掃描以生成開放網頁應用程式安全專案（OWASP）安全編碼實踐報告？這在整個專案中特別有用，這樣你就可以始終保持井然有序的安全性和可管理性，你可不想到最後關頭才發現有一長串在上線之前需要解決的安全性漏洞。
- 是否有透過監控工具測量平均故障間隔時間（MTBF）的機制？

- 是否有記錄平均恢復時間（MTTR）的機制？這是未來更重要的衡量標準，但通常在正式環境中出現問題之前是無法真正衡量的。然而，你應該事先做出決定，並就如何衡量這一點達成一致。通常，業務團隊會有一個虛擬房間或傳呼機任務之類的工具和流程，用於捕獲事件的持續時間。

在應用程式層級，你希望設置某些指標來告訴你應用程式的執行情況。儘管這些與基礎架構並沒有息息相關，但是它們所收集和衡量資訊可供你與業務團隊協作進行定義。以下是一些基礎架構導向的關鍵積效指標，可用來定義、收集和反映執行情況：

每項服務的延遲時間

這為你提供了執行任務所需時間的具體測度，無論這些時間是在旅行、處理還是回應時間中消耗的，密切專注於關鍵任務服務的延遲將是成功的關鍵。例如，若能始終如一地量測你的購物回應時間，將幫助你發現效能瓶頸，並調整你的基礎架構或程式碼以改進它們。它還有助於預測財務需求和可伸縮性上限。不要忘記離線批次處理作業：在它們周圍建立服務水準協定（SLA），並測量它們按時完成的頻率。

交通流量

這是對系統的負載和需求的量測，以便你清楚每個元件正在做多少工作。收集流量資料將指出你是否需要提供更多的支援基礎架構，或者你是否可以重新設計一個元件來並行地做更多的工作，或者是否可以採用非同步處理。當你測量你的流量時，你應該觀察它的模式和趨勢。如果它們擺動的幅度很大，可能表示你可以在那裡添加或微調自動縮放模組，以便相應地上下縮放。

可用性

這是很重要的，而且是出了名的難以持續測量。人們似乎一直在爭論這個問題。因此，當你宣稱「可用」時，最好弄清楚你的意思是什麼。由於這個原因，經常可以看到建議你在工作時間測量主要功能、在工作時間測量所有功能，以及 24x7 測量以上兩者。你可以考慮應用程式或產品的性質，以及可用性故障發生在不同時間可能產生的影響。如果你有一個財務報告應用程式，它可以在週末離線幾個小時，對用戶幾乎沒有影響。你的測量是否考慮了計畫內停機或僅考慮計畫外停機？你可以用任何對業務和產品有意義的方式去定義它，但要確保其一致性。

事件

按嚴重程度（優先順序 1、優先順序 2 等）測量的正式環境發生事件的次數。我認為定義太多優先順序沒有多大價值，因為它們往往會引發爭論和辯解，並導致人們忽視客戶真正關心的事。

你的組織可能更喜歡其他衡量標準。這裡的要點是確保定義可量測的衡量標準，儘早確定如何追蹤它們並報告它們，並確保它們是驅動你想要看到的行為的指標。

法規符合性對照圖

根據你的組織的大小和你的部門的角色，你也可以考慮使用**法規符合性對照圖**。這實際上是你權限範圍內的應用程式清單，以及它們與下一代工具集的相容性。建立一個包含應用程式清單和數個欄位的試算表，以捕獲應用程式當前狀態與目標或未來狀態工具集的特定面向。接下來，可以用紅色 / 黃色 / 綠色來指派分數，以指出每個應用程式與法規的差距。然後，你可以為每個應用程式分配一個業務優先順序，這將在 2x2 象限中產生一個分數：具有高度策略業務價值但遠遠不符合要求的應用程式也許可以優先考慮。

然後，你可以將此作為資料視圖，與你的主管和產品管理人員進行討論，以建立應用程式修復的優先順序路線圖。

自動化管線也要優先

通常，我們會在專案接近尾聲時再添加自動化的功能，我們要一直等到完成了大部分工作，才會將注意力轉向部署到驗收、上架準備或生產環境中，這將創建第二個隱藏專案。

然而，即使你什麼都沒有，我們還是想從自動化開始。我們先建立最簡單的“Hello World”專案，然後立即開始自動化整個 IaC 的建構、測試套件和部署。這就是你獲得最大收益的方式，因為你可以在整個專案開發過程中使用你自己的自動化。這總體上增加了效率和可預測性。此外，當你按照這個循序執行時，你不太可能從特定於應用程式的需求開始（因為此時應用程式只是一種空殼），並且你的自動化管線可以在整個組織中享受到更多的重複利用。

生產環境多元宇宙與特徵切換

在軟體行業，我們給自己講了許多自我安慰的故事。其中之一是我們有一個可靠的上架環境，它非常類似於生產環境，如果我們在這裡測試我們的程式碼，我們應該在生產環境中表現良好。這個故事的問題在於它幾乎從來都不是真的。

你必須將單元測試與整合測試、效能測試、和滲透測試分離開來。把這些事情想成是獨立的事情，它們可以根據你當前的情況而開始，也可以不開始。根據定義，滲透測試在生產環境中進行。但是其餘的都是在進入生產環境之前發生的。

試一下這個想法實驗：假設你根本沒有上架環境，然後想像一下你需要做哪些不同的工作來執行負責任的部署。完全測試是不可能的。

我們典型的思維方式有一個問題是，我們對理想環境中完美的軟體有一個想法（無論它是上架準備階段還是生產環境階段），而這些想法都是整體的。即使你的應用程式被分解成微服務，這裡的**想法**是整體、統一、完美、完整的。

如果你放棄了有一個完美的應用程式、一個完美環境的想法，你可以開始創建補償動作，當作你的設計中固有的和不可分割的一部分。這些補償動作不僅會彌補你不太依賴錯誤的以上架環境為基礎的事實，還會創造新的利益。

把應用程式看成是根莖形（由分散的根系統組成），是一種更誠實、更準確的世界觀，並且有利於我們的軟體。儘管這聽起來很抽象，但請考慮一下：你的原始程式碼管理系統是以一系列根存在的，它們可以合併回主幹，不同的人可以同時處理程式碼的不同區域。在大型開發專案中，沒有單一的、統一的程式碼庫欄位。程式碼庫是由多樣性所成的集合。我敢打賭，我們的軟體缺乏彈性和高品質的一個關鍵原因是，我們沒有在一個與生產環境「完全」相似的上架環境上花費 100 萬美元，這是我們必須放棄的幻想。當你的正常執行時間可用性以萬分之一的百分比量測時，「非常接近於生產」環境甚至是不可能的。我認為原因反而是我們對開發中程式碼庫的多樣性感到滿意，並強迫自己接受一個不準確的轉換，以致於在上架環境中我們就有現在一定是一個單一、統一、整體的「生產環境程式碼」的概念。

相信上架環境能拯救我們的想法對我們來說還不夠，因為我們無法精確地複製完整的生產環境。你也不會擁有所有完全相同的授權許可，這可能會非常昂貴。我們當然沒有相同的網路設定、防火牆規則和路由表。是否以相同的方式、相同的節流和服務級別授權給協力廠商 API ？當然不是。所有的檔案路徑相同、安全性群組也相同，URL 也相同嗎？資料不一樣，鍵值也不一樣。堅持這種想法會對我們造成傷害。

如果我們反過來將這種多樣化的開發環境分支推進到生產環境中，這意味著什麼？會不會給我們帶來什麼好處？我們又需要做些什麼？如果我們放棄上架環境的想法，把問題轉移到生產環境上，又會怎麼樣？我們需要把這些路徑、可擴展性、可組態性，建構到我們的程式碼庫中，並顛覆生產環境的概念，使其更有彈性。

我希望目前在我們的解構設計中有一個更直觀的第一個念頭，我們試著去找出二元對立，看看哪一個詞彙享有特權，並推翻階層結構以確定它們是如何相互聯繫、相互依存、和如何通知對方來建立一個新的改進的空間。在這種情況下，我們不會把生產當作未受污染的、完全不同的東西來對待，而將生產環境的優先權置於非生產環境之上。當然，我們還是必須妥善保護生產環境。這裡並沒有說要輕率的對待一個必須是堅固的、有彈性的、安全的生產環境，也沒有說要鼓勵馬虎或增加系統的失序。

更確切地說，我的意思是，在生產環境中部署的程式碼庫本身可能有許多可靠的途徑，可以針對不同使用者、不同國家、不同百分比來打開或關閉。我聽說有數百個 Expedia.com 的「版本」同時在生產環境中運行著，因此不要把生產環境看作是一個單一的整體，而應該把它視為一本自己選擇的冒險類書籍，或者是主要火車站的軌道所成的集合：這些軌道可以依使用者要求被切換到前往不同地點的火車路線。

實現這一點的一個好方法是透過**功能切換**或**功能標誌**。

實作功能切換

功能切換有兩個主要的使用案例。一個是你想讓一部分的使用者試用一個新版的演算法。你可能不確定它的效果如何，或它是否能以更高的速率把購物者轉化成買家。因此，你要慢慢地把它介紹給網站的一部分訪客，而不是以僥倖的心態把它一次就應用在全體客戶身上，然後希望它能起作用；如果它不起作用，你將面臨將其全部退回前一個版本，並回去弄清楚該怎麼做的問題。功能切換解構了「全有或全無」和「完全開啟或完全關閉」的二元對立，讓你以一種漸變的方式觀察世上的回饋，並相應地實現新的功能或演算法。”

功能切換的第二個主要使用案例非常類似：你希望在 A/B 或多元測試場景中同時運行兩個版本，並收集資料以瞭解哪個版本執行得更好或轉化得更好。這在電子商務中很常見，我們可能會有一些不同的商品資訊、顏色、照片位置等等。你可能有不同的按鈕標籤，在相同的資訊上有不同的變化，比如「馬上購買」或「加到購物車」或「預訂！」，你需要向相同類型的不同使用者顯示這些資訊，以衡量哪個較成功。如果「馬上購買」按鈕顯示的對話率高出 10%，你可能會想要採用該措辭，並結束你對其他候選標籤的測試。

讓我們來思考一下如何實作功能切換。用最低等級的方式，你可以把舊的程式碼註解掉，以便執行新程式碼，然後重新部署，如果沒有成功則切換回原來的程式碼。然而，這並不是我們所說的。除了將程式碼注釋掉是一種可怕的方法之外，它並沒有達到我們想要將部署思維與「發佈」思維分開的目的。

一種稍微高級一點的方法是讓標記動態化，這樣你就可以同時使用函式 / 演算法 / 任何你想要切換的選項，然後在設定組態或執行時參數中翻轉一個布林值來聲明要執行哪一個功能：

```
if (flagEnabled) { return exciting new thing }
else { return standard thing }
```

你可以對此進行更深入的研究，比如你可以用一個函式來確定執行時請求所在的路徑。你甚至可以建立一個使用者介面，讓你很容易看到所有的標記並打開或關閉它們。這裡不足的地方是布林值僅表示開或關，你必須在兩種狀態中選擇一種。但更糟糕的是，你的程式碼將變得到處都是雜亂的條件邏輯，而且你正在創建的狀態機將變得更加複雜，因為你放置了更多的標記。在這種情況下，至少有一些使用者處於糟糕狀態的可能性會變得更高。

更複雜的方法是使用策略樣式，這個方法也是我的首選。如果開發團隊知道在設計每一個微型服務時，他們必須確保服務不包含實際的業務邏輯，而是所有的業務邏輯是透過策略模式「注入」，你就能讓你的程式碼保持非常乾淨、直觀、可讀、和可管理，同時還提供功能切換的能力。你可以使用一個令人興奮的新演算法和一個保留舊演算法的策略。然後，你可以建立設定切換上下文的路由器元件。它的組態檔為純文字，可將各種策略的實作跟執行時的屬性關聯起來。例如，你可能想把負載平衡器選擇的 5% 的請求發送到策略 A 路徑，其餘的發送到策略 B。或者，你可以根據請求來源、地理位置、登錄使用者、忠誠會員、隨機 Cookie 設置，HTTP 標頭設置、或任何適合你需要的內容來選擇路徑。在微型服務設計中，應該使用策略模式作為標準組態，並且為了進行功能切換，它可以避免任何有條件的程式碼亂碼。

策略樣式

我們在前面已經討論了久負盛名的四人幫的策略樣式，而現在正是回顧這個簡單又強大的設計技術的好時機。參見 DoFactory 中的解釋、圖表和範例（*http://bit.ly/2m3136T*）。這些例子是用 C# 寫的，由於解釋得非常清楚，而且程式碼也很容易解讀，因此我總喜歡向人們推薦它。

你可以在 Martin Fowler 的網站上（*http://bit.ly/2m31 6zB*）找到一篇關於思考和設計功能切換的好文章。這篇文章很長，所以你要有心理準備，但如果這個想法對你來說很重要，那麼這會是一篇很好的文章。

最後，如果你真的喜歡這個功能切換的想法，並且發現自己想要全力以赴地使用它，那麼你可能也會對功能標記即服務感興趣，你可以到 Launch Darkly 網站（*https://launchdarkly.com/*）一探究竟。

總是先考慮功能切換的概念，並假設你將同時運行多個生產環境，這是瞭解使用者真正喜歡什麼、他們如何使用你的應用程式、以及什麼最適合你的業務的最佳方式。

多臂吃角子老虎機：機器學習和無限切換

Netflex 的使用者介面是這個想法的傑出擴展。更現代和先進的功能切換方法，不是在於選擇要切換到那一條路徑，而是以很多面向作出很多切換，最終會得到成千上萬個同步版本的應用程式，以致於整個切換的概念消失了，並且被歸併到機器學習的領域，這種程度的個性化代表解構設計的一個關鍵面向。

他們不只是用機器學習來選擇推薦給你的電影，甚至根據你的喜好選擇電影的影像縮圖。我強烈推薦你到 Netflix 的工程部落格（*http://bit.ly/2kH70GC*）上閱讀該公司如何做到這一點。Netflix 使用多臂吃角子老虎機器學習演算法，根據你之前喜歡的物品，為你個人選擇最佳影像。例如，如果你看過並喜歡幾部麥特·戴蒙的電影，Netflix 在推薦《心靈捕手》時為你挑選的圖片中也會有一張他的照片。如果你從未看過麥特·戴蒙的其他電影，但看過很多喜劇，它可能會從羅賓·威廉姆斯主演的那部電影中選擇一張圖片。

然而，在你之前的一排老虎機裡，其他人可能會得到更好的回報。你永遠不會得到最佳的報酬，除非你設計出一種組合，把繼續使用你知道有效的機器和偶爾嘗試其他可能更好的機器結合起來。MAB 操作的這兩個軸線被稱為「充分利用」和「探索」：你繼續執行已知的可行方法（即充分利用），並在最佳平衡狀態下探索其他可能更好的選項。機器學習演算法在執行多次之後，當它學習到這種最佳平衡狀態時會收斂。這是一個基本的推薦引擎工作原理，建議那些買了睡袋的人也去買了手電筒，然後偶爾推薦一些可能命中率較低但代表較高的收益和利潤的東西，就像偶爾也會推薦一下帳篷那樣。你的 MAB 在這裡應該最佳化的不是轉化次數，而是總收益或總利潤。

你的資料科學家應該能夠在短時間內設計出一個很好的多臂吃角子老虎。如果你沒有一個強大的資料科學團隊，或者想要快速測試它，劉傑森（Jason Liu）已經把他的 Java 多臂吃角子老虎函式庫（*https://github.com/jxnl/bandits-java*）放在 GitHub 上，這是一個簡單的開始方式。

正如你所看到的，現在很難說有一個「Netflix 網站」。把「Netflix 網站」說成好像只有一個，而且總是千篇一律，幾乎沒有任何意義。Google 顯然也是如此，你可以看到基於樣式個性化的結果，甚至是除了你以外沒人能看到的結果。

在你的設計工作中，問問你自己如何才能以對你的使用者和工作負載有意義的方式闡明一整體式統合應用程式的概念。怎樣才能讓事情變得更快更簡單呢？你是否設計了一個整體式工作流程當作「一個整體敘事」來統領一切？或者你是否考慮過同時擁有新手和高級使用者，並考慮過如何區分這兩者，並即時修改工作流程步驟或向他們顯示其他控制項？這是一個無聲、無縫、奇妙的方式，使容易的事情變更容易，而困難的事情變得有可能。

你要如何介紹生產環境的多元宇宙路徑？

基礎架構設計和文件檢查清單

在你的作品介紹或設計文件中，你需要向團隊明確指示你所做的基礎架構決策。以下這些都應該是你在你的架構中概述並採取明確的聲明性立場的事情：

- 說明你使用的基礎架構供應商。這是在內部部署，還是在雲端（如果是，是哪一個），還是混合？
- 作業系統。這應該包括你是否希望使用雲端供應商的軟體版本。通常，它的優點是作為一種服務定期更新補丁，以減輕團隊的責任。
- 如果你用的是公有雲，那麼你必須明確聲明將部署到哪個區域。根據你的客戶所在位置、雲端區域和任何本地運行之間的延遲（那裡的系統將需要返回到你的資料中心）以及每個雲端區域中可用的工具來做出決定。即使在同一個雲端供應商中，也不是所有的區域都具有相同的功能，所以一定要檢查。
- 你將在該區域內部署多少個資料中心（AWS 中的「可用性區域」）？
- 你會使用邊緣快取嗎？透過哪個供應商？
- 你的應用程式設計是否有特定的基礎架構需求？例如，你可能選擇完全放棄網頁伺服器，而是將你的靜態資產（如 JavaScript、CSS 和影像）部署到一個儲存服務（如 Amazon S3）中，再由邊緣快取提供這些服務。

- 定義如何處理安全性群組和存取控制清單（Access Control Lists，ACLs）。哪些服務將屬於哪些安全性群組？當每個服務只能透過它們自己的負載平衡器訪問時，你將如何平衡可維護性的複雜性挑戰？資料中心之間需要什麼連接？你會用到直撥嗎？你是否需要使用堡壘主機或跳轉伺服器來控制對環境的存取？
- 定義如何處理金鑰管理。
- 你如何預測規模的縮放？下一個或下兩個你希望部署的地區是什麼？
- 你將如何處理災難回復（disaster recovery，DR）？或者你可能選擇不使用 DR，而是使用我所說的「內建 DR」，即在三個或多個資料中心中採雙主動（active-active，AA）架構，並將 DR 投資與主動式執行時投資合併。當然，這必須設計到應用程式中。
- 為了支援相關基礎架構的做法（例如 IaC），你應該指定管線的設計。還要指定一些看起來可能會產生重大影響的小問題，比如不允許任何人使用雲端供應商的 UI 控制台進行更改，而是要強制要求所有的基礎架構更改都只能透過 IaC 自動化流程進行。
- 為了有助於控制成本，你應該指定如何進行資源標記。如果你是 AWS 使用者，請務必閱讀其標記指南（*https://amzn.to/2ks05z8*）。
- 當然，你必須指定典型的事項，例如負載平衡器、DNS 名稱和相關的 IP 清單、防火牆、路由、反向代理和基礎架構通訊設定，包括伺服器類型、供應商、電力和容量以及請求會經由什麼路線通過它們。你將允許和不允許哪些通訊協定？
- 必須進行哪些監控？你有哪些警報和觸發器？
- 你將如何執行自動縮放？為這些規則定義的閾值是什麼？
- 你會使用虛擬化服務、伺服器、或閘道嗎？你將如何控制來自網際網路的流量？你是否需要 API 服務層（在這種情況下，你必須能夠正確地識別流量）？
- 列出你期望擁有的環境。只有生產環境、測試環境和開發環境嗎？或者還會有整合、展示、上架準備、驗收（user acceptance testing，UAT）、認證、和負載測試，或者會在某些方面有重疊？要非常清楚這一點，因為這是 IaC 人員要建構的規範，並且對成本和可管理性有重大的影響。確保你清楚誰會使用它們，何時使用，如何使用，用於什麼目的，把這些放在圖表裡。這看起來似乎是顯而易見，但將需要至少兩次會議才能整理出頭緒，然後在沒有按照規範行事或財務部來找你時，再召開一次會議來勒緊褲腰帶。

當你做這些選擇時，一定要做成本的計算和預測。如果你最終得到了一個非常有彈性的架構，每月的運行成本高達一百萬美元，你可能會被要求修改你的計畫。在你做這些決定時，確保你與財務和產品部門緊密合作。畢竟，它們是商業決策。

混沌

身為解構主義設計師，要記住我們在概念生產中一個重要工作是識別值、引數、原則、和明顯的上層架構，以發現他們的對立：我們發現，在我們正在處理的一組概念中，存在著二元對立。當我們發現一對二元對立時，我們可以確定哪一項具有特權，哪一項是邊緣化、次要、或附屬的。透過分析，我們將發現特權項目實際上是如何依賴於邊緣化項目的，它們是如何相互聯繫的。這樣的分析讓我們能夠顛覆這一特權，這是可取的，因為它將幫助我們發現一個更創新、更好的設計。它將會更好，因為它將是一個更準確和更有遠見的世界觀，所以我們的概念將會更乾淨，更豐富，並反映一個更真實的事態。這將改進我們的設計，剩下的只不過是將我們的概念轉錄為程式碼而已。

在我們的世界裡，一個非常普遍的二元對立是開發環境與生產環境的對立。我們希望開發環境不是蠻荒的西部，但我們預計這裡會有點亂，根本無法向客人展示。我們希望它是動態的，而且我們在開發過程中幾乎一定會打破一些慣例，畢竟我們是在製造一些以前從來沒有的東西。

另一方面，生產環境應該被凍結，與動態、原始、完美剛好相反，它絕不能被修改、必須被悄無聲息地踏過、小心翼翼地踩著、甚至不能多看它一眼，也不允許低聲說話。在這種二元對立中，生產環境顯然是一個特權項目。

混沌工程是 Netflix 在 2010 年左右創造的一個術語。作為解構主義設計師，這是一種奇妙的創新做法，它讓工程師們顛覆了那個神聖而不可侵犯的理念：生產環境永遠不應該當機。不要把生產環境看作是你希望永不中斷的地方，也不要把生產環境看作是你想盡一切辦法防止中斷的地方，而是有意地中斷生產環境，以使你的應用程式更有彈性。它是美麗的。如果你真的這麼做了，效果會非常好。

Netflix 為此開發的開源工具叫做混沌猴子（Chaos Monkey）。你可以把 Chaos Monkey 看作是一種失敗即服務的平臺。它做了一些基本的事情來為你的應用程式服務製造問題。當你看到你的應用程式是如何藉由製造這些常見問題並觀察它是如何回應的時候，你就可以設計和計畫對你的應用程式進行更改，以改進它在這些不利條件下的行為。這樣，你就建立了一個極好的回饋循環。也許打個比方，這有點像接種疫苗：你用一點現實世界的麻煩來感染你的應用程式，以便建立強大的防禦，防止它在自然環境運作時發生破壞性的事件。

它往往藉由以下幾項工作來運作：

資源

　　讓你的服務缺乏正常運作時所需的資源，這些可以包括 CPU、記憶體、或磁碟空間。在現實世界中，像這樣的常見問題是由失控的執行緒、停滯的程序、以及由於組態不當，和（在 Linux 上）打開太多檔案所導致。

狀態

　　改變服務的底層環境狀態。這可能意味著關閉叢集中其中一台伺服器的作業系統、重新啟動一台機器、或更改網路時間。這可能意味著刪除一個依賴關係。

網路

　　建立模擬的網路穩定性問題。你可以終止一個特定的程序或者使網路塞暴。

請求

　　為特定的請求隨機製造一些問題。

由於混沌猴子在 Netflix 內部的常用和實用性促使該公司催生了一支完整的「類人猿軍團」(Simian Army)，包括破壞整個資料中心的「混沌猩猩」(Chaos Gorilla) 和破壞整個地區的「混沌金剛」(Chaos Kong)。其他的猴子則更「有用」，比如「看門人猴子」(Janitor Monkey) (*http://bit. ly/2M4GoLB*) 會掃描剩餘的和未使用的資源並進行清理，「糾察猴子」(Conformity Monkey) (*http://bit.ly/2lWOyvF*) 會定期執行並檢查你的所有資源是否符合預先定義的規則，例如正確標記，創建一個簡單的「治理即程式碼」(Governance as Code) 的形式。

你可以先從閱讀《混沌原理》開始 (*http://principlesofchaos.org/*)，然後可以下載 Chaos Monkey (*https://github.com/Netflix/chaosmonkey*) 在本機運行，並閱讀有關如何安裝和使用它的文件。

你也可以用 Gremlin (*https://www.gremlin.com*) 來嘗試使用「混沌即服務」(Chaos as a Service)，而不必試圖自行安裝和設定。

利益相關者的多樣性及其內幕

如果你做了一個思維實驗，並且想像你的內部同事也是你的客戶，每個人的後端都是其他人的前端，那麼開發環境對開發人員來說就是生產環境，那麼你可能會改變一些做法來幫助你的外部付費客戶。

系統所有的使用者是哪些人？在不同的階段有很多不同的使用者。

開發人員是系統的第一個使用者。你可以做幾件事情來為他們做好準備，這樣他們就不會因為每天面對同樣低層次和乏味而頭痛，你也能從更快樂的開發人員中得到回報：

- 投資自動化。這包括部署、測試、和資源調配。在開始寫程式之前，需要在軟體發展生命週期中插入一個步驟，以確保為它們設置了表。從某種意義上說，你首先要為生產環境而建構，但要以開發人員為客戶。
- 作為一名架構師和有影響力的領導者，盡你所能的消除流程官僚。他們花在只是為了進入每天工作的環境所填表單的時間越多，他們就會越暴躁，越容易從重要的工作中分心。
- 系統部署到付費客戶手中後，開發人員便是該系統的使用者。確保他們進行了深思熟慮的註解，使程式碼具有可讀性，正確地命名和分段，這將有助於他們在修復錯誤和進行維護更新時提高工作效率。

網路營運中心團隊和一群在凌晨 3 點被緊急電話叫醒的可憐蟲也是你系統的使用者。請務必確保授取以下措施以照顧這些客戶：

- 必須對它們進行適當的監控，以獲得透明度和清晰度。
- 正確記錄訊息，並仔細設計日誌子系統和命名約定。考慮如何撰寫訊息以使其能夠被 Splunk 這樣的系統快速查找和索引，並考慮如何彙整這些訊息。
- 能否將元件建構為託管元件（可以將 Java 中的託管小程序（Managed Beans）視為 Java 管理擴展或 JMX）（*http://bit.ly/2kGZFH6*）？將服務包裝或裝飾為託管元件，以便在運行時進行與供應商無關的查看、監視甚至更新。Apache Cassandra 資料庫就是這樣做的，它基本上把軟體系統內外翻轉，讓所有的運行時元件都可取用。這是該系統的一個非常棒的特性，允許供應商在其上非常容易地建構監視和操作控制台並插入現有的控制面板。

製造託管元件

就算你不使用 Java 也沒關係，重點是在任何語言中使用託管元件的概念。使用 CommitLog（*http://bit.ly/2ltMtW3*）和 CommitLogMBean（*http://bit.ly/2krd6uu*）查看 Apache Cassandra 在 GitHub 的原始程式碼中是如何實作的。你不需要擔心 Cassandra 如何工作或提交日誌是什麼；這只是一個很容易取得的例子。

測試人員和稽核人員也是系統的使用者，請考慮一下他們的需求。顯而易見的一點是，如果你只考慮坐在 UI 前面點按滑鼠的「使用者」，那麼長期來講將危害到你的產品。你在設計中為支援這種更多樣化的客戶群所做的一切努力都將得到回報。

總結

在本章中，我們回顧了各種現代實踐和方法，你可以用這些做法讓你的基礎架構更具可伸縮性、彈性、可預測性和可管理性。

有關我們這裡所觸及的基礎架構體系，可以寫一整本書來探討其中的具體細節，而我們主要關心的是建構軟體產品或應用程式相關的基礎架構的考量，因為基礎架構本身並沒有意義；它的存在純粹是為了提供某種應用程式的平台。

在第十章中，我們會把注意力轉到更廣泛的開發方法、操作和變更管理的流程。

第三部分

營運、流程、管理

在第三部分中，我們將探討你在組織環境中作為一個語意設計者所扮演的角色。假設你是一個技術創意總監，在你使用提供的範本和指南解釋並將理論轉化為實踐之後，你需要啟動和運行你的專案和系統。在你完成之後，它也必須得到適當的管理。在這裡，我們探索一些最佳實務來治理和管理你的作品，包含了範本和實用的指南來幫助你完成任務。

最後，我們以宣言來為語意軟體設計的主要原則作一個總結。

第十章

創意總監

根據組織的規模、行業、業務範圍和文化，以及 IT 或產品開發的一般性角色，架構師可能很難知道他們的角色是什麼，或者應該要做什麼才能奏效。我經常看到小公司的 CTO 基本上就像首席程式設計師一樣。有時這是必要的，或者對於這個公司而言「一直都是這樣」。

此外，本書進一步質疑「架構師」根本不是我們所需要的角色，而我們在語意和符號學方面的努力才是必要的。

本章的目的是幫助你定義你的角色範圍，甚至可能擴展它。最終你很可能成為首席語意學家、最主要的語意學專家、首席設計師、創意總監、首席哲學家，或者類似的角色來更好地反映實際的工作。因為每件事都是設計的潛在主題，所以將你的設計思維和工具集帶到組織中更廣闊的範圍可以幫助它更有效、更清晰和更高效。

語意設計師的角色

就我的觀察，角色明確在許多組織中都是一大挑戰。如果你不確定自己應該做什麼，甚至不知道到底怎麼樣才算是成功，你就很難聚焦在工作上、投入到持續學習中、研究最佳實務、並全力以赴做到最好。角色不明確是組織中離職主要的原因之一。人們變得過度在意跨越的界限在哪裡，或者由於缺乏溝通而留下沒有人負責的缺口。我們經常在系統設計和程式設計工作中定義服務契約，然而卻完全忘記如果想要有效果而且還要有高的效率，我們必須對我們的角色做同樣的事情。

因此，儘管我不認為每一個的行業、組織和文化對你的角色都有精確的定義，但我還是鼓勵你嘗試定義它。

首先，你可以考慮團隊中的架構師或設計師的技能或工作描述之類的內容。這個人必須知道什麼，他或她必須有什麼喜好和才能？當然，你可以上網找到架構師的各種工作描述，但這不是我們現在的重點。我們反而想要知道的是作為一名首席設計師、首席哲學家、首席技術長、首席架構師、首席概念師，或者任何你在組織中能夠獲得的頭銜，你可能會做哪些不同的事情。以下特質可以代表這個角色：

- 對我們的行業和業務有深刻的瞭解：主要經濟驅動力和因素、競爭環境、客戶需求、威脅和機會。
- 對策略諮詢工具有深刻瞭解的策略思想家（關於這方面的優秀入門書籍，請參閱本書的配套書籍《**技術策略模式**》）。
- 精通邏輯，集合論，修辭學，後結構主義和倫理學的哲學、分析性思想家。
- 能夠形成和溝通基本的軟體設計概念，以支援業務成果的能力，必須能掌握語意學和符號學。
- 具有音樂、戲劇、舞蹈或繪畫等一個或多個藝術領域背景的以設計為導向的創造性審美思想家。瞭解市場行銷和廣告所關心的焦點、方法和需求。
- 以資料為導向的思想家，基於資料建立論點，並在有意義的模型中進行溝通，能夠協助機器學習工作。
- 較強的教學／輔導能力，溝通廣泛的概念和令人難忘的故事，創造團隊之間的整體環境，不但專注於「在哪裡」和「為什麼」，同時也注重「如何」。定期和熱心地教導和指導團隊成員瞭解概念和最佳實務
- 在所有技術領域（業務、資料、應用、科技）都有良好的涉略，並在其中至少一個領域有很深入的瞭解。
- 善於書面和口頭表達能力，能夠撰寫篇幅較長的檔，詳細介紹全面的解決方案，同時也能夠撰寫簡短的檔，清晰地表達觀點，具有很強的影響力。掌握高度分析性、辨別力強的概念創造語言。善於傾聽和與客戶溝通，具有說服力和鼓舞人心的演說家。
- 有效的正式表達技巧：如果你不能以一種清晰而鼓舞人心的方式與他人交流，就算你的想法有多好也不用。
- 具有直接領導能力和影響力。通常很少有人（如果有的話）會向首席架構師或首席系統設計師彙報工作。即使 CTO 可以接有一個小組，但是即使是整個開發團隊，他們也必須能夠透過影響力來領導其他業務夥伴。

- 擅長規劃和專案管理。
- 擅長解決衝突、客戶談判和業務開發。

請注意，我們所期待的特質清單和你在典型的職位描述中發現的主要區別是，我們更加著重於**策略、哲學、美學／藝術、教學／指導和資料**方面的技能和背景。

當你將世界視為有關聯的事物列表的清單，而所有這些清單都具有屬性，那麼你就可以看到所有東西中的資料。請注意，它並沒有說「資料驅動」。我們希望從資料中獲得資訊，並利用它來協助判斷和評估，但這遠遠不是唯一要解決的問題。這是我們需要開發才能的方向，以便在我們的組織中更有成效。

我們的責任可能包括以下內容：

- 記錄跨應用程式、技術系統、業務流程、組織和文化的當前和未來狀態設計。為轉型提出演進計畫，並協助規劃和變更管理，包括撰寫設計定義檔（參見第五章）。
- 解決方案的諮詢：回應客戶的需求建議書（RFP），為客戶需求找出可能的解決方案，確定最佳的產品組合、配置、協力廠商技術夥伴關係和重要的差距，並記錄策略方法。開發強大的客戶事實基礎，包括業務策略、技術策略、技術／基礎架構能力和需求、常見問題、組織能力和限制。
- 使用資料驅動方法來確定設計決策。
- 能夠快速為大規模和局部的問題和解決方案建立清晰的溝通模型。
- 透過圖片、造型畫冊、維基百科、樣式和正式指南來指導技術/開發團隊。建立願景和策略技術方向，以傳達共同的目標和實現目標的方法。
- 隨時掌握經濟、政治、科技、媒體和行業的趨勢，能夠得出有意義的結論，並向高層領導提供有關策略業務和技術方向的建議。
- 建立正式的方法和創新的模型，以檢視整個組織中的概念，包括與人、過程或科技相關的概念。
- 理解並協調技術爭端中的人員之間的權衡。

根據資歷的不同，一些額外的職責可能包括以下內容：

- 識別技術風險並提出補救建議。
- 決定、文件、校對和溝通設計決策。

- 在文件、造型畫冊、架構定義、架構手段檔或其他捕捉概念的工具中正式表達系統設計。
- 正式說明系統的設計（無論軟體系統、流程或組織變革）如何支援可擴展性、可伸縮性、可用性、可攜性、可管理性、可監控性、安全性和性能的「可能性」。包括業務、應用程式／服務、資料和基礎架構的層面。
- 驅動整個業務組合的完整性和能力準備。
- 審查設計、程式碼、環境和測試。
- 建立流程、專案和專案管理規則和里程碑，並設計執行指導委員會會議，以確保設計定義在實施的解決方案中得以實現。

定義、發佈和溝通這個角色是一個非常好的主意：它可以幫助其他人瞭解你的工作是什麼，這樣他們就不會想像或假設它是別的什麼工作內容，然後不斷地想知道你為什麼不這麼做。它幫助人們知道什麼時候該讓你參與進來、為了什麼目的、什麼時候讓你獨自思考並且把工作完成。

各行各業的創意總監

商業諮詢之父彼得·德魯克（Peter Drucker）幾十年前有一句名言：任何企業的目的都是為了創造客戶。一個企業只有兩個功能：市場行銷和創新。

諸如法律和人力資源等任何不是市場行銷或創新的東西都是必要的支援功能。

我們必須問自己的問題是：我如何在組織中創造價值？

軟體的設計者和製造者透過創新創造價值。創新，顧名思義，就是創造一些新奇的東西，它不像在硬體工廠生產線上一樣老是做重複同樣的事情。

在一個企業中，任何不是創新或行銷的東西都是一種成本。架構師必須是價值創造者，而不是普通職員。

蘋果、微軟和亞馬遜都有「架構師」的頭銜。一般來說，Facebook 和 Google 都沒有聘用架構師。我們的行業正處於走向成熟的轉捩點上，我們正在探索新的工作方式，以便隨著科技變化和實務演進，更能好好地實現我們的目標。

建築師必須為客戶創造價值。很多時候，他們沒有這麼做。如果你有一個知識淵博、協作能力強、工作速度很快的開發人員，那麼他們自己就可以很自然地完成「應用程式架構」的工作。專案經理的角色也是如此：如果人們說他們會按時完成任務，你就不需要經理了。但他們並沒有。

專案中的某個人必須跨領域協作，以實現業務的真正目標，這不是告訴工程師該做什麼，而是協作創建一個願景和統一的概念，以滿足行銷、產品、基礎架構、法規符合性和策略的各種需求。要做到這一點，你必須採取雙重的、顯然是矛盾的行動：你必須創新，你必須讓你的創新具有可重複性。你正在創建一個系統中的系統，並不是規定了系統本身，而是規定軟體系統可以在滿足所有這些相互矛盾觀點的前提下重新出現的環境。你必須立刻定義一種可以測量做法，除了能滿足預算和時間表之外，同時支援創新和發明，這是價值創造的標誌，而這也意味著你不能總是做你以前做過的事情。

考慮一下電影電視、音樂、廣告、媒體和時裝公司的生產。這些行業比軟體行業存在的時間要長得多，而且沒有一個行業雇用任何以「架構師」為頭銜的人，這個稱號是不必要的，也許已經超出了它對我們的有用性。

但是，是否不需要有人看顧跨多個專案，並確保他們與更廣泛的願景一致，站在財務、人力資源、管理、法規、技術、和材料生產等繁忙的十字路口，跨越各種更明確的內部規範，以確保他們都匯集在同一個作品中嗎？

事實上，在這些行業中都有這個角色，稱為**創意總監**（*creative director*）。讓我們簡單地來看一下，也可以從中學到一些東西。

時尚業

時裝公司的創意總監是公司裡最資深的創意角色，通常也是最為關鍵的角色，因為商家的起落主要取決於它們的創意總監。普拉達（Prada）的創意總監是繆西婭·普拉達（Miuccia Prada），她也是聯合首席執行長。在被告知女性不能經營她祖父的公司後，她接管了這家公司。當她執掌普拉達時，這家公司的市值為 45 萬美元；而今天它的市值為數十億美元。湯姆·福特（Tom Ford）在開自己的店之前，曾擔任古馳（Gucci）和伊夫·聖洛朗（Yves Saint Laurent）的創意總監（他也是奧斯卡提名的電影導演、編劇和製片人）。

創意總監的工作不是設計服裝本身。他們的工作是**創造概念**。這些概念將適用於整個系列或整個商標。他們的工作包括：

- 瞭解市場需要什麼，以及客戶想要什麼，他們甚至可能不知道自己想要什麼
- 確定應該在限制和可能性範圍內進行哪些設計
- 表達一個包羅萬象的概念，允許許多不同的本地設計來支援保持相關性所需的創新，同時也支持生產和發佈設計實現所需的一致性

從這個意義上來說，他們是一個中繼建模者（meta-modeler）；也就是說，他們做出了一個可以進行設計的設計。

電影業

在電影業，創意總監可能是導演或產品設計師，他們必須完成以下所有工作：

- 管理團隊。
- 透過影響力領導。
- 討價還價。
- 嚴格控制預算。
- 瞭解音樂、人物、對話、編輯和節奏是如何一起講述故事，在關鍵的時候向觀眾揭露他們需要知道的內容，這樣他們既能瞭解發生了什麼，又能保有足夠的神秘感來繼續看下去。
- 設計所有的道具和佈景，風景和燈光，形成統一的概念。
- 向負責每個區域的當地設計師表達統一的概念，這樣他們就可以為各自的區域製作自己的設計。
- 和團隊一起想出如何發明足夠熟悉的東西來吸引觀眾，同時又足夠新穎來讓他們買票。

創意總監是為一部電影或一場表演賦予其外觀和感覺、情緒、與劇本、演員的統一以及工作室的目標和限制的人。

對我們這些較有科學頭腦的人來說，可能很容易鄙視或嘲笑藝術家為沒有組織能力的人，或者是不瞭解商業應用知識的嚴謹性的人。雖然軟體專案通常會延遲幾個月之久或超出預算兩到三倍不等，但是你最後一次聽說一個表演沒有在廣告上所說的那晚開演是什麼時候呢？電影有時確實會超出預算，但導演不僅要負責組建創意團隊，還要確保在前期、拍攝和後期的每一個階段都能正確的執行。在某種意義上，電影的製作類似於軟

體專案。你有了劇本（需求），你在拍攝前用簡單而划算的草圖製作了故事板，讓每個人都能想像如何將其組合在一起，並以 100 萬美元到 2 億美元甚至更多的預算來管理所有的人員、地方和事物。

《法櫃奇兵》是如何製作的

2017 年，HBO 紀錄片《史匹伯》（*Spielberg*）講述了這個故事。1980 年代的指標性電影是《法櫃奇兵》。喬治·盧卡斯最初把這個劇本的想法拿給史匹伯的時候，他對執導這部電影很有興趣，但是這個劇本被好萊塢的每個大製片廠拒絕了。最後派拉蒙是簽了約，但是製片廠卻不讓史匹伯出任導演，因為儘管他之前的電影如《大白鯊》和《第三類接觸》受到好評，但其製作的預算卻超出原先預算的兩倍到三倍。但是盧卡斯認為他的好友史匹伯是最適合這個工作的人選，因此極力爭取他來執導。製片廠最終達成了一個堅定而實際的條件：

史匹伯絕對不允許超出他們講好的 2000 萬美元預算。他很難想像用這麼少的預算能拍出這樣一部史詩級的電影，但他做出了承諾，同時也做出了許多權衡和調整，以兌現承諾。拍這部電影的時候史匹伯格也有了新的發現，他需要遵守紀律，並保持預算，他透過各種實際措施做到了這一點：通常電影一個場景要拍 30 到 40 次，但是他們只能負擔 3 到 4 次，所以史匹伯對電影的每一個場景進行了分鏡腳本，在進行任何拍攝之前，先用鉛筆和紙像漫畫那樣把它們畫出來。當其中一位演員生病時，劇組裡就會有人跳進來，扮演一個會讓拍攝按計畫進行的角色（這部電影實際上比預定時間提早完成）。

這部電影大獲成功，也因其歷史和文化意義進入了國會圖書館，獲得了八項奧斯卡提名（包括最佳影片獎），並在近 40 年後仍然是有史以來最賣座的電影之一。

我們得到的教訓是，2000 萬美元與許多軟體專案的預算並沒有太大的不同，而且，與軟體人員一樣，創意人員需要利用他們的經驗和能力，在非常真實的業務環境中創造出精彩的東西。把你的概念寫成故事板或劇情提要可以幫你做到這一點。

這裡一個重要的相似之處是，導演必須擅長的是瞭解他自己和整個團隊的創作過程，以及製作一個必須在業務環境中「可行」的藝術產品的實際問題。

電玩業

創意總監在電玩遊戲的製作中是關鍵的重要角色。這個人，就像維特魯威斯的老建築師一樣，必須精通許多學科，包括藝術、繪圖、插圖和美術、數學、物理、電腦科學、管理協作和領導能力，以及傑出的閱讀和寫作能力。他們的準確技能在某種程度上取決於這個人是誰，以及他們自己的背景和愛好。

廣告業

廣告創意總監會指導整個創意部門選擇視覺、音樂和主題進行互動，他們直接透過影響力來領導，通常以專案經理的身份與重要客戶合作，並就整個廣告活動及其所有組成要素在許多媒體上出現的時間順序來安排。他們負責最大限度地發揮影響力，進行成本管理和提高效率，並且必須在最後期限前完成任務。

他們也可能從事廣告文案寫作和藝術指導工作，並擁有新聞、心理學、媒體傳播、電影製作或語言藝術學位，或者（較少見的）商業學位。

在廣告業，創意總監通常會晉升為首席創意長和公司董事長。

劇場業

在劇場裡，這個角色被稱為藝術指導。這是一個對組織的藝術願景、對將要製作的劇本的選擇和導演的選擇有絕對控制權的人。實際上，他們的工作就是計畫作品要推出的季節。他們經常接受媒體採訪，代表劇院，經常參與募款活動，並與知名捐贈者會面。他們往往是前任董事，經常以顧問和特聘的形式提供支援。

在芭蕾舞界，他們會聘請編舞老師，並確保對舞蹈演員進行適當的訓練。他們幾乎無一例外都曾是舞蹈演員。

科技業

如果你認為你在科技領域的工作是創意總監，你會怎麼做？

你不會監督開發人員，但是可以創造一個他們可以好好自己進行設計的環境。

你不會想要過度沉浸於關於摩天大樓的比喻中，那些是由混凝土和鋼筋製成的東西，並打算在被物理元素摧殘的幾十年裡持續使用。你會發現軟體的保鮮期更短，而且你不是建築物的設計師，而是設想和計畫的設計師：你要打造的不是軟體的工廠，而是軟體設計師的工廠。

你將不只是創建分類法和分類，而是致力於區分解決方案架構師與軟體架構師和應用程式架構師之間的細微差別。每家公司都太不一樣，以致於它們在自己的圍牆外面沒有任何吸引力或適用性，圍牆內的員工流動率太大，也沒有辦法好好的照顧。你倒不如像那些勇敢而有彈性的創意人員一樣：透過任何必要的手段，去從事為客戶創造價值的業務。

你會發現，並欣然接受這樣一個事實：軟體是一個創造性的過程，這並不可恥。你會從柏油路叢林和罐頭工廠之外尋找靈感，轉向音樂、遊戲和電影的架構藝術。

如果我們向電影製作人、舞蹈家、電玩遊戲創作者、戲劇藝術家、時裝設計師和廣告商等藝術界備受尊崇的領袖學習，我們就會把注意力稍微轉移一點。

在這樣的情況下，科技創意總監的角色是負責瞭解並找到將這些東西實際應用於為客戶創造價值的方法：

- 人們如何才能一起合作？跨領域的期望是什麼？需要什麼組織，需要什麼角色和功能？什麼樣的培訓？我們怎樣才能招募到最優秀的人才來實現我們的目標？什麼樣的集體文化意識和個人技藝才能獲得最好的效果？
- 將採用什麼流程？流程是一個系統，可以用與我們用與設計軟體系統相同的嚴格程度和想像力來設計。必須採取一套可重複的做法；如何針對效率、影響力和愉悅度進行最佳化？
- 人們將使用什麼工具以最小的阻力和耗損來實現這些做法？任何系統都應該具有哪些特性來確保能夠輕鬆滿足功能性和非功能性需求？
- 系統必須遵循哪些法律和規範？如何在預算、時間和品質之間取得平衡？
- 你的公司和部門策略將如何影響系統的建構方式？什麼內部專案，例如資料中心的移動或即將進行合併購，會不會影響跨團隊的系統設計？
- 你如何幫助你的組織在這些領域實現成長、擴展、差異化和競爭力？
- 你將如何管理專案和設計專案的實作以達到最高效率？
- 你將如何與內部利益相關者在行銷、溝通、產品管理、開發、基礎設施、採購、財務、人力資源、管理、策略和執行領導力方面進行合作，以創建一個統一的願景，並使組織能夠以連貫、有說服力的方式實現它？
- 你如何在媒體、採訪、演講和公開寫作中代表你的組織，以提升你的組織作為思想領袖的地位？你如何吸引和留住關鍵客戶，並協助行銷工作？

這個嶄露頭角的角色是一個協作者、一個主持人、一個跨領域的領導者，能結合跨領域學科和合成跨行業知識，包括在哲學，集合論、邏輯、歷史、文化差異、宗教、語言學、數學、物理、行銷、管理、音樂、藝術、廣告、戲劇、系統工程、寫作、修辭學、客戶服務、零售、心理學、戰略學、和電腦科學及其相關歷史。這不是一個入門級的角色，你必須先瞭解在不同領域、不同組織、不同文化背景下的各種系統創造，並已長期擔任該系統的製造者。

創意總監的工作是製作中繼模型：這個模型是關於「在你的組織中要如何製作的模型」，考慮到所有這些原則來創建中繼模型，其他原則（如軟體開發人員）可以在這個空間中做出最好的作品。創意總監不是在創造東西，而是在創造一個其他人都可以創造自己東西的空間。

不要當作自己是在為一棟建築物或是一個軟體做架構和設計，而是向價值鏈的上遊移動，並設計出「如何進行設計的方式」。把你的眼光放遠，不要僅以一個軟體系統或是一系列軟體系統作為你的領域，而且還要將人員、流程、技術的設計作為你的領域。這就是現在所需要的，而我們不再需要這個老建築師的比喻了。從定義上來說，創造力永遠不可能成為一種商品。

名稱有那麼重要嗎？

眾所周知，我們其實並不是真的很瞭解架構師的角色。儘管如此，我們還是認為在進行工作時要「有效率」。在此過程中，我建議修改和變更我們處理工作的方式，以及為幫助我們的組織而進行的工作範圍和活動。

在這本書裡，我們甚至對「架構師」這個稱號提出了異議，認為這是對我們所做的工作、所擁有的工具、以及作為主題的材料的不恰當比喻。但僅僅是為了一個名字來爭吵，然後用另外一個名字來代替它，並沒有什麼重要的意義。

也許，考慮到目前所有的討論和人力資源的職位描述，我們必須滿足於稱自己為「企業架構師」？但或許有希望（借用邱吉爾的話）塑造這個標題，此後這個標題將塑造我們的工作。回想一下「敏捷專家」（Scrum Master, SM）這個來自橄欖球比賽的瘋狂古怪的頭銜，20 年前還不存在，但很快就被任何軟體組織視為*必須遵守*的規則。

但我們還有一件工作要做，考慮到我們執行的多元化功能和本書建議的幫助我們更有效率的新方法，也許「首席語意學專家」這個頭銜現在為更合適。

我想到了其他的名稱，**創意總監**（*creative producer*）這個頭銜有某種奇妙的意義。當然，人們可能會認為你是在一家行銷機構或時裝公司上班。但是在雞尾酒會上，有沒有人會想要認真的搞清楚你到底是一個建築設計師還是一個軟體設計師；當你提到那些打造建築物的人時，你甚至沒有區分出誰是「真正的建築師」吧？其實我真正想說的是「概念師」（concepter）這個頭銜，但是這聽起來有點浮誇。

又或許是**執行製作**（*executive producer*）。考慮一下戲劇製作人的作品，這在商業中沒有明顯的類比，而這更好地反映了我們如何看待這個角色。百老匯製作人的職責如下：

- 組建一支令人信服的創意團隊
- 幫助確保有合適的人才，並平衡明星實力和成本（請注意，在戲劇界，「人才」指的是舞臺上的人，而「創意」指的是導演、編劇和作曲家）
- 從各式各樣的支持者那裡獲得資金
- 尋找適合演出的空間
- 在整個過程中管理人才
- 為各種利益相關者設定期望值，處理非常具體的問題，比如座位數量、市場行銷，以及明星名字與頭銜之間的字體大小的契約安排
- 設定參數並在節目發展過程中提供創意輸入
- 幫助談判和管理契約，滿足競爭力的需求
- 將許多不同的元素結合在一起，創造財務和關鍵的成功
- 做任何必要的事情來確保演出繼續進行

也許**執行製片**（*executive producer*）至少是一個很好的比喻，幫助我們重新思考，從不同的角度琢磨我們的工作，這樣我們才能更有效率。他們在那裡幫助構思這部劇，當該劇只是一個模糊的概念時，他們透過寫作、參加工作坊、排練和登臺讓我們都能看到它。他們是戲劇作品的「四分衛」。在成功的專案中，這就是這個角色的作用：創建概念，將其傳達給其他人，確保實現與概念相符合，並確保其成功推出。然後，可以讓其他人接管。

當我們進一步考慮扮演更好的角色時，請考慮以下幾點：

也許我們忘掉建築的老舊概念我們可以做得更好，或者不要完全忘記它，而是從該學科中吸取教訓，不要太拘泥於這個名稱，輕鬆邁向我們的未來。

也許這並不是什麼大問題，也許有些頭銜不再適合我們。他們是否妨礙了更激進的思想？科技領域並非**必須**要有架構師，直到十幾年前，才有人知道他們應該有 SM。事情會換著需要自然發展，是時候來點新花樣了。

想想你自己，你自己的處境。如果你是組織的首席語意學專家、創意總監、首席哲學家或執行製片，你的世界會如何變化？這將會極大地改變我們的工作方式，我們如何專注，我們如何推進我們的領域？符號、語言不僅僅是真實的，**語意領域中的符號是我們唯一的材料**，它產生了我們的系統，讓我們以不同的方式思考和創造。

計算的未來不是程式設計，它不需要程式設計師用語法為靜態的編譯器撰寫程式。

計算的未來將是視覺化的。

我們迫切想要明天去上班時，能做一些我們希望可以被稱為有價值的事情，甚至可能是重要的、創新的、或美好的事物。我們希望超越我們所繼承的語言枷鎖，進而超越我們繼承的身份，從我們的失敗中吸取教訓，創造一些有創造性的、

有意義的、有用的、能夠創造奇蹟甚至歡愉的東西，一些**更好**、更新的玩意。

你準備好了嗎？

它會是什麼？

第十一章

管理、治理、營運

在完成了本書中所討論的所有這些令人讚嘆的工作之後，你必須繼續管理它直到成功並將其付諸實施。如果你不這樣做，你的工作成果很有可能會面臨淪落到陰暗角落沒人理會，以致於積滿灰塵的風險。

因此，本章提供了一組實用的工具和範本來幫助你治理和管理你的投資組合。它並不是一個確切的權威指南，儘管你可以這樣使用它。這些工具和做法可以幫助你改進產品開發組織的管理、治理和營運。

策略與工具

你必須確保你的概念與業務願景一致。幫助連結這些要點最好的方法是閱讀這本書的配套書籍《技術策略樣式》。我經常看到架構師甚至 CTO 都將自己視為首席程式設計師。他們對當今最先進的工具非常感興趣。你可以識別這些人，因為他們會在午餐時或喝啤酒時自豪地大聲爭論某個特定 JavaScript 框架與另一個框架的優缺點。

我們對爭論 JavaScript 框架不感興趣，那些並不重要。

把你的眼光放遠，以策略的高度來思考，集中精力使概念正確，你將有最好的機會定義和創建一些可維護、可擴展、進化、甚至是有趣、創新、和具有開創性的東西。

在想法和概念的層面上工作，分析時要雷厲風行地務實和詳盡，提出你想表達的概念和世界觀。這就是一個成功的專案與一個不成功的專案、一個昂貴的和延遲的專案與一個高效率的和準時的專案之間的區別。

讓程式設計師選擇他們的工具，一旦他們意識到 Ember 和 Angular 之間的差別有多麼小，他們就會渴望成為概念設計師。

選擇工具時，你只需要考慮以下幾個原因：

- 你已經做了開發人員沒有做過的功課，並且有很好的理由相信一種工具比較普遍受到歡迎，因此可能較容易雇用到會使用的人，並且也比較有機會可以用得更久。
- 你很清楚（沒有不合理的偏見）某個特定的工具很適合這個概念，例如某個圖形資料庫。
- 你很清楚，某個特定的工具比另一個候選工具提供了更多的可攜性和可擴展性。
- 該工具代表了你的組織在方向上的重大轉變，或一種全新的技術。如果你的組織從未做過區塊鏈並決定要走這條路，那麼你需要自己做功課，盡量多閱讀，充實你的知識，才能與他們一起工作，用資料創造一個可比較的評估準則，來說明你的建議背後的概念。

這些事情確實很重要，應該完全在你的許可範圍之內。否則，關於工具的爭論只不過是小規模的邊境衝突、裝模作樣和宗教鬥爭。

ThoughtWorks 雷達

你還可以使用很棒的 ThoughtWorks 技術電達（ThoughtWorks Technology Radar）（*https://www.thoughtworks.com/radar*）來輔助你的研究。

一種語言有鴨子型別（duck typing）而另一種沒有，這個事實對很多人（尤其是那些可能正在設計語言或編譯器之類的人）來說很有趣，也很重要。更明白的講，這的確是一場精彩的討論，任何知識的追求對你和你的同事都會很有幫助。但我想說的是，不要在一個框架或語言中援引了微小的科技差異，就以為你是在做有效的架構。那些都是很重要的對話，只是對我們來說並不適用，也不是為了這些目的。

我由衷建議的一件事是去研究你所在行業之外的工具和流程。例如，如果你使用業務應用程式軟體，請查看你的領域之外，例如檢查 DJ、編劇或作曲家使用的軟體。考慮一下你每天使用的那些不在你的領域內的軟體工具，無論是電商網站、社交媒體網站、有聲讀物、汽車介面等等。你能從他們身上學到什麼並應用到你的領域？你能在 Masterclass（*https://www.masterclass.com/*）學到下象棋、打撲克、做飯還是當導演？你和你的使用者將得到豐厚的回報。

迂迴策略

確認偏見（Connfirmation bias）是人類的一個共同特徵，我們傾向於迅速地將新的證據，不管是什麼，解釋為確認現狀或支持我們現有的觀點。這是在世界的航程中一個有效的和重要的特點，我們不能每到一個新的十字路口，就看著每一個停車號誌，重新思考在這種情況下紅色可能意味著什麼。但是這樣的習慣會滲透到我們的思維中，並將之停滯不前。這對我們設計師來說是有害的，因為它會限制、妨礙和羼雜我們的思維，直到我們輕而易舉的得出結論，以至於我們不準備做出新的或令人興奮的東西。挑戰我們自己的想法是痛苦和尷尬的。但是，這種具有挑戰性的行為實際上可能是唯一可以被稱為「思考」的東西，因為我們是習慣的動物，所以我們必須找到挑戰自己的方法，以便創新。

我發現了一個有趣而且很簡單的方法來幫助解決這個問題，那就是**迂迴策略**（*Oblique Strategies*）（*https://en.wikipedia.org/wiki/Oblique_Strategies*）。這由音樂家布萊恩·伊諾（Brian Eno）和彼得·施密特（Peter Schmidt）在 1970 年代發明的一疊卡片。每張卡上都有一句簡短的格言、建議或評語，可以用來打破你可能遇到的僵局或困境。

這些策略包括以下指示：

- 做一些無聊的事情。
- 做出突然的、不可預測的、破壞性的舉動，或綜合以上。
- 強調差異。
- 以不同的速度工作。
- 每一種只有一個元素。
- 有人想要嗎？

選擇其中之一，並將其作為一個啟發或透鏡，通過它來檢視專案目前的面向，可能會非常有啟發性，並使你擺脫創意障礙。

有趣的事實

1996 年，著名的電腦先驅彼得·諾頓（Peter Norton）說服布萊恩·伊諾（Brian Eno）讓他製作一疊卡片，分發給他的朋友和同事。

這裡有一種使用它們的方法。你可以每天早上到免費的迂迴策略網站逛逛（*http://stoney.sb.org/eno/oblique.html*），或者（如果你真的喜歡）可以買一副上面有策略的卡片。拿出一張新卡片，讀一讀上面的策略，把它當作你當天工作的指導。你可以選擇一個，然後在你的日常發言中向團隊宣佈，或者郵寄給團隊。我曾經使用過這種方法，儘管本質上不可能衡量它對設計的具體影響，但是團隊似乎很喜歡它，我確信它會導致一些行動或決定被重新考量。

用迂迴策略來挑戰你自己的傳統或預設的觀點，你就啟動了批判性思維和想像力的突觸，這有助於你構思概念。

橫向思維和概念處理

你也可以採用我們在迂迴策略樣式中討論過的簡單方法，並使用一種名為**橫向思維**的技巧來擴展和深化它。橫向思維是一種創造性思維和解決問題的方法，由愛德華·德·波諾（Edward de Bono）在 1960 年代後期所發明。德波諾是位哲學博士，著有 70 多本書。

橫向思維是指用一種間接的、創造性的方法來解決問題，你可以用特定技術結合不那麼明顯的推理方法，來幫你解決用傳統線性邏輯無法解決的問題。這是關於如何在不使用標準樣式的情況下尋找替代方案，傳統邏輯所關心的是如何判定一個給定命題的真偽。另一方面，橫向思維更關心的是敘述和概念中術語的滑動、逆轉、或移動。因此，它是我們語義設計者的重要工具。

德·波諾定義了四種**思維** 工具以非傳統或間接的方式解決問題：

- 創意生成工具，旨在打破傳統、常規或僅代表現狀的思維模式
- 對焦工具，在你尋找新想法的時候拓寬你的視野
- 收割工具，旨在確保創意產出中獲得更多價值
- 治療工具，旨在迅速考慮現實世界的限制、資源和支援

德·波諾博士將傳統的縱向思維與橫向思維進行了比較，如表 11-1 所示。

表 11-1　傳統縱向與橫向思維的比較

縱向思維	橫向思維
選擇性的	生成的
只有當有方向有明顯時才會有進展	推動新方向的產生
分析的	挑釁的

縱向思維	橫向思維
循序的	跳躍式的
每一步都必須正確	不需要每一步都正確
用負面空間來阻斷某些途徑	伙負面空間
專注於排除不相關的東西	歡迎意想不到的入侵
指定固定類型、分類、標籤	標籤不固定
儘可能遵循最佳路徑	探索最不可能的情況
有限過程	機率過程

你可以看到橫向思維是多麼適合解構主義設計師的思維方式和概念，用這種方式設計的軟體越多，效果就越好。

這是一個值得研究和爭論的領域。但是在這裡我們應該先闡明一些你可以納入到概念工作的主要工具：

挑戰概念工具

我們經常會問「為什麼？」來解決當前的問題，這就需要魚骨圖和根本原因分析練習。然而，對一些不是很明顯的問題，而是一種典型的情況來問「為什麼？」這個問題很有趣。以一種不具威脅性的方式來詢問當前的事態或做事的方式，可以幫助我們創新，並消除令人頭痛和效率低下的問題。你可以將它應用到流程、組織文化、工具集和任何真正的東西上。例如，在美國，許多州在日光節約時間，每年將時鐘向前或向後撥一小時。我們只是照著做，認為本來就是這樣。透過問「為什麼？」，並意識到最初的目的是要配合農業社會的耕作，而我們已經不再　農業社會了，我們可能會停止這樣做。同樣，我們可能會問，為什麼對兒童的對待或期望有一定的慣例？當我們發現童年並不是一直存在的，而是被創造出來的，這可能會令人震驚。這是一種社會建構，根本不是「必要的」，甚至也遠離了「真實的」的領域。事實上，「童年」的概念只存在了大約 250 年。

翻轉方法

在游泳池裡遊一圈的游泳者，一旦到達對岸，轉身時就會使勁地踢向牆壁，以便快速向相反的方向移動。只要指明了方向，也就指明了相等而且相反的方向。如果你從紐約出發，搬到巴黎，那麼你也就遠離了洛杉磯。如果你認為一個人應該服從政府，那麼反過來問，如果政府必須服從一個人或幾個人，這個世界會是什麼樣子。接受這個相反的想法，並考慮其後果，以形成一個新的想法。你有目的並且挑釁地徹底將現狀顛倒過來，或換個角度重新審視這個世界。

挑釁

挑釁是一種敘述，我們明知道這是錯的或不可能的，但卻用它來創造新的想法。這有助於你有意識地脫離主流思維，否定你認為理所當然的話題，這種否定就是挑釁。在《**嚴肅的創造力**》一書中，德·波諾舉了一個考慮如何處理河流污染的例子。他創造了「工廠是自己下游」的挑釁；這就產生了一種想法，強迫工廠從其產出下游的某個地方取水，這種想法後來在一些國家成為了法律。其他類型的挑釁包括一廂情願的想法（「如果……不是很好嗎？」），誇大（如果你的敘述中有數量，誇張地把它誇大或縮小），顛倒（做出相反的敘述），逃避和扭曲。

考慮你想法中的**移動**，你怎樣才能用挑釁來推進新的想法呢？

提取原則

從這種情況、挑釁、建議、或實作細節中，你可以定義導致它的更廣泛的原則嗎？你能把這個原理應用到看似無關的點上嗎？首先試著提取出一個原則。然後，放棄挑釁，並以新的工作原則和概念來工作。

隨機輸入

為了避開主流，將與正在討論的主題無關的輸入隨機化到你的流程中並使用它。你從專注於你手頭的主題開始，介紹一個隨機的，不相關的詞彙，然後列出與那個詞的關聯，把每個關聯用來比喻或描述可能與原始主題相關的想法，並有助於闡明創新的解決方案或觀點。

聚焦於差異

強調並探索挑釁你的想法之間的不同點。

隨時隨地

想像或模擬要發生什麼事，什麼條件必須成立，才能按原樣實施挑釁。

正向思考

挑釁本身有沒有任何直接的好處或正面的結果？檢查每一個好處，看看它是否可以透過實際手段實現。

特殊情況

仔細研究一下，在某些特殊情況下，你的挑釁可能會立即發揮作用。

與橫向思維相關的是德·波諾於 1985 年出版的另一本書《**六頂思考帽**》(*Six thinking Hats*),這本書主要講述商業經理人的一些技巧,以幫助刺激創新,在 2000 年代,它相當受到英國政府的歡迎。

六頂帽子概述了一個你可以和你的團隊一起做的練習:

白帽

有關資料、定義、事實、數字;中立而客觀

紅帽

直覺、感覺、情感

黑帽

邏輯嚴密、小心謹慎、是「魔鬼代言人」

黃帽

陽光而樂觀、找到一些事情可行的理由

綠帽

成長、創造力、新的選擇、挑釁

藍帽

冷靜、天空的顏色、中繼帽子、組織、觀察過程

我們的想法是,既然這六種力量會影響我們的思維並可能使思維更加混亂。如果我們做一些角色扮演,積極地表現每個帽子所體現的不同立場,那麼我們的思維就會更清晰。

本書法涵蓋德·波諾著作中的六頂帽子和橫向思維的所有內容,但如果你感興趣,我鼓勵你去看看他的書《**橫向思維和六頂思考帽子**》,以瞭解更多關於這些技巧的知識。我希望你會感興趣,因為橫向思維代表了一種極好的方式,以一種具有挑戰性的、創造性的方式來處理概念,這將會讓你能夠設計出最好的產品。

概念測試

> 如果社會學家需要的所有資料都能被列舉出來就好了，因為這樣我們就可以像經濟學家那樣，透過 IBM 機器來運行這些資料並繪製圖表。然而，並不是所有能計數的東西都有意義，也不是所有的東西都可以計數。
>
> —威廉·布魯斯·卡麥隆（William Bruce Cameron），《非正規社會學》

隨著發現錯誤階段的早或晚，其成本呈指數級增長。你越早發現錯誤，修復它們的速度就越快，成本也就越低。實際上，在美國國家標準與技術研究院（NIST）的一篇著名論文中，圍繞這個問題做了大量的數學計算，該論文揭示了這些成本是如何成倍增長的，如表 11-2 所示。

表 11-2　在每個階段發現錯誤的成本倍數

需求收集和分析 / 架構設計	寫程式和單元測試	整合及元件 / 系統測試	早期客戶回饋 / beta 測試程式	產品發佈之後
1X	5X	10X	15X	30X

在這篇長達 300 多頁的論文中，作者展示了大量複雜的數學運算和證明這些數字的理由。

NIST 軟體測試報告

這篇論文是很久以前寫的，但是現在依然適用，請參見 NIST 關於軟體測試成本的報告（*http://bit.ly/2kTnQSC*）。

成本增加的真實情況，正如數字所顯示的那樣圓滑而整潔。

概念代表全部

表 11-2 強化了這本書的中心論點：在軟體和軟體專案的許多問題都是因為身為設計師沒有明白，我們的主要工作是建立一個合理和準確的表示法來描述這個世界，這就是我們的概念，如果我們將其作為目標，那麼我們的軟體將在各方面都變得更好。

你早在還沒有寫出任何軟體的分析和設計階段就可以發現軟體的錯誤。你花在設計上的時間將會在以後減少錯誤數量和減少修復每個錯誤的成本上得到回報。你花大量時間來確保你的概念是精進和設想週到的，將創造高品質程式碼的奇蹟。

作為一名架構設計師，你的工作是建立並傳達以下概念：

- 測試你的概念是否取得**內部的一致性**。你的設計就是你的理念，而你的理念則描繪了你對這個世界的立場（*https://www.iep.utm.edu/argument/*）。你在宣稱世界本身是怎樣的、它是如何運轉的、它的因果、關係、特質，意義，含義、界限，有些反映了現有的世界，有些則可能是完全虛構的世界。但就像在科幻小說或幻想小說中一樣，即使是虛構的世界也有一部份存在於真實的世界中，它們必須有內部一致的規則。即使是在像《**星際大戰**》這樣的太空幻想中，所有存在的東西或發生的事情或多或少也跟現實世界有那麼一點關係。原力可能是虛構的，但它實施起來必須與它當初被建立並呈現給觀眾時所建立的規則一致。
- 測試你的概念是否**有效**（*https://www.iep.utm.edu/val-snd/*）。你的概念是一個論點，跟所有的論點一樣，是由一系列的敘述所組成。如果其中每個敘述都是有效的，那麼這個論點就是有效的。如果用某種形式，讓一個敘述只要它的前提為真，就不可能得出錯誤的結論，那麼這個敘述就是有效的。
- 測試你的概念是否**合理**。如果你的概念裡的所有觀點均有效而且所有前提均為真實，那麼的概念所代表的論點就是合理的。
- 對你的概念進行解構。
- 就像我們所看過的那樣，用橫向思維的技巧來測試和挑戰你的概念。
- 確保其佈局明快而穩健、美觀而實用、完整但不失開放、和諧但不失挑戰、動感但不失寧靜。
- 測試它是否是根莖狀的而不是樹狀的：考慮標籤、平整度和相關的內容，而不是嚴格的分類、層次結構和有形的實體本身。

要做到這些事情，你可以使用貫穿本書的想法和實用技術。最後，測試是為了讓你和其他聰明的人交談，並透過這些不同的角度讓你想得更清楚。

你必須儘早、經常、嚴格地測試你的想法，不過這樣的需求會隨著時間的推移而有所減少。確保內部一致性，所有元件都正確命名，並且以準確、真實和豐富的方式來表達實際的世界。這麼一來，無論就短期而言或長期而言，你都會對你的軟體品質產生最大的影響。

程式碼審查

程式碼審查人員不應該被迫成為品管部門或測試是否符合公約指南。

相反地，程式碼審查人員應該助長和深化你的概念，擴展對它的瞭解和應用。程式碼審查人員應該透過共享、指導、對最佳實踐資源的建議，來對映到能加強程式開發的原則，他們可以幫你創造出更好的標準。如果你能讓整個組織獲得積極的和參與性的經驗，那麼你就減少了整個組織中的單點知識，這樣有助於重構設計。

程式碼審查的目的不是讓人們各司其職，也不是讓人們過分沉溺於吹毛求疵的枝微末節，而是應該提升而不是削弱程式設計師。

作為技術人員中的首席語意師、設計師或概念師，你至少應該偶爾檢查一下實作的情況，以確保你的設計能夠正確地發揮其潛力。

首先，確保你的概念徹底經過了上一節所談到的測試，程式碼開始進入儲存庫後，這裡有一些指標或準則可幫你決定適合你的程式碼審查過程：

- 希望你的團隊使用像 Git 這樣的版本控制系統和像 BitBucket 這樣的工具，這樣你就可以很容易地查看提交和和版本合併請求之間的差異，發表評論，並將其視為一種對話。只有經過審查者批准，才能提交程式碼。這通常是一件好事，而審查者也必須快速回應版本合併請求。

- 鼓勵開發人員注意、使用、並對其 IDE 中的重構和建議採取行動。例如，Eclipse、JetBrains 的 IntelliJ Idea 和微軟 Visual Studio 都具有讀取原始程式碼和提出建議的能力。如果你使用程式碼審查來捕獲可能的空指標異常錯誤，那麼你的開發人員就做錯了，應使用適合該工作的工具以提升程式碼審查的本質。

- 使用 SonarQube（*https://www.sonarqube.orgl*）等連續檢查工具來提高程式碼品質。它將檢測程式碼構造中的錯誤、漏洞、和危險信號。讓開發人員在版本合併請求之前執行此程式，使得程式碼審查更加可靠和有益。

- 一次只審查一小部分。如果你有 20 個檔要審該，你只能瀏覽並揭露那些明顯的東西，因此每次審查最好不要超過三個類別或者幾百行程式碼。

- 製作兩份檢查表，第一份應該是用開發人員的 IDE 就可以捕獲的問題。你可以使用像 Appraise（*https://github.com/google/gitevalueeclipse*）這樣的工具來對其進行調整，以便插入你的規則來捕獲容易實現的目標。第二份檢查表應該是你的開發人員通常會違反，但 IDE 不太容易捕獲的問題。我發現這些問題包括未註解或註解糟糕的程式碼、異常處理、適當的「可發現」日誌記錄、避免空指標異常、不正確使用枚舉等等，這些都是對開發人員初步審查常見的事項，以避免每個人每次都要傷腦筋重複審查相同的低階觀察結果。

進行程式碼審查的方式應該能夠改進你的企業文化，他們應可促進透明化、讓最好的想法（而不是你自己的想法）勝出的興趣、以及關於品質的對話成為首要的考慮因素，並且勇敢和開放地邀請對其工作進行審查。程式碼審查減少了「卡車因素」，因此即使你還沒有達到結對程式設計的程度，你仍然可以讓更多的人更加熟悉更廣泛的程式碼庫。

當然，如果你正在設計下一架太空梭，在允許任何人做任何事情之前，請先把每一行程式碼列印出來，其在一個密閉的房間裡檢查幾週，使其成為對於我們所有人來說都是一種有趣的協作學習和團隊建設的經歷。

示範操作

如果一個典型的 Scrum 團隊中的開發人員在衝刺（Sprint）中完成了他的第一個故事，那麼他可能需要等待一週或 10 天的時間才能進行示範操作，為什麼要等這麼久？

另一種方法是，當你的故事和程式碼都完成時，邀請團隊在當天晚些時候或第二天展示它。這將使你的開發以事件驅動的方式進行。如果你使用這種方式，請不要等到 Sprint 結束（用「看板」會更為一致）。我曾以類似「看板」（Kanban）的方式來使用它，團隊也很喜歡它。進步的感覺、競爭感、完成工作的動力、以及頻繁的小眾慶祝活動，都共同產生了一種明顯的活力，動感和同志情誼。你可以辦個派對。當故事完成後發送電子郵件，讓每個人在一天結束的時候聚在一個專門用於這個目的的房間裡，把它放到一個影片中，讓分散的團隊成員可以觀看，並演示這個故事，真的很棒！

營運記分卡

作為解構主義設計師，我們不僅可以看到整體，也可以看到每個部分，而且我們明白，我們所要設計的不僅僅是軟體。你可能有，或者應該有，每月的營運會議。這些通常是對已逝去歷史的無聊回顧，導致參與者（通常是被迫在那裡）急於想要脫身，而這反過來又使會議變得更糟。

這些通常是對已逝去歷史的無聊回顧，導致參與者（通常是被迫在那裡）急於想要脫身，而這反過來又使會議變得更糟。你要做的是設計這個會議。和往常一樣，我們從一個關鍵問題開始：**為誰服務？他們想知道或需要知道什麼來做出決定或做一些不同的事情？**

你可以透過鼓勵你的主管和同事設計他們的會議來提升你的組織。一切都是潛在的設計物件，當你從整體的角度來看，每一個組成部分都會得到改善。作為設計人員、架構師、高階主管、和業務領導者，我們將花費不少時間根據我們在整個業務中的關鍵指標來評估效能。該效能將包括人員、流程、技術和產品等面向。我們的目標是瞭解效能趨勢，討論我們需要解決的問題，並快速瞭解正在進行的會影響我們效能的改進工作。在你的營運會議中，預計每個職能部門負責人都能清楚地說出他或她的衡量標準想要表達的是什麼，並與更廣泛的團隊討論疑點、議題、交換意見、或擔心的事項。

會議的目標應該是：

- 讓你和所有與會者全面瞭解實際進展，這些要素將使我們對於實際為客戶提供服務充滿信心。
- 讓你無縫過渡到後續向高階主管彙報；資料應該包括相似的項目，以減少重複而繁重的工作。
- 製作一個可重複的範本，方便你的團隊每月更新。

我強烈建議你建立一個可在營運會議上使用的營運記分卡範本。每次會議只為一個領域的領導者召開，並透過該領域的視角介紹他們組織的現況。

你的記分卡可以包括以下範例的內容，你可以據此建立一個範本與領導者共用並填寫，以便準備每個月一次的會議：

路障

就像用警示路錐圍起來的維修點一樣，這一路上還有什麼可能需要注意或採取行動呢？

風險／緩解措施

你認為接下來哪些問題會成為障礙，你會採取什麼措施來緩解這些障礙？

重大失誤

我們最近搞砸了什麼？以一種非評判性的方式涵蓋這一點，有助於提高透明度和改善協作，並確保任何需要撫平的關係得到修復。

主要成就

誰應該得到領導團隊的認可？我們可以複製哪些正確的方法？

契約／預算

是否有任何交易需要法律或行政審查？在採購、財務、人力資源或其他方面可能需要推動的是什麼？

「*10X*」計畫

你正在做什麼來讓自己的績效「提高 10 倍」，與世界上最優秀的人競爭？你如何推動你的團隊超越單純的維持現狀？你的團隊不是只做我們的日常工作，而是如何在跨越人／流程／技術方面邁出一大步，成為行業中最優秀的團隊？

關鍵技能差距

就員工而言，你認為你的領導者需要關心哪些技術或軟技能？

業務目標管理／目標與關鍵成果／目標追蹤

在組織層面上，團隊如何完成既定目標？無論你用的是業務目標管理（Management by Business Objective, MBO）、目標與關鍵成果（Objectives and Key Results, OKR）管理，還是任何其他框架，你的團隊離完成領導團隊所期望的目標有多近？

按地區劃分每個主要產品

說明自上一個報告期間以來的可用性／正常執行時間。程式碼庫有多少個 Sev-1 和 Sev-2 生產缺陷？測量平均回復時間（mean time to recovery, MTTR），並用圖表將其顯示出來：我們將會有故障，關鍵是要努力提高事件被注意、識別和解決的速度，以便客戶恢復正常。

雲端支出

亞馬遜網頁服務（Amazon Web Services, AWS）每月的支出是多少（例如，結合透過你的雲端供應商以取得來自 CloudHealth 的報告）？ OWASP/Veracode 掃描報告的每個主要產品的記錄安全缺陷是什麼？產品與整個企業架構／設計和策略的一致性如何？

對於每一項重大措施 >

你的團隊在一個不只是特定產品的建立或維護的計畫上進展如何？這些工作可能包括現代化工作、雲端遷移、資料庫遷移、資料中心遷移、災難恢復（disaster recovery, DR）檢查、流程再造工程等等。將這些隨同產品一併提報，讓他們成為可衡量和可見的。考慮到它們與產品沒有直接相關，因此這些可能需要一種不同類型的總結，其中包含為每個計畫專門制定的成功衡量標準。

然後，為了確保你具有全面的視野，包括人、流程和技術，你也要檢查以下這些項目：

- 目前全職工作量（FTE）／承包商的員工人數
- 當前招聘情況（空缺職位、試用期職位、新員工／轉換職位的數量）
- 離職／員工的績效改善計畫

在每月的營運審查會議上，除了讓副總裁參加之外，你也可以考慮讓更低一級的人（資深總監或總監）參加，這有助於你建立自己的管理團隊。對他們來說，這種審查會議就像一個培訓場所，讓他們知道高階主管會議的內容、如何運作、他們的期望是什麼，他們的談話是什麼樣的，並且通常有助於他們職涯的發展。這本身就是一個很好的激勵因素。作為一個領導者，這對你有好處，可以幫助你創造環境，這樣你就可以更輕鬆、更自信地把決定交給他們。透過在這次會議上所獲得的理解，他們就能更好地做出與你的總體策略一致的決策。

服務導向型組織

在本節中，我們將討論有效組織設計這一令人興奮的主題。為此，我們透過兩個鏡頭來觀察：康威定律（Conway's Law）和軟體設計原則。

本書的前面介紹過康威法則，它的概念是軟體設計是組織中通訊結構的副本。這通常被解釋為一個警告，如果你的組織有許多委員會，並且在決策制定中缺乏明確的角色，那麼你在該組織中的團隊所建立的軟體中就不會有高度的內聚性。但是，我們可以從另一個方向來看待這個問題，並在設計我們的組織結構時將其作為我們的優勢。想像並改善你認為最能定義未來狀態平臺的服務集。這將包括一些現有的服務，以及一些可能還不存在但代表你的業務發展方向的服務。

首先，請確認你有一個圖表或示意圖，概述你的平臺所提供的服務集，並按領域分組。在草擬本目錄時，請考慮以下分類：

- 找到適合**多個分組**的抽象層級，你不希望在你的領域中有太多或太少的分組，少於 3 或 4 個可能不夠精細，而超過 7 個或 8 個可能會變得太複雜，因此很難追蹤、管理、和治理。沒有所謂「正確」的個數，但這將取決於你的公司或業務單位的規模，以及你在生命週期中的位置。
- 目錄應該是**平衡的**，每一組不能負責目錄中 85% 的關鍵服務，而其他組則隨機分配一些的零星的服務。
- 把那些容易**同時發生變化的服務**分成一組。例如，當你需要變更購物服務時，通常可能不需要更改設定檔服務，但是你可能需要變更與產品相關的服務或與出貨相關的服務來配合。這裡的重點是不要陷入一個看似「合乎邏輯」的分組，而是要考慮如果你能限制幫助你做出某個決定的人數，以及參加會議或查看電子郵件的人數，你將會提高多少效率。
- 考慮**流程部門**，例如供應鏈、供應管理、訂單履行及管理。透過這些不同的視角查看服務目錄分組將為你提供另一個角度來思考。
- 考慮你所擁有的**特定客戶群**，誰是你的服務和應用程式的主要客戶或使用者？你可以將不同服務的組合與不同的不同的客戶群分成一組。例如服務 B2B 客戶不同於 B2C；服務企業級客戶不同於 SMB，依此類推。
- 考慮未來**策略方向**與當前的領導者和他們擁有的服務和應用程式集。可能會有一些來自前任領導者所遺留下來不合時宜的安排。領導者將是使你的服務導向組織成功所需的變更管理的擁護者（或反對者），如果參與的人在監督他們所管轄的範圍時沒有一些有趣和重要的事情要做，他們就不會投入，這點是需要牢記的一個重要因素。有時組織需要不時的小調整，有時則需要一次大的改革。

從本質上講，你可以從前面提到的這些視角開始查看你的組織目錄，然後你將找到一條最佳途徑。透過從這些不同的角度查看潛在的分組，你將最終得到最有效的服務目錄分組，你可以根據這些分組對你的未來狀態提出組織建議。然後，你可以把它與領導們聯繫起來，並努力進行相應的組織變革。

當你同時考量你的服務目錄、如何組織它、以及如何建議組織以最佳方式支援它的有效操作時，我們可以將它視為一個系統。既然是一個系統，我們就可以參照良好的物件導向（object-oriented, OO）設計的標準原則來考慮這些通常用於軟體領域的概念如何也有助於激發出一個很棒的人員組織設計。畢竟，它也是一個系統。以下是 OO 設計的**固有**原則：

單一責任制

事情應該只有一個改變的理由。團隊應該圍繞他們提供的服務來組織，並對其負責。儘量減少電子郵件、會議和電話上的人數，以便更靈活地進行推動。

開放或關閉

系統應該對擴展採取開放的態度，但是儘量關閉修改的功能。因此，團隊應該有足夠的靈活性，以便將重心移到業務升溫的部份。但是，團隊必須具有足夠的跨部門的職能，以便擁有完成工作所需的內部專業知識。這需要一些跨團隊的通用技術，以便新成員能夠快速上手。這還意味著你不需要頻繁地修改團隊、移動成員，並且期望開發人員在某種程度上等同於可互換的刀鋒伺服器。在跨職能團隊中，將資歷和專業知識恰當地結合起來，然後不要經常變動他們的成員；讓他們經歷不可避免的風暴 / 形成 / 規範 / 執行階段。

里氏替換原則（*Liskov Substitution Principle*）

衍生類別的物件應可替換為其父類別。這對我們來說意味著你需要建立自己的領導力，以便其他人可以介入，為你服務。如果你遇到了爭端，你要確保你的團隊可以傳達同樣的訊息、強調同樣的重點和同樣的原則為你說話。這意味著，作為一個領導者（無論是直接下屬還是透過你的影響力來領導），必須建立他們的領導力，花時間指導別人並闡明願景，經常準備讓別人代替他們的位置，在沒有他們的情況下引導客戶參與或設計會議，並且仍然感到自信會做得很好。

介面隔離

永遠不要強迫客戶端實作它不使用的介面。當團隊沒有建立他們自己的介面並定義適當的方式來使用它們以及它們所生成的輸入和輸出集時，與他們一起工作將會很可怕。為了尊重其他團隊，請清楚地定義他們如何與你合作、何時與你合作、出於什麼目的、他們將等待多長時間、他們如何獲得許可或例外等等。如果團隊不這麼做，他們需要由依賴他們的團隊來管理；通常這意味著與幾個不同的成員打交道，並試著從外部來協調他們，這樣做只會讓人瘋掉。在理想情況下，你應該先在自己的架構部門內設置 Unix 「man」頁面。在自己的部門中進行實踐，並瞭解建立適當的文件來設定預期目標再讓它符合社會需求的感覺。然後擴大範圍，就其他人如何使用可伸縮的業務機器（稍後我們將討論這個問題）提供建議。

依賴反轉原則

事物必須依賴於抽象，而不是取決於具體的概念。高階模組不能依賴於低階模組，因此，將你的組織隱藏在清晰、強大的介面和契約之後。把輸入和輸出定義好，這樣就不需要其他團隊介入你的內部業務或管控你的組織來完成他們的工作。

既然你已經透過所有的原則和視角來考慮你的組織，現在有一個實際的問題。你準備把你的服務導向型組織的架構畫在一張圖上，每個組織可能看起來會像圖 11-1 那樣。

圖 11-1　服務導向型組織結構的表示法

為每個組織（或是為每個副總裁）都這樣做。你從客戶開始，在該區域的產品副總裁處輸入組織，然後轉到產品開發副總裁處並分配架構師。這些被命名的夥伴將密切合作。它們控制應用程式的組合，以及在它們子域內所要治理的服務組合。

跨職能團隊

在每個子域中，如果你能夠在跨功能的團隊中使用專門的、全方位的開發人員，那麼這將對你非常有利。

每個團隊中應該包括具備以下知識的人才：

- 業務領域知識
- 系統設計

- UI / UX
- API 設計和服務創建
- 熟悉並對整體策略感興趣
- 測試
- 自動化
- 資料
- 基礎架構、網路、你的資料中心

當你召集團隊時，最小化任何威脅到結果可靠性的跨團隊依賴關係。保持這些團隊的一致性是很重要的，不要頻繁地將成員從一個團隊換到另一個團隊。他們需要經歷「形成 / 風暴 / 規範 / 表現」階段，愛管閒事的經理經常透過調動員工來降低團隊的工作效率。

有了這樣的團隊，我發現你會獲得更自然的領導力、責任感、共享成功感、自由協作、好奇心、共享理解，以及對品質的習慣性重新評估。每個跨功能團隊都在單一領域中工作。當需要複雜的多領域解決方案時，架構師和專案經理在團隊之間進行協調，如圖 11-2 所示。

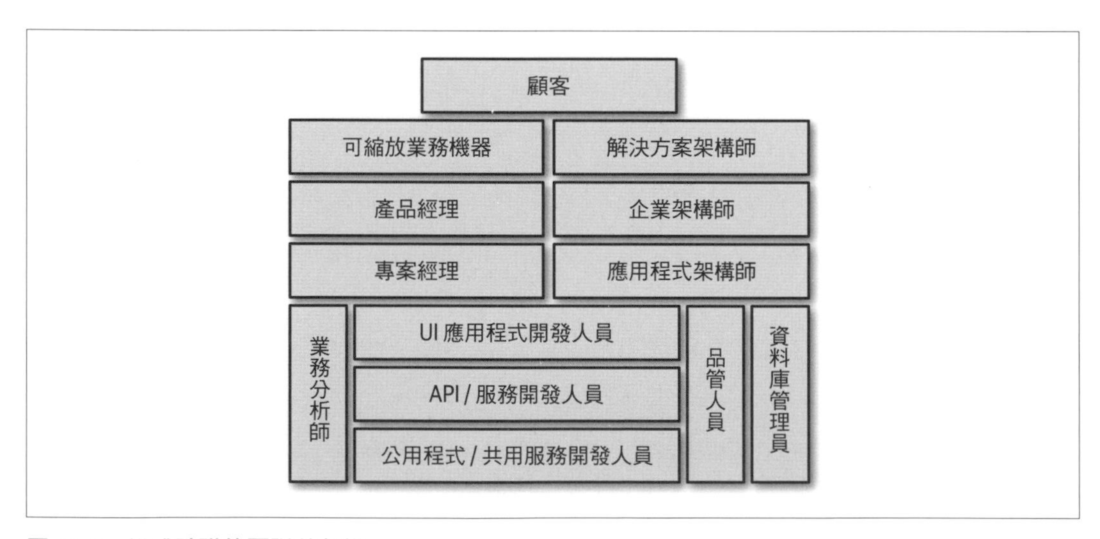

圖 11-2　構成跨職能團隊的架構

在與一組已命名的暢銷產品相對應的單一領域中，你的跨功能團隊應該具有這種組合，或者某種近似的組合。如果你這樣做了，你將獲得最大的速度和生產力，最大的團隊責任感和幸福感，最佳的產品開發總體輸送量，以及最高效和清晰的管理機制。你將能夠充分利用你正在建構的所有管道、可重用函式庫以及諸如 DevOps 之類的服務和實踐。

我故意不專門召集「DevOps」開發人員或類似的人員，雖然你可以（至少在一段時間內）指定負責管道和自動化工作的開發人員，但他們仍然是開發人員。回想一下，在敏捷方法中，只有「開發人員」這個角色。

經過設計的可縮放業務機器

可縮放業務機器（*scalable business machine, SBM*）表示進入到組織的輸入、產生的輸出、和支撐你創建這些輸出供其他人使用的內部流程原則。SBM 的目的是在一個清晰的過程中定義你的工作，以幫助為你工作的其他組織設定預期目標。在某種意義上，你正在定義介面 API，以便其他部門能夠與你一起工作。這對我們來說很重要，因為我們經常在產品管理、策略和產品開發之間徘徊。定義自己的 SBM 將有助於你從顧問這個潛在而模糊的領域轉向更有效的參與性角色，並且也有助於你的整個組織更高效率地表現和回應客戶。

SBM 由以下幾個主要部分組成：

- 原則
- 輸入
- 流程
- 輸出
- 工具

原則是作為信念系統基本敘述的命題。明確地說明你希望在人員、流程和技術方面實施的原則可以幫助你的整個組織更有效，尤其是在你進行大規模現代化工作時。要創建自己的一套原則，請參閱第 73 頁的「原則」以獲得一些概念。

輸入是進入你的團隊的原材料。這些是你用來構建解決方案的對話、想法、文件和外部參數。你自己不能定義或控制它們。你可以直接從客戶、產品管理團隊、策略團隊、執行人員或中央法規符合性小組獲得這些資訊。

流程是指將輸入的原材料轉換成新的、有用的輸出的已定義活動。這些應該是你自己的團隊內部的，並且可以被視為一個「黑盒子」：它們是在你的 API 背後工作的引擎**工具**是你用來產生概念和文件的任何輔助軟體程式或其他具體手段。

輸出是使用工具將輸入與你自己的內部流程混合的結果。輸出應該對一組明確的客戶有明確的用途。想想那些沒有你的一些敘述或指示就不能做出好的決定或採取下一步行動的人，然後考慮如何將其形式化，並將其轉換成團隊可以重複使用的範本。確定哪些交付成果和指標對客戶最為重要，在內部定義指標激勵措施，以推動完成客戶所要的成果。

圖 11-3 顯示了一個範例的範本，你可以用它來定義自己的 SBM。

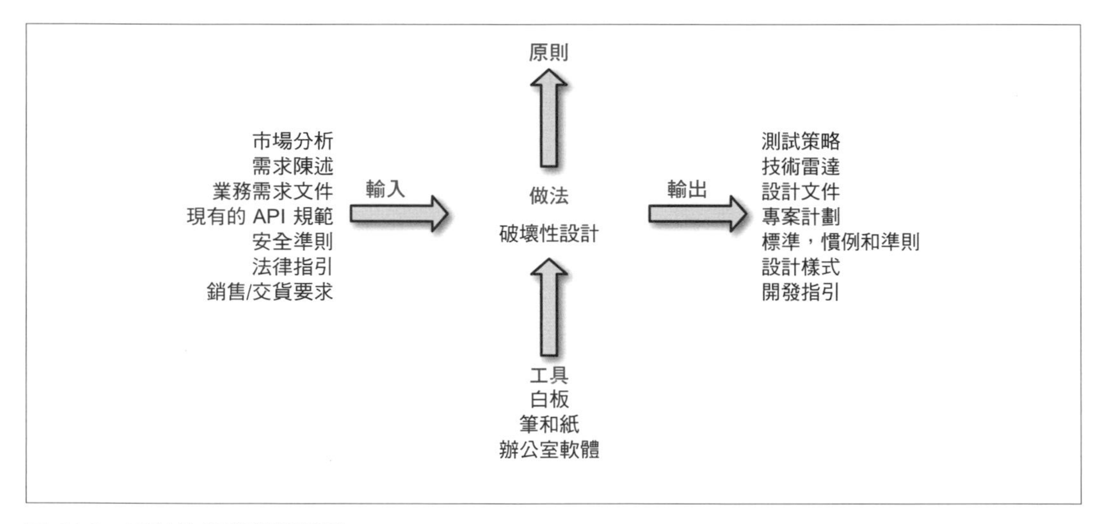

圖 11-3　可縮放業務機器範例

這些原則並沒有列在範本上，但是也可以列出。以下範例是一些可以採用和調整的原則：

- 原則至上。
- 解決方案必須首先符合法律、法規和標準。
- 非功能性需求必須與功能性需求同等對待。
- 資料是一種資產，可以共享和存取，並且需要管理。
- 解決方案必須以服務為導向，並按照服務設計框架進行設計。

- 開發工作必須與規定的架構策略保持一致。
- 解決方案必須在全球可部署。
- 解決方案必須是雲端本機的或雲端就緒。
- 組織結構必須與系統治理保持一致。

創建 SBM 的目標是最大化效率、最大化推向市場的速度、更好地擴展業務、取悅客戶、贏回客戶信任、增加員工敬業度等等。這是任何企業的典型目標。根據你當前的需求，圍繞這些目標調整你的 SBM。

本書的配套書《*技術策略樣式*》，更全面地闡述了 SBM 的思想。我鼓勵你為自己的架構設計部門這樣做。你可能會有不同的原則、工具和輸入，這是一件好事。向你的團隊介紹 SBM 的概念，並舉辦一個研討會來建構你自己的圖表。這將有助於你與其他組織建立契約導向的介面，並正確設定預期目標。

如果這項努力對你自己的部門有效，我鼓勵你為組織中的其他部門領導類似的研討會。當然，如果你決定這樣做，你必須首先得到該領域高階領導的理解和批准，並與那個人合作。

把現代化當成計畫來管理

架構師可能會被邀請參與或指派執行一些大型計畫。有效的企業架構師不會試圖從下往上執行這些項目，或者將它們當作小型、局部、獨立、不相關的專案來執行。相反，將它們視為一個需要高階專案經理管理的整體專案，如表 11-3 所示。你可以在這裡應用一種「全球化思維，本土化行動」的思維模式。

表 11-3　把現代化當成計畫來管理

計畫管理方案	描述
詳細工作計劃	在工作分解結構中列出所有的里程碑，可交付成果、任務和子任務。內容包括開始和結束日期、依賴項、關鍵路徑、資源。
人員配備和資源計劃	組織結構、溝通、保留策略。還有人員的角色和責任。
風險管理	進行事前調查。制定檢核表以便監視、識別、分析和補救風險。
品質管理計劃	為自動化和標準、服務水準協議和品質水準建立一致的方法。
配置管理	描述在原始程式碼和可交付成果中辨識和控制專案可配置性的方法。
變更管理	定義和開發架構變更、資源變更、目標和範圍變更的簽核。在日誌中記錄變更，確保根據對利益相關者的影響給予適當的批准。

計畫管理方案	描述
重要問題管理	指明 RAID 中問題的優先順序、分配、監視、修正、結案。
時間和進度管理	管理專案進度的方法、控制和更改閾值。
溝通管理	政策、價值觀、做法。包括包含所有聯絡人資訊和會觸發溝通事件的溝通計畫。

撰寫程式碼可能占軟體專案的 15%，如果該專案是數位轉換工作就更少了。變更管理需要花比較多的心力，因為這是專案失敗的三大原因之一，所以我們用我們的方法來解決它。

作為一個架構師或系統設計師，你不太可能負責這些領域。但是你可以對整個專案的成功產生巨大的影響。將你的大規模工作視為需要真正的計畫管理和變更管理，這對它的全面成功是來說非常重要。如果你的專案管理辦公室（PMO）夠成熟、人員充足且功能強大，那麼架構可能更適合於這種計畫性管理的生產和參與端。無論哪種方式，你都可以在幫助將這些適當的活動、業務護欄和流程置於首位的過程發揮中心作用。作為一個解構主義設計師，你對語意場的全面理解，包括揭示這些活動的需要，以及正確表達你的團隊在這些領域的觀點，將有助於讓你的程式取得成功。

變更管理

變更管理是透過一些大型變更對組織進行主動的、有計畫性的管理和領導。你的組織是否正在採取下列任何措施？

- 大型數位轉換專案
- 現代化計畫
- 服務組合管理工作
- 關鍵任務系統檢修
- 資料中心遷移
- 平臺的創建
- 合併及收購
- 組織重組
- 大規模業務流程再造

其中任何一個都應該被視為變更管理的努力。它們將導致重新定義和重新分配資金和其他資源、改變程式、重新培訓，等等。他們將在整個過程中對員工和其他利益相關者進行大量的溝通和培訓。他們將需要計畫監督和架構參與。

通常高階主管將是這些工作的發起人，並指定一位領導人作為指定的責任方。作為一名建築師，這可能就是你。即使由不同的領導者負責，架構也可能是整個變更管理工作中一項或多項活動的負責方或推薦方。有效的企業架構師可以作為跨多個部門的許多相關活動的中心，幫助指導工作取得成功。

圖 11-4 展示了我的變更管理框架，你可以根據自己的需要使用或調整它。

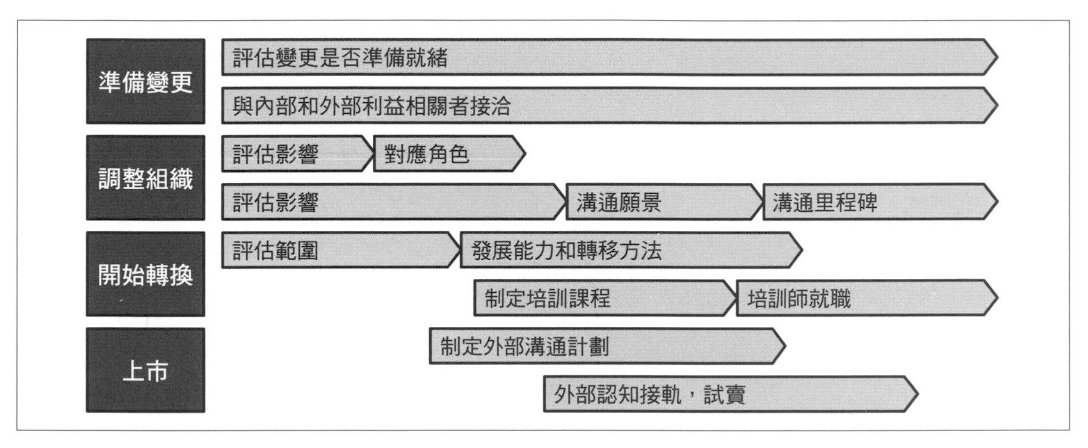

圖 11-4　變更管理框架

根據變更管理程式的性質，你可能或多或少需要這些活動。

別忘了文化

現代管理方法之父彼得·杜拉克有句名言：「文化足以把策略當早餐吃掉」。看看（*http://bit. ly/2kJxbMT*）這篇文章，提醒你如何確保在任何變更管理計畫中考慮並積極支援工作場所文化的力量。

一個專案或開發方法的四個階段與圖 11-4 中所示的變更管理的四個階段類似，無論你的軟體發展方法是什麼，你都將經歷以下幾個階段：

定義

為工作的成功完成建立願景、目標、參數和定義。

設計

建立一組用於衍生系統的概念：新業務流程、新資料流程、新軟體、新基礎架構。

發展

做好實現所設計系統的工作。

交付

將完成工作後的產品轉交給客戶。

如果你較習慣於瀑布流程，則可以使用階段閘道來把這些階段非常清晰的描繪出來。如果你較習慣於 Scrum 或看板方法，它們可能會有較多反覆疊代或較不正式地定義。

但至少在一段時間內，你還是會觸及其中每一個問題。關鍵是要有意識地察覺到它們，並為涉眾定義預期目標。此外，它將幫助我們記住計畫中許多不同的利益相關者，並認識到他們的不同需求，並據此制定計畫。幫助建立良好的預期目標也是幫助你的組織全面發展最好的方式之一。

圖 11-5 說明了在每個階段中所產生的活動和文件。作為一個有效的企業架構師，你可以根據需要透過以下步驟協助指導產品管理、計畫管理、法律、人力資源、開發和其他團隊。

定義	設計
– 利益相關者識別和優先順序 – RACI – RAID – 訊息類型標識 – 媒體分析 – 溝通計畫 – 定義原則、做法、技術 – 工作分解結構	– 專案狀態 – 執行溝通範本 – 員工大會 – 午餐和學習 – 展示日 – 顧問 – 傳達「為什麼」資訊 – 確定和培養形象大使
開發	**交付**
– 建立形象大使資料 – 溝通概念 – 預覽公告 – 確定對流程的影響 – 確定對人員的影響 – 確定對技術的影響 – 溝通時間表 – 開發常見問題 – 倒數計時/轉換行事曆 – 事前調查	– 過渡期準備情況分析 – 盡職調查工作簿 – 培訓 – 上線後注意事項

圖 11-5　每個階段的變更管理活動

變更管理本身就是一個巨大的研究領域。你的公司可能會雇用大批德勤（Deloitte）或埃森哲（Accenture）的顧問，以數百萬美元的價格來幫忙定義和領導這些工作。對於我們其他的人來說，這裡提供的框架應該為你提供一個良好的起點、一組提醒、檢查表建議和其他工具，你可以根據自己的需要採用和調整這些工具。

治理

為了使你的服務目錄更清晰、目標更明確，並與整體願景保持一致，可成立一個治理委員會。它的工作成員應該包括架構師 / 設計師和開發負責人。

目標

像你的設計原則一樣，清楚地陳述治理委員會的目標，以下為治理委員會目標的範例：

- 縮短培訓時間
- 提高整個服務目錄的一致性和最佳實務

- 改善技術文件
- 限制團隊的風險
- 節省支援消耗團隊的時間，以達到規模經濟；減少一個中心團隊的壓力
- 減少滾動部署的時間
- 縮短測試時間
- 減少回滾時間和風險
- 幫助進入雲端
- 藉由聚焦和強化來提升品質

再說一遍，這只是一個樣本，你應該自己製作。要牢記修補破損的東西，避免出現問題並抓住機會。

在你和執行發起人就目標達成一致之前，不要做太多其他的事情。

衡量標準

有了目標之後，接著就是定義衡量標準。人們通常最後才這樣做。但這就像為治理委員會設定接受標準：如果你知道如何衡量成功，你就能更有效地建立一個更好的委員會。

以下是一些你可以考慮追蹤的例子：

- 部署時間
- 可用性
- 穩定性，包括 Sev-0，Sev-1 的次數和持續時間
- 什麼是成熟度模型？
- 捕獲使用它們的內部和外部客戶端數量，以說明服務重複使用的情況。
- 採用率：預期客戶總數中的消費者總數。
- 因為我們重複使用了這個，我們節約了多少 / 節省了多少成本？
- 服務總數
- 我們的豐田生產方式（Toyota Production System, TPS）增長有多快？
- 各項服務的總費用是多少？

  — 虛擬機器初始成本和維護成本 * 伺服器數量
  — 資料庫佔用多少磁碟空間？
  — 網路
- 說明每項服務成功的指標

服務代表作品集

治理的目標之一是提高你對於組合的理解，以便你能夠更好地管理你的業務。確保你的治理機制將重點放在提高效率以及為產品團隊、客戶和業務成果提供更好的支援。

委員會的活動可包括：

- 宣傳平臺及服務導向
- 傳授組織服務的最佳實務
- 創建供組織使用的服務烹飪手冊
  — 定義標準（例如，事件標頭）
  — 定義要重用的樣式
- 建立服務設計審查清單
- 定義你的設計審查流程
- 定義你的程式碼審查流程

這本書中涵蓋了對其中一些項目的幫助。

服務清冊與中繼資料

在我看來，定義符號及其相互作用和關係是不可或缺的，因為它是你的軟體應用程式語意場的結構。正確命名是你能做的最重要的事情之一。但我不喜歡那種連續幾個小時對服務進行呆板分類、爭論這是否是「業務服務」的架構師。這些人是官僚主義者，但連他們自己都不知道。正如彼得•杜拉克所說，他們沒有創新，也沒有創造價值。架構不能成為杜拉克的支援功能，而這就是你整天分類的結果。

然而，作為主動治理機制的一部分，在理解你擁有什麼、為什麼擁有它以及它在生命週期中的位置方面，還是有一些使用價值的：

- 清楚界定服務的生命週期階段。

- 維護服務註冊表，列出其名稱、用途、生命週期階段、版本、所有者、部署位置、程式碼位置等。
- 每個協定和資料格式是什麼？
- 他們會產生什麼事件？
- 需要什麼安全（認證 / 驗證）機制？
- 每秒交易容量（上限）是多少？
- 記錄每個服務的已知工作流和消費者的集合。
- 每個服務的功能路線圖是什麼？

回答這些問題將有助於你做出正確的決定，理解其影響和複雜性，為產品管理設定適當的期望，並很好地管理時間表。

你必須一如既往地捫心自問：如果我做這項工作，產生這個結果，誰能做出一個特定的決定，或者去做他們以前做不到的事情？如果答案是「沒有人」或者你不知道，那就不要再做了，因為不值得去做。

這些問題可能很難回答。他們即使付出一些努力也很難找到答案；你需要對每個服務進行負載測試和壓力測試才能回答這個問題。關鍵是，要被衡量和管理的事情都會完成。如果你以這個作為指導來管理你的服務，那麼你將比大多數組織擁有更好的狀態。這個想法的部分原因是，如果你能回答這些問題，它會迫使你在適當的地方採取更好的做法。

安排每月一次的會議或對你的階段有意義的任何節奏，以便治理委員會開會。不僅包括架構師，還包括軟體發展主管、產品經理和專案經理。瞭解你是否會向外部彙報，比如向銷售團隊或領導者報告，因為這對他們有一定的價值，或者你是否會將會議用於你自己的內部管理。不管怎樣都可以；只要有意識地決定你要做哪一個。

但是在那次會議上你會需要一份文件來審查。你可以把這些都放到關鍵績效指標（KPI）儀錶板上嗎？用資料視覺化工具（Data-Driven Documents, D3）在螢幕上跳出做一些有趣的動畫，或者只是使用試算表。除了工作人員之外，還需要其他利益相關者也能夠隨時瞭解服務組合的進展情況。這些可能包括高階主管、銷售和客戶管理，以及諸如實驗室或其他業務單位、UX 團隊等的平行組織。請治理計畫經理發送目錄上的更新給他們。

服務設計檢核表

你的治理應該以結構化組織機構的形式存在。這是一個跨職能委員會，由架構師 / 設計師、開發負責人和產品負責人組成，他們可以在高層次上工作，並對整個服務組合進行評估。這確保了你的團隊所開發的內容實際上是針對你的平臺或一般產品策略的願景發展。

但你也必須有一種實際的方法來檢查局部的工作。在開發每個單獨的服務時，你希望確保它們是根據與功能需求一起運行的許多非功能需求來開發的。為此，最好有一個檢核表來確保正確的服務設計。

讓我自動化！

如果可以的話，盡可能將這些事情自動化。如果可以的話，讓工具來檢查會更有效。這將取決於你的工作環境，所以我在這裡將它們以列表的形式呈現，希望有助於作為自動化需求文件中的一些項目（如果適用的話）。

以下是一個範例清單，你可以根據自己的需要採用和修改。

服務設計

1. 請描述此服務的概念。你使用什麼樣的抽象概念？
2. 為了讓最終使用者更容易理解抽象的複雜性和它們之間的關係，你在做了哪些努力？語意邊界在哪裡，即你的服務從哪裡開始不再明白用語意表示，而改用隱式概念來表達？
3. 這項服務的一般性分類有哪些？
   a. 有狀態的業務流程（員工入職、退貨）
   b. 業務實體（如雇員、顧客等名詞）
   c. 業務功能（流程中不可分割操作的動詞，如購物或預訂）；這些也可以是事件處理常式
   d. 實用工具（執行與領域無關的應用程式的非特定功能，例如通知）
   e. 安全性服務（處理身份、授權、隱私）

4. 如果這是現有服務的新版本，你是否根據主要／次要版本控制指南直接測試了向後相容性問題？
5. 舉例說明你是如何從客戶／客戶目標開始著手。從他們的角度來看，這有多容易實現？
6. 你如何解釋這項服務在整個平臺範圍內的功能？在其他情境之下如何重複使用它？追溯語意中的假設：客戶端上下文的假設是什麼？
7. 與其他服務或系統最緊密的耦合的地方在哪裡？是否使用管理／編排服務來調用其他服務，以使依賴關係處於適當的程度？
8. 在哪些其他系統中可以重複使用此服務？除了當前的需求之外，該服務還可以啟動或支援哪些功能？
9. 使用了來自你的服務設計樣式目錄中的哪些樣式？
10. 你是否遵循了相關的組織實作標準（例如程式寫法慣例）？
11. 你如何考慮國際化？你的服務將如何支援當地語系化（例如，根據地理位置、貨幣、語言和其他專案的格式考慮，傳回不同的資料）？
12. 你的服務支援哪些協定和訊息格式？為什麼選擇這些？此服務使用哪些基本的訊息交換樣式？
13. 如何支援讓使用者自定配置？服務是否利用或允許使用者的首選項（例如，傳回結果的數量）？
14. 此設計如何支援事件驅動的方法？
15. 語意中的二元對立結構（首要／次要、主要／輔助）是什麼？它們是如何變平的？

服務營運

1. 服務是否支援純粹的無狀態連接（除非它是業務流程服務）？二進位工件可以很容易地在自動縮放群組中水平縮放嗎？
2. 服務操作定義是否支援領域中的典型變化？
3. 你是否避免了任何特定於消費者的訊息、操作或邏輯？
4. 是否所有操作都能夠獨立執行，而不必依賴於使用之前要先調用其他的操作？是否可以做到以超媒體作為應用程式狀態引擎（HATEOAS）或至少其背後的想法？

5. 資料操作（如適用）是否具有冪等性？
6. 該服務是否提供各種操作來檢索最小的、最常見的、和完整的資料集？如何支援資料過濾和分頁來平衡使用者需求和網路與資料庫的壓力？
7. 該服務是否只使用標準的日誌記錄工具和經批准的日誌循環策略？

業務流程

1. 哪些指定的業務流程（訂單到現金、帳戶管理等）會使用到這個服務？
2. 已經確定哪些業務規則可以提取到業務規則管理系統或外部規則引擎中？
3. 服務是否引用任何業務規則，這些業務規則可能具有閾值或業務使用者可以配置的其他項目？如何具體考慮可擴展性？
4. 為服務明確指定了哪些特定的客戶導向關鍵績效指標（KPI）？

資料

1. 描述此服務如何存取資料、存取什麼資料、以及在哪裡存取資料。
2. 是否需要交易？設計如何處理交易？是否考慮過補償？
3. 描述此服務如何完全封裝其資料。如果做不到這一點，那麼過渡計畫是什麼？
4. 服務如何對輸入的資料進行驗證？服務如何回應無效的入站資料？
5. 服務如何解釋資料品質？
6. 你是否已將標籤、按鈕、通知等中使用的所有字串外部化？
7. 使用者介面的設計和測試是否符合 ADA（美國身心障礙法）指引？

錯誤

1. 該服務是否只使用標準訊息傳回碼和方便使用的描述？
2. 服務可能會產生哪些執行時異常？當消費者收到執行時異常時，你提供了什麼補償或下一步的機會？
3. 異常記錄是否專門用來顯示在 Splunk、AppDynamics 或其他工具代理中？

效能

1. 測試中所測得的服務回應延遲是多少？
2. 為該服務定義了哪些 SLA？有什麼機制可以防止違反 SLA？有什麼機制可以報告 SLA 違規？
3. 在業務流程中，哪些步驟可以設計為同時執行之後再合併？
4. 設計如何透過事件或發佈 / 訂閱（pub/sub）來鼓勵非同步調用？
5. 你的設計是否允許客戶根據上下文選擇不同的操作？例如，可以同時提供 `doXandWait(m): Response` 和 `doXLater(m): Void` 操作選項嗎？
6. 這些操作是否設計了不同的細微性層級，讓它們不容易出現網路混亂，並且不傳回客戶端不太可能需要的資料？
7. 設計如何區分必須快速執行的操作和長時間運行的操作？
8. 服務實作背後的快取策略是什麼？已知的消費者是否可以方便地在服務之前取得快取資料？這將如何管理（驅逐政策，失效等）？
9. 你的服務交換二進位資料嗎？它是如何編碼和儲存的？
10. 是否使用了邊緣快取？

安全性

1. 服務是否需要身份驗證？授權？單點登錄？這些是根據內部標準工具實作的嗎？
2. 還有哪些其他的法規限制（PCI、GDPR、Sarbanes-Oxley、SOC 2 等）可能會影響這個服務契約或部署？在設計中如何直接考慮這些因素？
3. 日誌是否與 PCI 或 PII 資訊無關？你有遮蓋和擦洗的地方嗎？
4. 這項服務有什麼額外的安全性要求？如何滿足這些安全性？
5. 你的服務具體如何考慮到稽核的問題？
6. 是否有 Veracode 或其他安全服務掃描程式碼庫，以確保通過 OWASP 問題的評分？
7. 如果這項服務對外公開，你是否進行過滲透測試？

品質保證

1. 單元測試覆蓋率是否根據覆蓋率工具（如 Cobertura 或 SonarQube）設置閾值？
2. 所有的單元測試都是獨立可執行的嗎？
3. 是否為每個用戶功能建立了測試案例？測試是否使用了各種資料登錄（有效、無效、空值、長度和字元的許多不同組合）？
4. 是否為所有異常條件和「非最理想情況」建立了測試案例？
5. 版本控制中的單元測試和版本控制是否與服務有明確的對應關係，以便可以完全複製環境？
6. 如果有消費者，會編寫哪些功能測試？
7. 如何測試服務負載？記錄了什麼衡量標準？是否定期運行這些測試以檢查趨勢？
8. 整合測試是否定期運行？
9. 如果服務使用非同步發佈 / 訂閱或「即發即忘」操作，這些操作是否透過訂閱來測試？

可用性與支援

1. 可用性的要求是什麼？如何滿足這些目標？如果服務中斷 1 分鐘、5 分鐘、30 分鐘、1 小時、4 個小時分別會對業務（在收入和其他測量方式）產生什麼影響？
2. 如何測量可用性（請參閱前面的詳細資訊）？
3. 你是否使用過斷路器或 Resilience4j 之類的機制來防止災難性或連鎖故障？
4. 生產支援團隊將如何接收關於服務當前狀態或健康狀況的訊息或警報？
5. 如何以組織方式解決服務的運行時問題？是否建立了隨時待命的時間表？
6. 服務是否透過諸如 JMX、DataDog、SNMP 等工具以獨立的方式檢測並且在本機顯示相應的指標？你是否測量並記錄了所有關鍵服務的執行時間？你是否對未處理的異常和回應程式碼的追蹤資料進行了相同的處理？
7. 服務是否需要計畫停機進行維護？多長時間，多久一次？你希望在這段時間裡做什麼工作？什麼樣的設計能讓你避免這種情況？
8. 你如何讓基礎架構營運團隊參與此服務的創建和設計？
9. 成功部署服務後，未來維護計畫是什麼？

部署

1. 你是否製作了簡單的部署圖，以便瞭解上游和下游的依賴關係？
2. 你是否已經將必要的變數外部化，以便在多個環境中移動相同的二進位工件？
3. 你能否透過 Jenkins 或類似的工具，在自動化流程中使用「單鍵部署」?
4. 在部署此服務之後，現有目錄中的哪些服務（如果有的話）可以退役或取消？

說明文件

1. 你是否在服務範本中加入了設計的概念？
2. 你是否遵循了程式碼層級文件的相關指南？
3. 是否已經記錄並發佈了所有測試執行結果（例如透過 wiki 或生成的 Maven 網站）
4. 你是否完成了必要的上線文件、技術準備、操作審查文件、合規性證明等等？

你的清單可能（也應該）有所不同。但是這個想法是為了激勵你有一個像這樣的清單，並為你的團隊需求創建一個合適的清單。要求你的開發人員在發出版本合併請求之前進行檢查。在更大、更正式的組織中，你可能會讓他們準備文件，以證明在他們的服務中如何具體地解決這些問題。

為了幫助確保這一點，你可以將其作為治理過程的一部分。儘早發現問題的一個好方法是讓分析人員將其添加到使用者場景的接受標準中。然後，在 Sprint 審查或事件驅動的演示中，開發人員可以說明他們如何迎合這個指南。

組織設計的進一步閱讀資料

- Aronowitz，Steven 等人，「正確進行組織再造」(*https://mck.co/2lUnXxx*)，《麥肯錫季刊》(2015 年 6 月)。
- Davis，Stanley M. 和 Paul R. Lawrence，「矩陣組織的問題」(*http://bit.ly/2lYbPvh*)，《哈佛商業評論》(1978 年 5 月)。
- Henshall，Adam，「四大頂級初創公司如何重塑組織結構」(*http://bit.ly/2kQm4Sb*)，《流程街》。
- Morgan，Jacob，「組織結構的 5 種類型：第 1 部分，層次結構」(*http://bit.ly/2kR6WnC*)，富比士。

- Neilson，Gary L. 等人，「組織設計的 10 個原則」（*http://bit.ly/2lUBZzc*），《策略 + 業務》（2015 年夏季）。
- Peters，Tom，「超越矩陣組織」（*https://mck.co/2mpmXBP*），《麥肯錫季刊》（1979 年 9 月）。
- Sisney，Lex，「反思產品管理：如何從初創走向規模化」（*http://bit.ly/2lVAgcU*），《組織物理學》。
- Sisney，Lex，「可預測的收入：如何建構客戶成功角色」（*http://bit.ly/2kI2vLZ*），《組織物理學》。
- Stuckenbruck，Linn C，「矩陣組織」（*http://bit.ly/2moBeP2*），《專案管理季刊》（1979 年 9 月）。
- Tollman，Peter 等人，「組織設計的新方法」（*https://on.bcg.com/2krreny*），波士頓諮詢公司。
- Whalley，Brian，「Saas 公司架構：向 13 家以上公司學習」（*http://bit.ly/2mlxg9L*），InsightSquared。

第十二章

語意設計宣言

喝過茶、吃完蛋糕和冰淇淋之後，我是否應該有力量迫使這一刻陷入危機？

—托馬斯·斯特恩斯·艾略特（Thomas Stearns Eliot），《普魯弗洛克的情歌》

我們已經到了本書的最後一章，希望這是一個新的開始。

我們在這裡要宣佈什麼？一個明確的答案？不。一條不同的前進道路？是的。

宣佈這個指示似乎需要一個正式的宣言。

宣言

任何宣言都將拒絕過去所假定的價值觀、主張、方法和模式，並倡議用新的價值觀、主張、方法和模式取而代之。一個令人興趣的擴展和繁榮的時代即將來臨，但只有那些真正相信的激進份子才能看到所提出的「唯一真正光明大道」的希望。在過去的 50 年裡，軟體的範圍和能力都取得了驚人的進步。因此，我們不希望大肆宣揚這種主張，因為毫無疑問，這種主張最終會被證明是膚淺的，並淪為一種法西斯主義的思想。

但是，也許在軟體的歷史上發生了一些事情，這些事情可以被稱為我們的軟體概念本身的架構。在這個符號、指令、定義和隱喻的領域裡，我們塑造了我們的語言，然後我們的語言塑造了我們。

傳統的做法無數次地未能達到我們的目標，這是在我們的整體環境中很明顯的事實，失敗的專案正在不斷地增加，有七成的軟體專案因為沒有達到預算、所規劃時程表或功能需求而失敗，八成以上的大數據專案是失敗的，六分之一的軟體專案失敗過於嚴重，以至於威脅到公司的生存。專案成本是計畫的三倍、十倍、二十倍而仍然失敗的例子比比皆是；這些專案花的時間更長，做的卻更少，就算不摧毀公司，也會留下不滿意的顧客和不滿意的製造商。專案不斷變動，大部分被丟棄並重做，在過去的 20 年裡，這個問題不但沒有改善，反而變得更為嚴重。

Zachmann、TOGAF、DODAF 等公認的框架在這方面並沒有救到我們，它們所做的更像是把架構師推入不相關的象牙塔，而不是實現專案成功的承諾。

敏捷的幸福感也沒有讓我們在這方面得到救贖，但這個教派有一個（可能是有目的的）副作用，那就是把架構貶低為不必要的東西，或者是另一種令人討厭的「瀑布」方法中的一個層面。

我們認為造成軟體失敗的一個主要因素是未能理解世界的複雜性和矛盾。世界是命題及其論斷的無限種連接。軟體和系統設計要求我們綁定一個上下文，以在系統中表示我們的想法，並將它們轉換為指令。當這些概念和我們的語言無法配合時，我們就像《等待果陀》這齣荒誕戲劇的主角一樣，漫長而毫無意義地等待著「需求」，最後還是徒勞無獲。

沒有任何要求，只有豐富的想像力，以及隨後被簡化成嚴謹概念的工作。這裡的嚴謹的並不意味著僵化：剛好相反。在系統設計和命名中，任何進一步的概念劃分，如果無法涵蓋上下文、複雜性、矛盾和變化，都將會像寄生蟲那樣到處傳染疾病，最終成為導致混亂的核心。

我們認為這是造成歷史上軟體會失敗的一個關鍵因素，而這就是我們要解決的問題。

我們可以做得更好。

怎麼做？

用 X。

我們稱這種設計「語意軟體設計」、「解構設計」概念模型的方法為「X 架構」。

為什麼要用「X 架構」？「X」是臨時的、短暫的。X 也代表水準座標軸，就像根莖類植物那樣往水準方向延伸，而不是錯誤的基於 Y 軸的階層式系統；它被用來表示時間的中間部分。「x」在藝術和時尚界被用來表示兩個或兩個以上的藝術家之間的合作，例如「Jane x Jill」；在其他領域，「x」是未知的值，當我們看到我們的軟體所表達的是一種世界觀時，我們欣然的接受它，而當我們否認了它的複雜性和矛盾性時，我們的工作就會受到影響，據此推斷，軟體即代表了設計者的世界觀。數學中的「x」表示獨立變數——它們是輸入或原因；也就是足擾亂系統的潛在變因。「x」是乘法運運算元的符號，代表著生成和多產，而不是縮減；x 可以是一個吻、X 也可以表示標記的位置。X 跨越了學科的邊界，它的文化魅力來自於異花授粉上。

不過如此一來，X 也不是 X，因為 X 代表著未知，我們可以很容易地在一種用法中把「X 架構」這個詞替換掉。這些名詞最好是有統一的用法，但是要知道這麼多的名稱，每一個都代表了不同的面向，而且各自都有其真實和有用的一面；我們大可沿用布萊恩·埃諾（Brian Eno）的「主動式架構」或「達達主義者」，在此進行「生成式架構」或「傾斜式架構」對當今的架構做出挑釁。或者 X 代表「實驗性的（X -perimental）」。更確切地說，X 是德里達（Derrida）之後的「解構」架構，是德勒茲（Deleuze）之後的「千高原」架構。因此，我們從 X 架構形成了語意軟體設計。

因為 X 實際上不是架構，確切地說是根本就沒有架構。時裝公司裡沒有架構師，只有設計師。有什麼不同嗎？在音樂上有作曲家，這跟在合法劃定的實體空間中建造混凝土建築相比，是否與我們的工作又離得更遠呢？我們正是語意學家，而我們唯一的工具就是語言和邏輯，還有想像力和創造力。除了這些，我們沒有其他的材料。我們的工作是生成、挑戰、和棲息於我們劃定的語義領域中，以生成適當軟體結構的概念，這是我們失敗中所缺失的部分。

我們斷言：歷史上已經形成了一種被稱為架構的思想形象，即使我們在職務和做法上並不一致，這也有效地阻止了人們的思考。X 架構師必須*創建*。我們拒絕將架構歸類和分級，沒有一個有損益表的人能從這種沒完沒了的物種分類中得到什麼好處。這不是象牙塔式的建築：而是恰好相反的語意設計、解構主義設計，X 架構是巷戰式的架構，牢固的根植於客戶需求、年度預算週期、任意策略、合併和收購、我們自己的進入到未知世界的獨立航班。

我們認識到，現實世界是非常複雜的，充滿了矛盾和拖延，如果我們拒絕、忽視、或視而不見，我們將繼續製造脆弱的系統，並得在以後面對意外事件的複雜性，使它們變得非常昂貴和難以維護。所以我們接受解構主義的工具。套用一句薩繆爾·貝克特（Samuel Beckett）的話：軟體並不只是跟某件重要的事有關而已，軟體本身*就是*值得重視的。程式碼代表了設計，而不是產品。該程式碼是一個設計工廠，只在一但有用到時才會投入生產。所以我們的工作更加複雜，因為我們要設計出來的主要目標就是設計本身。認識到這一雙重作用非常重要，而認識到我們真正的建築材料是語意學也非常重要。

你所創造的並不是建築，也不是一棟幾十年甚至幾百年都不會改變的建築：遠遠不是這樣。你在設計概念，你所設計的是在語意空間中的設計。

所以架構 X 並不是架構，我們在這裡寫下「架構」一詞並**劃線槓掉**。身為 X 架構師、X 設計師、概念設計師，我們不僅讀過，而且聽過「前架構師」，而我們實際上根本不從事建築，我們所從事的是語意學和設計（「符號」）。我們把架構當作一個比喻，它是在 1968 年德國的一次會議上被採納，來幫我們找到一種語言來討論如何談論軟體中的對話。或許這在某種程度上對我們有好處：我們需要有個立足點並踏出第一步。但我們斷言，不再如此。「架構」本身並不是我們所要做的，而是在於人力資源資料庫極權式的智慧中。然而，就像所有的語言一樣，這個比喻也會不由自主地產生一些輔助的比喻，比如「藍圖」和「管道」，而這也讓我們變得越來越沒有效率。

建築師 / 語意設計師認為，我們的語言規定了一個空間，界定了我們的詞彙，以及我們對工作的想法和表達方式。因此，我們在文字和語言的頻譜中識別出能代表我們的名稱：前架構師。我們在認識到它的普遍性的同時也放棄了這個比喻，並從內部解構它，以找出更好的模式。

我們的工作很難用「架構師」一詞完全囊括，因為我們要做的事包括製作軟體、設計軟體、設計整個系統、設計資料模型和基礎架構和資料中心和管理團隊和專案、思考、指導、研究，改變組織的結構、推薦、寫程式、審查，決定什麼、如何、以及何時和為什麼，以及寫作、展示；我們是這個組織的哲學家，是它的傻瓜，從傳統意義上說，我們是國王的顧問。我們支持併購，我們制定廣泛的策略和戰術修正。我們除錯、我們策劃。我們整理了名字、標籤和單字之間的符號學含義，我們**設計**。「決定（De）」= 符號 +「歸屬（of）」，也就是在設計用來表達事物的符號。總的來說，不僅僅是軟體，而是所有與其相關的事物。因此寫程式其實只佔了製作軟體的工作**很小**的部分。

我們從零開始，沒有布料，也沒有大理石，只有憑藉著我們的理念來設計。我們不像在其他領域那樣能給我們一個發揮的場地，但是卻要**受到**其他人一樣的限制。我們的設計主題是**系統**，包括思維系統、組織系統、資料中心和軟體等各式各樣的系統，我們能應用於他們的就是設計出來的成果。我們不能因此而忘記了如何思考、失去了語言，因為一個關鍵的工作是為語意空間中的事物命名：就好像無窮無盡的假設和論斷所組成的圖靈磁帶。

但是，僅僅用一個詞替換另一個詞，並繼續做同樣的事情是輕率和無能的。我們對於用什麼詞並不是很在意，而是把注意力轉移到重新思考我們的工作實際上到底**是什麼**，以改善最後的結果。「敏捷專家」是從橄欖球比賽中借用的比喻，不過這跟軟體開發有什麼關係？然而，剛從大學畢業的人力資源招聘人員卻很樂意重複這句話，就好像真的有這回事一樣，在互聯網上引起了共鳴。事實的確如此，這確實發生了。

X 架構、X 設計，這不是架構而是**概念**，是把世界視為無限種命題組合的認知，並且系統需要以悖論來劃分語意場的邊界，而這些悖論傷害了毫無準備的系統。我們站在整體的觀點，擴大了設計師的工作範圍：組織中所有的軟體、資料、基礎架構都是設計的候選對象，而且結構中充斥著二元對立，每一個都有其偏好的詞彙，造成了階層結構，從而產生了我們急於掩蓋的語意問題，但軟體不能這麼做，正是這一點最終導致了軟體的不足或複雜性。因此，我們解構了這種結構性的二元對立，提出了將要設計的概念的想法，並邀請了來自其他領域的專家一起來參與，以製作出更好的軟體。

四個理想

我們用這些基本的**理想**來設計軟體：

- 我們的工作是**設計概念**，是在設計軟體之前，而不是在按照分類學來分級，並錯誤地將簡單性疊加在一張僵化的分層圖片中。這個概念就是系統。
- 我們的觀點是**全面性的**：組織、專案、整合、文件、對話、資料、基礎架構、衡量標準，以及軟體應用程式都是可當作設計對象的系統。我們認知到這是不可能的，因為我們的工作超越了整體規劃，或任何集權主義的完整性和穩定性的觀念。
- 我們是採取**去中心化**、**解構化**的模式：它蘊涵了想像力、多樣性、環境脈絡、複雜性、矛盾、變化。系統中的意義不是僵化的，而是解構的；它具有生產力的。需求在不完整和矛盾的間隙中變化和重疊，因此我們接受不確定性並為其設計。我們採用橫向思維，即在樹狀的層次上使用根莖系統，而不是傳統的結構、二元對立、技術與商業的層次；這確保了我們的概念能夠繼續自我創造並不斷演進：它們是自主的、學習的、不斷發展的、倍增的模式。
- 我們專注於**多樣化的客戶**：我們高度專注於結果，也就是對客戶產生影響的「差異」，包括結果、過程、還有我們自己的活動。我們認識到系統中許多「使用者」中聲音的多樣性，並使我們的系統具有可存取性，並突顯出我們的演算法和設計偏好，以便我們能夠顛覆它。

關鍵慣例

我們遵循這些與我們的理想一致的**慣例**，有些是新的，有些是舊的，有些是透過在這裡的包容和並置而獲得動力。

概念設計慣例

- 你專注於這個概念：你所創造的世界是什麼？它為了將設計變成生產工廠創造出什麼樣的環境？
- 你如何藉由邀請（而不是拒絕）限制來找到根基？當你在整個設計中所有名稱只說真實內容時，你能具體到什麼程度？
- 你如何利用非建築的比擬來協助你完成這個拼湊型的創新？
- 在你的團隊中，你吸引並點燃了好奇心和智慧，以及思維的交叉傳播。你是在鼓勵和培養他們的思考過程。這是第一個要素，不是命令和規定，而是根據 X 的原則激勵和落實。
- 在思考要做出什麼東西的時候使用設計思維。
- 在考慮如何實施時，使用橫向思維。這是關於使用間接和創造性的方法，並透過推理來解決不是很顯而易見的問題。它所涉及的想法可能無法僅透過傳統的循序漸進邏輯來獲得。橫向思維更注重敘述和想法的「動態價值」。愛德華·德博諾（Edward de Bono）定義了四種思維工具：1）創意生成工具旨在打破當前思維模式、例行模式、現狀；2）聚焦工具旨在拓寬尋找新想法的領域；3）收穫工具從創意產出中獲取更多價值；4）處理工具促進對現實世界的限制、資源和支持的考量。
- 使用策略概念（就像《技術策略樣式》那樣），以確保你的概念與業務願遠一致：提高你的形象，並在這個層級的想法上進行創新。我們不想為框架爭論不休，因為它們並不重要。
- 使用傾斜策略來挑戰你自己的傳統或預設的觀點。每天在早晨會報時挑出一個，或將其發送給團隊。你正在激發批判性和橫向思維以及想像力。
- 使用解構：查看系統中開始出現的多樣性結構，找到支撐這些結構的二元對立（主／從、中心／邊緣、語音／文字、生產／開發、功能性／非功能性需求），確定哪些是特權術語，並展示如何追蹤和破壞這種特權，然後設計一些沒有邊緣化的術語。
- 我們進行 DevOps，因為它解構了歷史上的二元對立。
- 系統有許多小的部分，具有高內聚性，遵循單一職責原則。
- 保留在時裝公司所稱的設計剪貼簿或產品畫冊。你將需要以不同格式表示的多種視圖和觀點，以適應不同的時間範圍、管理人員、客戶、開發人員。

- 我們無法及時凍結，這總是讓軟體設計師感到沮喪。相反地，我們承認這永遠不會奏效，而反過來強調**無常**（*becoming*）。我們設計的不是系統本身，而是一個變化、歷程或流動的步驟。正如以下德勒茲（Deleuze）和瓜塔里（Guattari）的解釋：

  > 「無常」的過程不是模仿或類比，而是一種新的存在方式的**生成**過程，它是一種影響而不是相似的功能。這個過程就是把元素從原來的功能中移除，並產生新的功能。漢斯也是一個組合：他母親的床、父親的元素、房子、街對面的咖啡館、附近的倉庫、大街、走到街上的權利、贏得這項權利、贏得權利的驕傲，但也贏得了它的危險、跌倒、羞愧……。這些不是幻覺或主觀的幻想：這不是在模仿一匹馬、「扮演」一匹馬、認同一匹馬，甚至是體驗憐憫或同情的感覺問題。這與排列組合之間的客觀類比無關，問題是小漢斯能否賦予自己的元素以變動與靜止的關係。

對於建築師來說，這意味著我們抵制了及時凍結事物的需求。事物不是它們自己：它們只是不斷變動的**無常事物**（*becoming-things*）。所以我們為**變遷**（*movement*）而設計，為無常而設計，而不是為當下而設計，也不是為虛假的決定性和停滯狀態而設計。我們都知道，其實我們並不瞭解最重要的事情，也不知道如何使用它，於是我們設計了一個空洞的中心來預先、有意地、小心地容納這個未知的事物：這使我們強調在整個系統中處於可插拔的狀態。

全面檢視的慣例

- 本體只有一個。因此，一切存在的事物都必須放在同樣的平面上，在同樣的水準上加以考慮，並以它們之間的關係來分析，而不是以「實體」（entity）的「本質」（essence）來分析，就好像它存在於真空中一樣：這種錯誤的假設破壞了我們的設計。在關聯式資料模型中，賦予了本質特權，並將關係降為二等公民。解構愛這個關係，並非從特定的本質來看待事物，而是從它們之間差異的關係來看待。我們要在設計中找出一些方法來強調事物之間的關係和差異。
- 因此，圖形資料庫是一個很好的工具，就像發佈 / 訂閱、事件串流（將資料庫翻轉過來）、建模服務（將服務建模為**上下文**代理，而不是本質）一樣。也就是說，我們沒有設計一個真正的「設定檔」服務來管理它們。取而代之的是，我們進一步抽象化並設計了「人物」（Persona）服務，其中具有一個稅號的個人在世界上有許多不同的相關模式，並針對這些多樣性彙總細微差別進行設計，從而改善系統的功能。

- 架構的元素（業務、應用程式、資料、基礎架構、以及它們的標記法）並非獨立的，而是被視為一個整體，它們對彼此的影響、力道、和強度都需要進行檢驗、考慮和設計。
- 根據客戶角色在不同極端情況下的移情思維做出設計決策，兩者都是有效的。
- 在設計時要考慮整體情況：將業務、應用程式、資料和基礎架構作為系統。在設計時，在實作演算法時應考慮監控；考慮所選擇的基礎架構對業務的影響；並在鎖定資料建模時考慮不斷變化的需求。
- 認識到我們的職責、責任、和設計所有事情的樂趣，而不僅僅是專注於軟體：當子系統相互協調並具有更廣泛的概念時，產品將在許多方面（如：各種能力、專案專注點）都處於最佳狀態。設計軟體時連同業務設計、基礎架構和資料一起設計。
- 軟體的製作只是拼圖的一小塊；對軟體進行過度索引，並認為當魔法精靈將其快速帶到雲端時，它將單獨運行，這是失敗的秘訣。
- 當考慮基礎架構時，就要設計管道。
- 我們從根本上實現了測試的自動化：我們從不進行手動測試，而是有測試自動化工程師。這些測試不是程式碼的附屬品：它們是程式碼，是一等公民。
- 也針對基礎架構編寫自動化測試。
- 在**極端**中進行設計，以便在你要策劃此事件類型時，擁有兩個不同的觀點，以其中一個當作基準點，第二個則是另一個極端（電子商務如何適用於臥室，如何適用於咖啡杯）。
- 程式碼審查不是關於今天的程式碼和監管程式設計，而是關於**鼓勵概念**並拓寬其理解和應用。它是關於指導、共用、對應到原則，而不是審查初級開發人員，更像是結對程式設計，這樣其他人就可以學習它並減少單一知識點（SPOK）的問題，以便學習原理並重構設計。
- 我們進行結對架構設計：共用一個螢幕，在一個純文字檔中一起檢查設計，以獲得正確的詞彙。你們都同意這些比喻，這些比喻塑造了我們的語意空間，這應該是彼此互斥並集體窮舉（MECE）。
- 架構中根本的**不可變性**主要是由於建構和部署的工件是完全不可變的。專注於讓事物在任何地方都不可變是允許移動、更改和可變性的關鍵，這是可管理、可監視、可擴展、具有成本效益的系統的特徵。

- 撰寫一份設計定義文件，彙集跨業務、應用程式、軟體和基礎架構的觀點，這可以稱為「小敘事」（Petits Recits）。
- 為什麼要等一個星期才能展示程式碼？當程式碼完成時，請團隊立即展示它，或者在非常短的時間內，以事件驅動的方式展示；如果你採取敏捷方法，不需要等到衝刺結束（儘管看板更一致），一旦故事完成，就可以辦個派對來展示。

去中心化，解構慣例

- 延後實作：不要按照給出的要求精確地編寫需求。首先，創建一個環境，在這個環境中，那些想像的需求可以實現；然後把它們當作蹺巧是第一個已知的需求來實作（甚至不是「預設」的，因為那總是一個錯誤的特權）。把你現在正在做的事情抽象化到某一種類型，並首先將其作為上下文，然後實作任何所聲明的需求，並且認知到它將會改變，提供能識別出這一點的名稱。
- 設計機器學習能力**貫穿**整個系統。這是生成式架構、主動式的設計：欣然接受它吧。是的，讓你的機器學習為客戶提供產品建議，還可以進行資料清理和惡意監控。將學習設計到系統中，使之真正有機化。這建議建立回饋循環機制和機器學習管道。你甚至不必預先決定如何實作：讓系統根據它學到的東西進行選擇。你在沒有被詢問的情況下向客戶推薦產品：你的系統可以用一種對抗的方式學習、選擇一個冠軍，並以一種超動態的方式部署它，像基本的可插拔性就支持了這個想法。你正在設計一個可以做得更好、可變化，和可成長的系統，我們不做凍結的設計或凍結的軟體。
- 不要在資料模型中使用層次結構或列舉進行設計。在這個世界上，這些幾乎總是被證明是錯誤的解構，所以你的軟體必須反映更多的**流動性**。
- 假設你的元件最終會被裝飾或被注入一個策略。不要直接實作任何業務邏輯，而是假設它是第一個策略來實作。
- 優先選擇沒有主／從關係的點對點通訊協定和系統，比如 Cassandra。
- 介面優先於繼承。
- 進行多變數測試、金絲雀部署、多變數部署。
- 不要將生產置於準備階段之上：擁有多個準備階段，並自動學習哪些階段最有效。誰說生產環境只能有**一個**？可以有好幾個同時運行。利用多臂吃角子老虎機的概念進行勘探和開發，X 生產環境的世界可以是非常多維的。
- 在專案開始時就進行自動化，而不是在專案結束時。

- 在專案開始時定義衡量指標，而不是在專案結束時，並朝著成功度量的的方向來編寫程式碼。
- 故意中斷生產環境：執行「混沌猴子」以確保生產環境被中斷，這可以使你的服務更具有回復力。
- 為持續整合與持續部署設計和使用管道。當你的軟體只是「Hello World」的雛型時就提前設計它，而不是等到最後。透過這種方式，你可以在整個專案中對它們進行測試。它們也是軟體，為資料庫（FlywayDB）建立管道。建立機器學習管道，進行持續學習。
- 我們知道我們無法預知未來，所以我們就是為了改變而設計，而不是虛假的凍結圖片，我們把它設計成**可隨插即用**。
- 在最嚴格的情況下，首先要設計**配置**，而不是像我們通常所做的那樣：考慮這個配置將會如何更改，並針對該更改進行設計，而不是為了滿足任意更改的需求。
- 不要將異常視為例外狀況（二元對立中的輔助項、輸家），而是將其視為請求能通過系統迴圈複雜度的有效路徑之一。這將使你的服務更加可靠和具有回復力。你將設計死信辦公室，考慮重試和補償以及有用的訊息來快速改進，並適當地縮小設計範圍。接受異常，並邀請它們。如果你不給他們權力，他們就會奪走你的。
- 不要假設單一的資料工具：以可擴展性為特徵，為變化和無常的關聯建模。這意味著有許多資料模型：不同的資料庫實作，其中一個可能適合讀，另一個適合寫，不同的服務有不同的可伸縮性需求和使用樣式。同樣的資料也有不同的視圖：是的，使用實例化視圖，但也使用快取和非正規化樣式，這可能有所不同。
- 使用規格樣式（請參閱第 175 頁的「規格」）將外部搜尋條件與實體分離。
- 為團隊（軟體的第一個使用者）設計，最大限度地提高流程。作為一名設計師，你要為團隊的其他成員留出空間，這樣他們才能並行地工作，以最大限度地提高速度和所有權。也為團隊設計，然後康威法則就會起作用，軟體也會被很好的組織起來，開發人員可以對自己的工作負責，並對自己的所有權感到自豪。

客戶多樣性慣例

- 結果淩駕活動。
- 價值的創造淩駕過程的服從。
- 以「由外而內」的方式來利用使用案例。

- 致力於價值鏈，使其有效率地實現成果。不要把重點放在監督開發人員或預防性架構審查委員會來確保遵從一個不在乎損益、不切實際又武斷的委員會。
- 你的內部同事也是你的客戶：開發人員是系統的第一批使用者；網路營運中心監控人員是系統的使用者；測試人員是系統的使用者。你在設計中為支援這個多樣化的客戶群所做的一切都會得到回報。
- 地球上有將近 200 個國家，有數千種語言。將使用者字串外部化，並從一開始就進行國際化和當地語系化設計。
- 如果這是一個網路系統，那就把它設計成用在手錶上吧。如果這是一個手機應用程式，那麼就把它設計成用在遊戲機或者是語音程式。透過建立一個單獨的 UI 套件服務來強調 UI 的多變性。
- 充分利用事件。我們預設使用同步請求 / 回應模型，就好像我們知道它的含義一樣，我們知道應該總是發生什麼。相反地，強調非同步性，不但可改善系統的可伸縮性和描述，而且也為你做了一些事情，你不必決定含義：你讓事件的「導入」得以延後。這樣做非常有用，因為業務單位經常改變他們的想法，系統不斷發展，不同的客戶需要不同的東西，同樣的東西對不同的受眾代表著不同的意義。應用程式中的任何反應都不應該寫死在程式中，而是應該使用事件處理常式。
- 允許使用多語言持久性儲存技術和多語種程式設計的多種聲音：使其各司其職的運作，而應用程式中不同的工作將由不同語言種類來完成。這是「且」（AND）的威嚴，而不是「或」（OR）的暴政。這極大地提高了效能，並防止了契約、許可和思維的鎖定。

開端

儘管這些工具和想法在誕生時可能有悖常理，但我們最珍視的、經過時間考驗的一些工具和想法體現了某種形式的這些理想，特別是在一個我們無法想像為什麼需要保持原始程式碼私有化的領域，而且在 1976 年《**版權法**》頒佈之前，我們經常只是隨著硬體產品免費提供。這段豐富的歷史甚至（再次）包括我們的語言，比如像「GNU 代表 GNU 不是 Unix」（GNU stands for GNU's Not Unix）的遞迴定義：

- BitTorrent, Cassandra 資料庫，和 WWW 網際網路本身，作為點對點網路
- Unix 變體
- Apache 基金會和開源專案
- 維基百科

- Eclipse, Emacs
- 混沌工程
- 僕人領導
- 量子計算
- 區塊鏈

因此，從某種意義上說，我們的建議是對現狀的徹底改變，很少人會承認這是企業架構師的工作，並且一旦完全理解了這一點，我們就會感到**震驚**。然而，從某種意義上說，我們在歷史上已經直覺地認識到了這些事情，並以這種方式為這一領域做出了一些最重要的貢獻。語意設計，即 X 架構，是非常激進的，以至於墨守成規的業務人員即使稍微注意一下也會發現它令人驚訝、很荒謬。然而，它留下了我們集體歷史上一些最優秀作品的痕跡，並在展望未來的同時回顧過去，從這個意義上說，它並不是什麼新東西，沒有什麼可怕的，嘖嘖。但是就像我們在這裡提出的，把它作為一個框架，一種方法，一個工作策略的集合來實踐，將幫助我們建立更好的未來。

我們已經實踐了這種藝術，這種工藝，這種設計方法，這種策略，這種**方式**，它已經被證明是有效的。沒有什麼是完美的。我們肯定會在這方面招致新的問題。但是透過這種方式來開發軟體，我們發現我們可以用更少的錢做更多的事，我們行動迅速，我們的設計更好，我們的專案更成功，軟體更可靠、靈活、可擴展、和諧，甚至美觀和令人愉快，讓我們的客戶變得更好，我們的企業變得更好，而我們也變得更好。

附錄 A

語意設計工具箱

工具

在本書中，我們介紹了關於如何進行軟體設計的新想法，有時甚至是激進的，其中許多想法都是關於以不同的方式思考，使用不同的語言，以及重新考慮軟體設計師的工作，也就是我們所說的「架構師」。

伴隨著這些想法，我們也引入了許多範本。這些服務將這種解構性軟體設計的新方法帶入一個講究實效的、實用的領域，這樣你就可以將它應用到你自己的工作中。解構式的設計與其說是一顆銀彈，不如說是一種心態和一種「生活方式」；我不認為這是一種靈丹妙藥，這是艱苦的工作，你可能會花一些時間在公司的文化中逆流而上，用這種嶄新的方法來改變你對軟體設計的態度。

這些是構成語意設計師工具箱的關鍵元件、範本、檢查表、記分卡、和實用框架。你可以在 *https://aletheastudio.com* 下載工具箱。

思考階段

有關這些工具，請參見第四章。

- 人物文件
- 客戶旅程地圖

概念階段

關於這些，請參見第二章。

- 造型畫冊
- 整體綱要
- 概念畫布

設計階段

關於這些，請參閱第五章。

- 壁畫
- 願景盒
- 心智圖
- 使用案例
- 原則
- 立場文件
- 途徑文件
- RAID
- 設計定義文件

這些工具可以幫助你在第六章中抓住要點：

- 業務詞彙表
- 業務功能模型
- 流程地圖
- 系統庫存

這些在第七章：

- 指南清單

營運與治理

這些是工具箱元件在第十章和第十一章：

- 架構師的角色
- 橫向思維指導
- 營運計分卡
- 服務導向的組織範本
- 可伸縮的業務機器範本
- 專案管理框架
- 變更管理框架
- 治理框架
- 服務設計檢核表

在第十二章的宣言中，提供了下列內容：

- 解構主義設計慣例清單

這些範本、框架、記分卡和清單一起構成了一個完整而實用的語意設計師的工具箱。

附錄 B

進一步閱讀

多年來，這些書塑造了我從事軟體開發人員、經理、架構主管、首席架構師、CIO 和 CTO 的工作。他們以各種各樣的方式，有時是間接的方式，傳達了本書的思想；有時是靈感，有時是智慧的辯論夥伴。這本書的概念是由這些精彩的著作，尤其是那些哲學著作而得以實現的。我鼓勵你跟隨你的好奇心來看看這個清單。

建築與設計書籍

- Alexander, Christopher W。生命現象：一篇關於建築藝術和宇宙本質的隨筆，第一冊和第二冊，環境結構研究中心，2002 年。
- Alexander, Christopher, 等。樣式語言。牛津大學出版社，1977 年。
- de Bono, Edward。橫向思維：逐步創新。哈珀，2015 年。
- Box, Hal。像建築師一樣思考。德州大學出版社，2007 年。
- Brooks, Frederick P。設計的設計：一位電腦科學家的隨筆。Addison-Wesley, 2010 年。
- Dal Monte, Luca, 等。瑪莎拉蒂：一個世紀的歷史。Giorgio Nada Editore, 2014 年。
- Frederick, Matthew。我在建築學校學到的 *101* 件事。麻省理工學院出版社，2007 年。
- Glancey, Jonathan。建築：視覺的歷史。DK, 2017 年。
- Goldberger, Paul。為什麼架構很重要。耶魯大學出版社，2011 年。
- Karjaluoto, Eric。設計方法。新騎士，2013 年。

- Kossiakoff, Alexander, 等。系統工程：原理和實踐。Wiley，2011 年。
- Lidwell, William, 等。通用設計原則。羅克波特出版社，2010 年。
- Lukic, Branko。非物件。麻省理工學院出版社，2010 年。
- Norman, Don。日常用品設計。基礎書籍，2013 年。
- Patt, Doug。如何架構。麻省理工學院出版社，2012 年。
- Piano, Renzo。博物館。蒙納塞利出版社，2007 年。
- Van Uffelen, Chris。橋樑結構與設計。布勞恩，2009 年。

哲學書籍

- Adams, Hazard, and Leroy Searle 自柏拉圖以來批判理論，第三版。Wadsworth 出版社，2004 年。
- Appel, Andrew 艾倫·圖靈的邏輯系統。普林斯頓大學出版社，2012 年。
- Aristotle。 Poetics。 。詩學。企鵝經典出版社，1997 年。
- Auden, W。 H。莎士比亞講座。普林斯頓大學出版社，2000 年。
- Bachelard, Gaston。空間的詩學。企鵝經典出版社，2014 年。
- Bataille, Georges。被詛咒的部分。區域書籍，1991 年。
- Berkeley, George。海拉斯和菲洛諾斯之間的三段對話。哈科特經典，1979 年。
- Blanchot, Maurice 文學空間。內布拉斯加大學出版社，1989 年。
- Boole, George。對思想規律的研究。多佛，1862 年。
- Borges, Jorge Luis。迷宮。新方向，2007 年。
- Brecht, Bertolt, and John Willett。布萊希特戲劇。希爾和王，1977 年。
- Brown, Alison Leigh。恐懼、真理、寫作：從紙村到電子社區。紐約州立大學出版社，1995 年。
- Brown, Alison Leigh。欺騙的主體：說謊的現象學。紐約州立大學出版社，1998 年。
- Butler, Judith 性別問題：女性主義與身份的顛覆。勞特利奇，2006 年。
- Campbell, Joseph。千姿百態的英雄。普林斯頓大學出版社，1973 年。

- Cixous, Helene。**有關寫作和其他散文**。哈佛大學出版社，1992 年。
- Cixous, Helene。**根印**。勞特利奇，1997 年。
- Crary, Jonathan, and Sanford Kwinter。**區域：合併**。區域圖書，1992 年。
- Culler, Jonathan。**關於解構**。康乃爾大學出版社，2008 年。
- Descartes, Rene。**方法論與相關著作**。企鵝經典叢書，2000 年。
- Deleuze, Gilles。**電影二：時間意象**。明尼蘇達大學出版社，1989 年。
- Deleuze, Gilles。**差異和重複**。哥倫比亞大學出版社，1995 年。
- Deleuze, Gilles。**談判**。哥倫比亞大學出版社，1997 年。
- Deleuze, Gilles, and Felix Guattari。**反俄狄浦斯：資本主義與精神分裂**。企鵝經典出版社，2009 年。
- Deleuze, Gilles, and Felix Guattari。**一千個高原**。明尼蘇達大學出版社，1987 年。
- Deleuze, Gilles, and Felix Guattari。**什麼是哲學？**。哥倫比亞大學出版社，1996 年。
- Derrida, Jacques。**僵局**。史丹福大學出版社，1993 年。
- Derrida, Jacques。**煤渣**。明尼蘇達大學出版社，2014 年。
- Derrida, Jacques。**傳播**。芝加哥大學出版社，2017 年。
- Derrida, Jacques。**玻璃杯**。內布拉斯加州大學出版社，1990 年。
- Derrida, Jacques。**哲學的邊界**。芝加哥大學出版社，1985 年。
- Derrida, Jacques。**語法學**。約翰霍普金斯大學出版社，2016。
- Derrida, Jacques。**語言與現象**。西北大學出版社，1973 年。
- Derrida, Jacques。**繪畫的真諦**。芝加哥大學出版社，1987 年。
- Derrida, Jacques。**寫作和區別**。芝加哥大學出版社，1978 年。
- Eagleton, Terry。**美學的意識形態**。布萊克韋爾出版社，1991 年。
- Eagleton, Terry。**文學理論：導論**。明尼蘇達大學出版社，2008 年。
- Eagleton, Terry。**馬克思主義文學理論：讀者**。著名，1996 年。
- Elderfield, John。**現代繪畫和雕塑**。現代藝術博物館，2010 年。

- Foucault, Michel。紀律與懲罰：監獄的誕生。經典出版社，1995 年。
- Foucault, Michel。瘋狂與文明：理性時代的瘋狂史。經典出版社，1988 年。
- Foucault, Michel。事物的秩序：人文科學的考古學。經典出版社，2012 年。
- Frankl, Viktor E。人對意義的探索。試金石，1984 年。
- Freud, Sigmund。幻想的未來。諾頓公司，1975 年。
- Frye, Northrop。有教養的想像力。印第安那大學出版社，1964 年。
- Haack, Susan。偏差邏輯、模糊邏輯：超越形式主義。芝加哥大學出版社，1996 年。
- Hacking, Ian。機率與歸納邏輯導論。劍橋大學出版社，2001 年。
- Halmos, Paul R。樸素集合論。馬蒂諾精品圖書，2011 年。
- Hegel, Georg。精神現象學。牛津大學出版社，1977 年。
- Heidegger, Martin。通往語言的道路。 哈珀壹出版社，1982 年。
- Heidegger, Martin。詩歌，語言，思想。哈珀常年現代經典，2013 年。
- Irigaray, Luce。這不是一個性別。 康乃爾大學出版社，1985 年。
- Kant, Immmanuel。純粹理性的批判。企鵝經典叢書，2008。
- Keller, Thomas。法國洗衣實用經典案例。工匠，1999 年。
- Kierkegaard, S0ren。對哲學碎片的不科學後記。普林斯頓大學出版社，1992 年。
- Lacan, Jacques。批判。諾頓公司，2007 年。
- Locke, John。關於人類理解的文章。普羅米修斯圖書，1995 年。
- Lyotard, Jean-Francois。後現代狀態。明尼蘇達大學出版社，1984 年。
- Makaryk, Irena。當代文學理論百科全書。多倫多大學出版社，1993 年。
- Meadows, Donella H。系統思維。切爾西格林出版社，2008 年。
- Minsky, Marvin。心智的社會。西蒙與舒斯特出版社，1987 年。
- Nelson, Ted。電腦解放：夢想機器。微軟出版社，1987 年。
- Rousseau, Jacques。愛彌爾：論教育。 企鵝經典，2007 年。
- Sallis, John。解構與哲學：雅克·德里達文集。芝加哥大學出版社，1989 年。

- Shakespeare, William。T 莎士比亞全集。
- Shyer, Laurence。羅伯特·威爾遜和他的合作者。劇院傳播小組，1993 年。
- Smith, Adam。道德情操論。自由基金公司，1985 年。
- de Spinoza, Benedict。道德。企鵝經典，2005 年。
- Sterne, Laurence。紳士，特裡斯特拉姆·姍蒂的人生和觀點。企鵝經典叢書，2003 年。
- Stoppard, Tom。羅生克蘭和蓋登思鄧已死。格羅夫出版社，2017 年。
- Weinberg, Gerald M。通用系統思維導論。多塞特郡之家，2001 年。
- Wilde, Oscar。作為評論家的藝術家。芝加哥大學出版社，1982 年。
- Winterson, Jeanette。藝術物件：關於狂喜和厚顏無恥的隨筆。經典出版社，1997 年。
- Wittgenstein, Ludwig。邏輯哲學。多佛出版社，1998 年。
- Wolfram, Stephen。一種新的科學。沃爾夫勒姆媒體，2002 年。
- Zizek, Slavoj。幻想的瘟疫。維索，2009 年。
- Zizek, Slavoj。應對消極。 杜克大學出版社，1993 年。

軟體書籍

- Allamaraju, Subbu。*RESTful* 網頁服務經典案例。歐萊禮媒體，2010 年。
- Bass, Len, et al。軟體架構的實踐。艾迪森·衛斯理，2012 年。
- Beyer, Betsy, et al。網站可靠性工程。歐萊禮媒體，2016 年。
- Bloch, Joshua。高效率 *Java*。艾迪森·衛斯理，2018 年。
- Brooks, Frederick P。神秘的人月。艾迪森·衛斯理，1995 年。
- Campbell, Laine, and Charity Majors。資料庫可靠性工程。歐萊禮媒體，2017。
- Daigneau, Robert。服務設計樣式。艾迪森·衛斯理，2011 年。
- Erl, Thomas。*SOA* 設計樣式。普林帝斯霍爾，2008 年。
- Fowler, Martin。領域特定語言。艾迪森·衛斯理，2010 年。
- Fowler, Martin。企業應用程式架構樣式。艾迪森·衛斯理，2002 年。

- Fowler, Martin。重構。艾迪森·衛斯理，2018 年。
- Glass, Robert L。軟體工程的事實和謬誤。艾迪森·衛斯理，2002 年。
- Hanmer, Robert。容錯軟體的樣式。威利，2007 年。
- Harvard Business Review。技術與策略結盟。哈佛商業評論出版社，2011 年。
- Hewitt, Eben。技術策略樣式：架構即策略。歐萊禮媒體，2018 年。
- Hohpe, Gregor, and Bobby Woolf。企業整合樣式。艾迪森·衛斯理，2003 年。
- Jacobson, Daniel, et al。*APIs*：策略指南。歐萊禮媒體，2011 年。
- Kejariwal, Arun, and John Allspaw。能力規劃的藝術，第二版。歐萊禮媒體，2017 年。
- Kroll, Per, and Phillippe Kruchten。讓合理的統一流程變容易。艾迪森·衛斯理，2003 年。
- Lamport, Leslie。指定系統。艾迪森·衛斯理，2002 年。
- Larman, Craig。敏捷和反覆運算開發。艾迪森·衛斯理，2003 年。
- Leffingwell, Dean, and Don Widrig。軟體需求管理。艾迪森·衛斯理，2003 年。
- McConnell, Steve。軟體專案生存指南。微軟出版社，1997 年。
- McGovern, James, et al。企業架構實用指南。普林帝斯霍爾，2003 年。
- Monson-Haefel, Richard（編輯）。*97* 件每個軟體架構師都應該知道的事。歐萊禮媒體，2009 年。
- Morris, Kief。基礎架構即程式碼。歐萊禮媒體，2016 年。
- Narayan, Sriram。敏捷 *IT* 組織和設計。艾迪森·衛斯理，2015 年。
- The Open Group。開放群組架構框架（*TOGAF*）第 *9* 版。范哈倫出版社，2015 年。
- Pilone, Dan, and Neil Pitman。*UML 2* 長話短說。歐萊禮媒體，2005 年。
- Schlossnagle, Theo。可伸縮的網際網路架構。薩姆斯出版社，2006 年。
- Sessions, Roger。複雜企業的簡單架構。微軟出版社，2008 年。
- Stephens, Rod。軟體工程初探。沃克斯，2015 年。
- Taylor, Hugh, et al。事件驅動架構。艾迪森·衛斯理，2009 年。

- Taylor, R。N。, 等。**軟體架構：基礎、理論和實踐**。威利，2009 年。（你可以從這裡取得 PowerPoint 投影片（*https://www.softwarearchitecturebook.com/svn/main/slides/ppt/*）。）
- Tulach, Jaroslav。**實用** ***API*** **設計**。A 出版社，2008 年。

索引

※ 提醒您：由於翻譯書排版的關係，部份索引名詞的對應頁碼會和實際頁碼有一頁之差。

A

B

C

D

E

F

G

J

K

L

M

N

O

P

Q

R

S

T

U

V

W

X

Y

關於作者

Eben Hewitt（埃本·休伊特）是 Sabre Hospitality 的首席架構師和首席技術長，他負責技術策略，設計大規模的關鍵任務系統，並領導團隊進行建構。他在創新、架構和設計、領導和全球企業業務開發的交叉領域工作。他曾在全球最大的旅館業之一擔任技術總監（CTO）和歐萊禮媒體（O'Reilly Media）的資訊長（CIO），並創立了三家公司的架構部門。他還著有《技術策略樣式》（2018）和《*Cassandra*：權威指南》（兩個版本，並已翻譯成中文），以及其他幾本關於架構、服務、Java 和網頁開發的書籍。他曾獲得創新獎項，並應邀到亞馬遜 AWS、Oracle 總部和世界各地的會議上演講。他也是戲劇家協會的正式成員，並於紐約市創作了他的第一部長篇劇本。

出版記事

《語意軟體設計》封面上的動物是非洲森林水牛（*Syncerus caffer nanus*），屬於在非洲發現的帽盔水牛（Cape buffalo）的亞種。這種水牛生活在整個非洲大陸西部和中部的熱帶雨林中，而其他三個亞種則生活在大草原上。

非洲森林水牛是最小的亞種，重 550-700 磅（一般的帽盔水牛重約 880-1760 磅），牠們有紅褐色的獸皮和黑色的臉，角的形狀和大小也不同於較大的表親，因為牠們的角較小，生長方向不同，而且不會向中間匯合。這種水牛以森林周圍空地上的草和各種植物為食，隨著森林的大量砍伐，水牛也已適應了在人類道路附近或最近被砍伐又重新長出草的地區生活。

森林水牛群相對較小，最多不會超過 30 頭，通常由 1-2 頭公牛和幾頭母水牛、幼水牛和小水牛組成。公牛整年都和這個群體在一起生活，而不是在單身的牛群之間遊蕩。野牛群的規模通常對肉食動物是一種威懾，因為大多數掠奪者無法殺死成年水牛，不過尼羅河鱷魚（Nile crocodile）顯然是個例外。

歐萊禮封面上的許多動物都瀕臨滅絕；牠們對世界都很重要。

封面插圖由荷西·馬贊（Jose Marzan）根據萊德克（Lydekker）的《皇家自然史》（*Royal Natural History*）中的黑白版畫雕刻而成。

語意軟體設計｜現代架構師的新理論與實務指南

作　　者：Eben Hewitt
譯　　者：張耀鴻
企劃編輯：蔡彤孟
文字編輯：詹祐甯
設計裝幀：陶相騰
發 行 人：廖文良

發 行 所：碁峰資訊股份有限公司
地　　址：台北市南港區三重路 66 號 7 樓之 6
電　　話：(02)2788-2408
傳　　真：(02)8192-4433
網　　站：www.gotop.com.tw
書　　號：A614
版　　次：2020 年 10 月初版
建議售價：NT$580

國家圖書館出版品預行編目資料

語意軟體設計：現代架構師的新理論與實務指南 / Eben Hewitt 原著；張耀鴻譯. -- 初版. -- 臺北市：碁峰資訊, 2020.10
面；　公分
譯自 Semantic Software Design: a new theory and practical guide for modern architects
ISBN 978-986-502-593-9(平裝)
1.軟體研發　2.電腦程式設計
312.2　　109011457

讀者服務

- 感謝您購買碁峰圖書，如果您對本書的內容或表達上有不清楚的地方或其他建議，請至碁峰網站：「聯絡我們」\「圖書問題」留下您所購買之書籍及問題。（請註明購買書籍之書號及書名，以及問題頁數，以便能儘快為您處理）
  http://www.gotop.com.tw
- 售後服務僅限書籍本身內容，若是軟、硬體問題，請您直接與軟體廠商聯絡。
- 若於購買書籍後發現有破損、缺頁、裝訂錯誤之問題，請直接將書寄回更換，並註明您的姓名、連絡電話及地址，將有專人與您連絡補寄商品。